水利工程隧洞施工技术

主编　项宏敏　侯志金

中国水利水电出版社
www.waterpub.com.cn
·北京·

内 容 提 要

本书根据平阳县南湖分洪工程实际案例编写，共分为7章，分别是第1章概述，第2章隧洞总体施工方案，第3章隧洞洞脸边坡开挖支护方案，第4章开挖作业台架施工方案，第5章隧洞二次衬砌施工方案，第6章隧洞灌浆施工措施，第7章工程案例。

全书基本覆盖了水工隧洞从开挖至发挥引水作用止，结合平阳县南湖分洪工程在施工过程中遇到的问题，进行分析和提出相关的保证措施，供有关专业人员参考使用。

图书在版编目（CIP）数据

水利工程隧洞施工技术 / 项宏敏，侯志金主编. -- 北京 : 中国水利水电出版社，2021.10
ISBN 978-7-5170-9958-1

Ⅰ. ①水… Ⅱ. ①项… ②侯… Ⅲ. ①水工隧洞一隧道施工 Ⅳ. ①TV672

中国版本图书馆CIP数据核字(2021)第187366号

书　名	水利工程隧洞施工技术 SHUILI GONGCHENG SUIDONG SHIGONG JISHU
作　者	主编　项宏敏　侯志金
出版发行	中国水利水电出版社 （北京市海淀区玉渊潭南路1号D座　100038） 网址：www. waterpub. com. cn E-mail：sales@waterpub. com. cn 电话：（010）68367658（营销中心）
经　售	北京科水图书销售中心（零售） 电话：（010）88383994、63202643、68545874 全国各地新华书店和相关出版物销售网点
排　版	中国水利水电出版社微机排版中心
印　刷	清淞永业（天津）印刷有限公司
规　格	184mm×260mm　16开本　13.25印张　322千字
版　次	2021年10月第1版　2021年10月第1次印刷
印　数	0001—1000册
定　价	**88.00**元

编写委员会

前言

本书依据《工程测量规范》(GB 50026—2020)、《水利水电工程施工组织设计规范》(SL 303—2017)、《水工建筑物地下开挖工程施工规范》(SL 378—2007)、《通用硅酸盐水泥》(GB 175—2007)、《混凝土用水标准》(JGJ 63—2006)、《水工混凝土钢筋施工规范》(DL/T 5169—2013)、《水工混凝土施工规范》(DL/T 5144—2015)、《水工建筑物水泥灌浆施工技术规范》(DL/T 5148—2012)、《混凝土结构工程施工质量验收规范》(GB 50204—2015)、《混凝土强度检验评定标准》(GB/T 50107—2010)、《普通混凝土用砂、石质量及检验方法标准》(JGJ 52—2006)、《钢筋焊接及验收规程》(JGJ 18—2012)、《混凝土泵送施工技术规程》(JGJ/T 10—2011)、《水电水利工程模板施工规范》(DL/T 5110—2013)、《水工混凝土外加剂技术规程》(DL/T 5100—2014)、《水工混凝土试验规程》(SL/T 352－2020)、《土工试验规程》(SL 237—1999)、《水利水电工程锚喷支护技术规范》(SL 377—2007)、《岩土锚杆与喷射混凝土支护工程技术规范》(GB 50086—2015)、《爆破安全规程》(GB 6722—2014)、《中华人民共和国民用爆炸物品管理条例》及其他与工程有关国家或行业现行标准、规范、规定等，并结合水利引水隧洞地下暗挖工程施工经验编写而成。书中阐述了水利地下暗挖工程的施工工艺、施工方案、衬砌施工工艺、主要施工特点和文明施工等内容，并选取复杂工艺的具体工程案例进行阐述和分析，有助于提高水利工程隧洞开挖施工管理人员和技术人员的专业水平，对于水利工程地下暗挖工程方案编制有一定的参考价值。

本书共分7章：第1章概述、第2章隧洞总体施工方案、第3章隧洞洞脸边坡开挖支护方案、第4章开挖作业台架施工方案、第5章隧洞二次衬砌施工方案、第6章隧洞灌浆施工措施、第7章工程案例。

由于本书编写时间较短，编者专业水平和经验有限，书中难免有疏漏、不足之处，在使用过程中敬请广大读者批评指正。

编　者

2021年5月

目　录

第1章　概　　述

1.1　术语

（1）水工隧洞。指在山体中或地下开挖的、具有封闭断面的过水隧洞。

（2）有压隧洞。指洞内充满水流、洞壁周边均承受水压力作用的水工隧洞。

（3）无压隧洞。指洞内部分充水、水流具有自由表面的水工隧洞。

（4）隧洞衬砌。指保证隧洞围岩稳定及洞内良好水流条件的衬护结构。

（5）不衬砌隧洞。指内壁大部分不衬护的隧洞。

（6）系统锚杆。指根据岩体稳定要求，在整个开挖面上按一定的间排距，有规律布置的锚杆。

（7）回填灌浆。指用浆液填充混凝土结构物施工留下的空穴、孔洞或地下空腔，以增强结构物或地基密实性的措施工程。

（8）固结灌浆。指用浆液加固有裂隙或破碎带等地质缺陷的围岩，以增强其整体性和承载能力的工程措施。

（9）化学灌浆。指以化学材料为主剂配制浆液进行灌浆的工程措施。

1.2　水工隧洞的发展

随着我国水利水电工程建设的发展，水工隧洞的洞径由小到大，20世纪50年代洞径多小于5～6m，60年代以后不少洞径达7m以上，据有关资料的不完全统计，在装机1600kW以上的128座水电站中，水工隧洞共计90余座，占电站总数的68%左右。据2018年的不完全统计，我国已建成长度在2000m以上的隧洞30多座，长度在10000m以上的大型隧洞有11多座。其中渔子溪一级水电站引水隧洞长8610m，冯家山灌区引水隧洞长达12600m，引滦入津工程的输水隧洞全长为11380m，引黄入晋总干渠上最长的隧洞单洞长54.85km。二滩水电站导流洞断面为17.5m×23m，断面面积为402.6m^2。三峡水利枢纽地下厂房尾水洞断面为24m×36m，其断面面积达876m^2。到20世纪末，世界上长度超过10km的单体隧洞近40条，其中芬兰派延奈隧洞长达120km。

1.3　编制水工隧洞施工方案的目的及主要作用

施工方案一般包括以下内容：编制依据、原则；编制范围；工程概况；总体布置及工期安排；施工技术方案；工期保证措施；质量目标；保证体系及保证措施；安全生产目标及保证措施；应急救援预案；冬雨季施工保证措施；环境保护措施；文明施工要求等内容。通过编制施工方案，明确工程的施工工艺、施工顺序、劳动组织措施、施工进度计划及资源需求量与供应计划，明确临时设施、材料和机具的具体位置，有效地使用施工场地，提高经济效益。施工方案还具有统筹安排和协调施工中各种关系的作用。经验证明，如果一个工程施工方案能反映客观实际，符合国家政策和合同规定的要求，符合施工工艺规律，并能认真地贯彻执行，那么施工就可以有条不紊地进行，就能较好地发挥投资效益。

本书主要介绍水工隧洞边坡开挖、地下暗挖、二次衬砌、隧洞灌浆等施工方案，为后续从事水工隧洞工程施工的工作人员提供部分参考和指导。

第2章 隧洞总体施工方案

2.1 编制说明

2.1.1 编制目的

为了保证《中华人民共和国安全生产法》《中华人民共和国建筑法》及有关建设工程质量、安全技术标准、规范的切实落实，加强建筑工程项目的安全生产监督管理，保障施工人员的生命财产安全，依据《建设工程安全生产管理条例》和《危险性较大工程安全专项施工方案编制及专家论证审查办法》的要求，编制地下暗挖工程专项施工方案。

2.1.2 编制依据

(1) 招标文件、施工图纸、《工程量清单》及合同补遗书、答疑书。

(2) 现行的国家有关技术标准和施工验收规范，及有关建筑工程管理、水利工程管理、环境保护等地方性法规及规定。具体包括：

1)《工程测量规范》(GB 50026—2020)。

2)《水利水电工程施工组织设计规范》(SL 303—2017)。

3)《水工建筑物地下开挖工程施工规范》(SL 378—2007)。

4)《通用硅酸盐水泥》(GB 175—2007)。

5)《混凝土用水标准》(JGJ 63—2006)。

6)《水工混凝土钢筋施工规范》(DL/T 5169—2013)。

7)《水工混凝土施工规范》(DL/T 5144—2015)。

8)《水工建筑物水泥灌浆施工技术规范》(DL/T 5148—2012)。

9)《混凝土结构工程施工质量验收规范》(GB 50204—2015)。

10)《混凝土强度检验评定标准》(GB/T 50107—2010)。

11)《普通混凝土用砂、石质量及检验方法标准》(JGJ 52—2006)。

12)《钢筋焊接及验收规程》(JGJ 18—2012)。

13)《混凝土泵送施工技术规程》(JGJ/T 10—2011)。

14)《水电水利工程模板施工规范》(DL/T 5110—2013)。

15)《水工混凝土外加剂技术规程》(DL/T 5100—2014)。

16)《水工混凝土试验规程》(SL/T 352—2020)。

17)《土工试验规程》(SL 237—1999)。

18)《水利水电工程锚喷支护技术规范》(SL 377—2007)。

19）《岩土锚杆与喷射混凝土支护工程技术规范》（GB 50086—2015）。

20）《爆破安全规程》（GB 6722—2014）。

21）《中华人民共和国民用爆炸物品管理条例》。

22）《水利水电建设工程验收规程》（SL 223—2008）。

23）《职业健康安全管理体系要求及使用指南》（GB/T 28001—2020）。

24）《水利水电工程施工通用安全技术规程》（SL 398—2007）。

25）《水利水电工程土建施工安全技术规程》（SL 399—2007）。

26）《水利水电工程施工作业人员安全操作规程》（SL 401—2007）。

27）《危险性较大的分部分项工程安全管理规定》（住建部〔2018〕37 号令）。

28）本工程的设计文件及实时性施工组织设计等技术文件。

29）其他与工程有关的国家或行业现行标准、规范、规定等。

2.1.3 编制原则

（1）认真贯彻国家有关工程建设的各项方针和政策，严格执行工程建设程序。

（2）施工方案、方法、工艺的选择能充分体现节能环保。

（3）严格执行有关设计、施工规范和合同要求，遵循施工工艺及其技术规律，坚持合理的施工程序和规律。

（4）在充分理解合同、施工图纸及认真踏勘现场的基础上采用安全、先进、合理、经济、可行的施工方案，严格控制施工质量、确保施工安全，努力缩短工期，降低工程成本。

（5）应用先进的管理技术，合理计划、统筹安排、突出重点，控制关键工作、实现均衡生产、连续施工。

（6）坚持优化技术方案和推广应用“四新”成果，加强科技创新和技术攻关，应用新技术、新材料、新工艺、新设备，确保工程全面创优。

（7）科学规划施工场地，保证施工全过程对环境破坏最小、占用场地最少，并有周密的环境保护措施。

（8）加强施工管理，确保施工质量，保证现场施工安全、文明施工，保护环境，保证职工身体健康。

2.1.4 编制范围

分洪隧洞洞门、洞身开挖及附属工程的施工。

2.2 施工总平面布置

2.2.1 工程布置

2.2.1.1 布置依据

（1）根据招投标文件要求的位置、范围及条件，进场现场考察后确定本工程的施工总平面布置。

(2) 布置时，充分考虑利用当地的物资供应、修配及劳务、运输等条件。

(3) 严格按照国家及行业的相关规程、规范进行现场施工管理。

2.2.1.2 布置原则

根据施工需要，需设置混凝土拌和系统、机械修配保养停放场、综合加工厂、仓储系统、办公生活营地等临建设施，建立施工用风、水、电供应系统。

在业主提供的场地范围内，遵循紧凑实用、方便施工、经济合理、易于管理的原则，并严格执行有关消防、卫生和环境保护等专门规定，进行系统施工总布置。

2.2.1.3 主要工程布置

1. 分洪隧洞

分洪隧洞分南线和北线两条平行布置，净距约 30m，隧洞进口位于蒲潭堰上游约 660m 处，经门前山、上东山、岭头，于显桥水闸下游 920m 处山岙汇入鳌江。分洪隧洞由上游无压段、倒虹吸段和下游无压段组成，均采用城门洞型断面。

南线分洪隧洞上游无压段长 1571m，衬后尺寸为 14m×9.9m（宽×高），高程从 7.00m 降为 4.64m；倒虹吸段长 1985m，衬后尺寸为 14m×11m（宽×高），高程从 4.64m 先降为－11.50m 后升至 2.698m，先后下穿白岩寨隧洞和平阳引供水隧洞；下游无压段长 2982m，衬后尺寸为 14m×14m（宽×高），高程从 2.698m 降为－1.78m，与应急段隧洞相衔接。

北线分洪隧洞上游无压段长 1525m，衬后尺寸为 14m×9.9m（宽×高），高程从 7.00m 降为 4.71m；倒虹吸段长 2085m，衬后尺寸为 14m×11m（宽×高），高程从 4.71m 先降为－11.50m 后升至 2.656m，先后下穿白岩寨隧洞和平阳引供水隧洞；下游无压段长 2954m，衬后尺寸为 14m×14m（宽×高），高程从 2.656m 降为－1.78m，与应急段隧洞相衔接。

2. 施工支洞

全线设置湖北村施工支洞和增光井村施工支洞共两处。湖北村施工支洞进口底开挖高程为 8.0m，末端底开挖高程为－12.0m，总长 596m，衬后尺寸均为 9m×8m（宽×高）。增光井村施工支洞进口底开挖高程为 21.0m，末端底开挖高程为 0.5～0.57m，总长 302m，衬后尺寸为 9m×8m（宽×高）和 9m×11.50m（宽×高）。

2.2.2 交通系统

2.2.2.1 对外交通

平阳县南湖分洪工程位于浙江省温州市平阳县水头镇，工程沿线外围有水埭线公路、57 省道、230 省道、104 国道、丽龙高速等公路通过。隧洞进口施工区对外交通需跨鳌江。经初步调查，在隧洞进口吴山村附近的现有桥梁闹村溪大桥的现状不能满足施工车辆对外交通要求。因此，工程区域内的对外交通，需从现有公路向各施工场地新修和扩建少量施工临时道路（施工便桥），用以满足工程施工交通运输（尤其是洞渣运输）需求。

隧洞施工所需的主要施工设备凿岩台车、钢模台车、空压机、通风机、挖掘机、装载机等可经 57 省道、水埭线公路、通村公路运至施工支洞附近，局部需修建临时施工道路或对现有道路局部进行拓宽、加固。

隧洞进出口工作面和各支洞口附近经过的主干线有 57 省道、灵溪线公路、龙兴东路、230 省道等公路。

工程沿线主要施工工作面对外交通现状如下：

(1) 隧洞进口工作面：位于吴山村附近。吴山村有闹村溪大桥与灵溪线公路连接，经过初步调查，闹村溪大桥现状不能满足本工程施工车辆对外交通的要求。因此，本工程将新建一座长 303m 的跨鳌江钢便桥（宽度 6m）以连接进口与灵溪线公路。同时，考虑到施工管理区与生产运输通道的安全，计划从马仙宫处修建一条临时公路以连接灵溪线公路。

(2) 湖北村施工支洞：距 57 省道约 100m，交通条件好，需新建道路约 100m 与 57 省道连接。新建道路考虑为场内道路。

(3) 增光井村施工支洞工作面：距 57 省道约 600m，交通条件好，需新建道路约 600m 与 57 省道连接。新建道路考虑为场内道路，与增光井村施工支洞至 2 号临时堆场道路路径相同。

(4) 隧洞出口工作面：距离 57 省道约 1100m，交通条件好，需新建道路约 1100m（包括施工便桥）与 57 省道连接。新建道路（施工便桥）已由抢险应急段实施，本工程不再考虑，但在施工运输过程中需要做好已有道路的维护加固工作。

2.2.2.2　场内交通

结合对外交通运输道路修建的场内施工道路，主要有场内外连接道路、隧洞工作面连接道路，临时生产生活区、弃渣场等修建的临时施工道路。

根据工程布置、弃渣场位置和场内交通条件分析，本工程共需修建施工道路 4600m。具体如下：

(1) 其中 200m 为路面宽 6.5m 的场内施工便道，C20 混凝土路面（湖北村施工支洞至 57 省道）。

(2) 其中 2000m 为路面宽 6.5m 的场内施工便道，泥结石路面（增光井村支洞至 2 号弃渣场）。

(3) 其中 600m 为路面宽 6.5m 的场内施工便道，C20 混凝土路面（隧洞进口临时堆场至 57 省道）。

(4) 其中 500m 为宽 6.5m 的进场道路，C20 混凝土路面。

(5) 其中 300m 为项目部及工厂区的混凝土硬化道路，宽 7.0m，C20 混凝土路面。

(6) 其中 1000m 为路面宽 6.5m 的渣场道路，泥结石路面。

隧洞进口工作面进场施工道路经过河道时，需搭建施工便桥，施工便桥采用钢架桥，宽 6.0m，长约 303m，桥梁荷载要求不大于 100t。

隧洞进口工作面跨闹村溪需建施工便桥，施工便桥采用钢架桥，宽 7.0m，长 45m，桥梁荷载要求不大于 100t。

至 2 号临时堆渣场经过河道时，需搭建施工便桥，施工便桥采用钢架桥，宽 7.0m，长 80m，桥梁荷载要求不大于 100t。至 2 号临时堆渣场修建临时道路时，需破坏道路侧的 U 形灌溉渠道，共计 640m，因此需要考虑重新修建 U 形灌溉渠道。

本工程施工期间，将组织专门机构，安排专人配置专业机械对施工道路进行管理、维修和养护。

在施工道路路口均设置反光性的交通公告牌，提醒过往车辆及行人该出入口有大型工程车辆进出。遇施工高峰期出入口工程车辆车流量大时，在出入口大门处安排专职人员进行交通指挥。

在各大门处设车辆清洁站（池），做好车辆出门前的清洁工作；做好路基和路面的排水设施，进行路面的洒水防尘，做好施工道路的维护工作。

由于施工交通运输过程中需利用沿线现有道路，因此在施工过程中，除做好运输道路环境卫生等工作外，还应做好对运输道路的维护、保养等工作，确保交通畅通与安全，尽量减少对沿线居民正常生活的影响。

2.2.3 主要办公及生活临时设施

2.2.3.1 项目部

经实地调查后，计划将项目部办公区、生活区建在普美村分洪隧洞南侧距 250m 左右（普美至清江乡村混凝土道路左侧），计划总占地面积 38200m^2。

2.2.3.2 民工宿舍

民工宿舍建于项目部驻地生活区内，建筑面积共约 6000m^2。

2.2.4 危险品仓库布置

本工程施工中涉及的危险品主要有油料（柴油、液压油、润滑油等）和爆破器材（炸药、非电雷管、导爆索等）。

1. 油料仓库

工程施工中所用的油料如果保存不当，可能会生成一些胶质类的物质或杂质，会影响油品的使用性能，同时还会有一定的安全隐患，因此本工程在施工现场设专门的油料仓库。

设油料仓库 1 座，容量为 3t，内设 1m^3 砂池 1 座，泡沫灭火器 2 个，距离火工品临时存放点不少于 150m。

2. 火工品临时存放点

爆破器材应储存在专用火工品临时存放点里，报当地县（市）公安机关审查同意；经验收合格后，方准储存爆破器材。任何单位和个人不应非法储存爆破器材，储存爆破器材必须符合相关规定。

设火工品临时存放点 1 座，炸药容量为 3t，内设 1m^3 砂池、水池各 1 座，泡沫灭火器 3 个，静电柱 1 个，设避雷针。火工品临时存放点距离洞口约 250m，距离民房约 200m。

具体办公、生活福利设施建筑面积、占地面积依据具体情况所建。

2.2.5 主要施工辅助设施

为方便施工，施工区需布置的施工辅助设施有混凝土拌和系统、材料加工厂、机械修配厂等。生产区内布置如下。

2.2.5.1　混凝土拌和系统

本工程混凝土总量约 3.5 万 m^3，计划在进口施工营地规划的场地内布置 1 套单机 HZS120 型混凝土搅拌站和 1 套单机 HZS35 型混凝土搅拌站，单机 HZS120 型混凝土搅拌站生产能力为 $120m^3/h$，两隧洞同时衬砌总混凝土量为 $19.75\times10\times2=395m^3$，4h 内可完成衬砌任务，满足混凝土施工强度要求。拌和站采用经过标定合格的自动计量设备，保证按确定的配合比准确投料。项目部配备 20 台混凝土罐车供应支洞段的浇筑作业。

根据工程需要，拌和站建筑面积约 $1600m^2$，砂石料堆放场 $800m^2$，占地面积 $2400m^2$。

2.2.5.2　材料加工厂

钢筋及木工加工厂布置于民工宿舍北侧，主要承担工作面型钢、钢筋、小导管、锚杆、模板等的加工、制作及存放，占地面积分别约 $350m^2$。

2.2.5.3　机械修配厂

机械修配厂承担施工机械设备的日常维护、标准配件的更换以及中修、小修和工程所需部分零配件、施工钢结构件的加工制作任务。为节约临时用地量，拟布置在综合加工厂西边，总建筑面积 $500m^2$。

2.2.6　供风、供电、供水及通信系统

2.2.6.1　供风系统

1. 隧洞施工供风系统

隧洞施工供风系统用于石方开挖、锚杆钻孔和喷混凝土施工，本工程供风站主要布置在洞口附近。根据洞内需风量配置压风设备。支洞施工区 4 个作业面用风机具配置表见表 2.1。

表 2.1　　支洞施工区 4 个作业面用风机具配置表

设备名称	型号、规格	单台耗风量/(m^3/min)	工作台数	备注
气腿式凿岩机	YT-28	4	20	
混凝土喷射机	PZ-6	8	6	
锚杆注浆机		5	4	
锻钎机		4	4	

根据上述各种设备用风量及不同时系数计算，支洞施工区段高峰期用风量为 $164m^3/min$。计划在支洞口设 8 台 $24m^3$ 空压机以满足需求。

由此，针对隧洞进口一个工作面，在洞口布置 3 台 $24m^3$ 空压机，可满足需风要求。

2. 施工通风排烟

本工程南线、北线隧洞总长度为13402m（含应急段），单条分洪隧洞线路长约6700m。根据施工总体部署，单条隧洞沿线布置2个施工支洞，最大单头进尺约1600m。根据以上工程特点，采用机械压入、抽出混合通风，加速工作面散烟速度。因隧洞单头掘进不长，炮烟和柴油机械产生的废气容易排出洞外。

洞内通风方式如下：

（1）隧洞掘进前80m，不需进行专门通风，采用射流风机加快散烟速度。

（2）隧洞掘进80～500m，采用机械压入式通风，加速工作面散烟速度。此时隧洞不长，炮烟和柴油机械产生的废气容易排出洞外，在洞口设置2台55kW的轴流式通风机压入通风。

（3）隧洞掘进500～1000m，采用机械压入、抽出混合式通风。洞口设置2台55kW的轴流式通风机压入，同时在隧洞500m位置的正压风管中间串联1台11kW的轴流式通风机接力通风，洞内布置2台11kW轴流式通风机抽出。

（4）隧洞掘进1000m以上，采用机械压入、抽出混合式通风。洞口设置2台55kW的轴流式通风机压入，同时在隧洞内增加串联风机，每增加500m串联1台11kW的轴流式通风机接力通风，洞内布置2台11kW轴流式通风机抽出。

施工供风应考虑对周边居民产生的噪音影响，在施工过程中，采取一定的降噪措施。

2.2.6.2　供电系统

1. 变压器布置

本工程各支洞、隧洞进出口施工区用电由附近变电所供电。从各变电所引10kV供电线路至各施工点，设施工供电变压器减压后使用，共需架设10kV供电线路8km。施工供电变压器根据施工区域情况布置如下：

（1）隧洞进口工作面：小计6台400kVA变压器（其中隧洞4台，生活区、搅拌站1台，骨料加工系统1台）。

（2）湖北村施工支洞工作面：小计9台400kVA变压器（其中隧洞8台，生活区1台）。

（3）增光井村施工支洞工作面：小计9台400kVA变压器（其中隧洞8台，生活区1台）。

（4）2号临时堆渣场：2台400kVA变压器。

共计26台400kVA变压器。

2. 变压器进洞的施工方案

根据对本工程施工进度的分析，随着衬砌进入高峰期，本工程每个工作面均需要1台自行式台车以供该段（工作面）衬砌混凝土浇筑。为确保隧洞衬砌施工正常进行，不影响节点工期，拟考虑设变压器及其附属设施高压进洞以满足正常施工用电需要。

（1）湖北村施工支洞、增光井村施工支洞工作面用电情况分析。根据施工组织方案，湖北村施工支洞有4个工作面，增光井村施工支洞也有4个工作面，洞内现场实际情况单独作业面生产用电功率统计见表2.2。

表 2.2　　主洞内单个作业面功率汇总

序号	设　备	数量	合计功率/kW	备注
1	钢筋加工	1	45	
2	潜水泵	6	45	
3	湿喷机	1	20	
4	输送泵	2	150	
5	洞内照明	项	30	
6	衬砌台车	1	45	
合计			335	

湖北村施工支洞工作面如果 4 个衬砌作业面同时施工，4 个工作面同时开挖作业，最大负荷将达 2500kW，考虑正常使用系数 0.7，则常用负荷为 1750kW，而按照输电线路线距计算，理论电压已不能满足正常施工所需。

（2）整体用电情况分析。

1）上、下游洞段共开展 4 个衬砌工作面的施工，造成上游衬砌作业洞内电压不足，不能满足正常施工。

2）由于隧洞工作面存在顺坡开挖，必须 24h 安排水泵抽水，造成供电紧张。

3）洞内、外照明用电，钢筋加工、混凝土浇筑运转等设备用电。

4）上游衬砌工作面和交叉洞段同时交叉施工，势必造成电压不足。

5）倒虹吸段、穿引水管线、穿交通洞段的处理，需投入大量机械设备及人员，影响洞内用电。

（3）高压进洞施工方案。洞内变压器的容量选择：按变压器容量及使用效率选择，拟选用 10kV/400V，容量为 400kVA 的油浸式变压器 8 台分别布置在湖北村施工支洞、增光井村施工支洞洞内的每个衬砌工作面，即湖北村施工支洞工作面洞内 4 台，增光井村施工支洞工作面洞内 4 台。

由于洞内施工工作环境差，有滴渗水现象，加上洞内车辆行走，结合洞内实际情况，根据洞内负荷考虑降低电能损失，电缆线型号选择：3×50mm（电压等级：10kV）铠装电缆线，线路总长约 14km。

（4）高压线路进洞及铺设。

1）高压电缆线沿支洞右侧拱腰位置布设，进入隧洞主洞，电缆线沿隧洞主洞右侧位置铺设，避免与线路右侧照明线路及高压风管相互干扰，难免会与洞壁擦碰，为了电缆安全采用高点钢索悬吊电缆。

2）电缆线拉入洞室后与洞室室内布设的变压器相连，要求洞室内安装变压器、配电柜及相关设施，洞内低压线路采用“三相四线”制。根据现场用电设备的用电情况进行用电分区，避免用电设备过于集中，洞内电缆线与照明线将分别架设，整齐排线。

（5）接地系统。

1）接地装置的合适与否，接地电阻值是否符合标准要求，直接影响到电力系统设备的正常运行及洞内的安全。

2）接地体的焊接：采用搭接焊接时，圆钢的长度应为其直径的 6 倍，并应两面施焊。接地端板与杆塔的连接应紧密（不允许点接触，应为面接触），接触必须良好，接地端板应热镀锌。

隧洞供电系统的各级电缆保护装置应相互配合协调，使其保护可靠、灵敏；按照用电规范要求，高标准配备缆线，坚持“一机一闸一箱一漏”；线路架空，要严格控制，以确保施工安全。

3. 保护装置及控制

利用已接入的供电设施，供电至工程施工区配电室，沿线埋设电缆线路，穿道路处埋设 $\phi 60$ 钢管保护，并每隔 100m 设置一处标准开关箱。现场各施工点用电的动力线从附近开关箱接出。为了保证用电安全，采用 TN－S 系统，符合“三级配电两级保护”，达到“一机一闸一箱一漏”的要求。电缆埋设布置应按照浙江省省级安全文明施工标准化工地建设要求进行。

4. 安全防护要求

（1）所有电器的金属外壳都应保护接地，使用高压电源应有专门的防护措施，电源裸露部分应有绝缘装置（例如电线接头处应裹上绝缘胶布）。

（2）高压进洞所用敷设于隧洞内的电力电缆、控制电缆和照明导线均应选择阻燃电缆或阻燃导线，跨越道路和隧洞顶部的电缆，一般应穿管敷设。

（3）为了保障洞内施工人员的生命安全，在降压洞室明显位置悬挂“止步”“高压危险”标示牌。

（4）以“隐患险于明火，防范胜于救灾，责任重于泰山”为指南，严格执行《电力建设安全施工管理规定》和《电力建设安全操作规程》。

2.2.6.3 供水系统

本工程施工用水主要是生产及生活用水。其中生产用水包括隧洞开挖施工用水，场地、设备冲洗，拌和用水，碎石料加工厂用水等；生活用水主要集中在项目部场地内。本工程施工用水从蓄水池取用，生活用水从附近村镇自来水管道接入。生产及生活用水均应经过检测，水质符合相关规范的要求。

计划在隧洞进口生产区附近合适位置修筑蓄水池，将施工用水接入蓄水池中。

2.2.6.4 通信系统

1. 工业电视监控系统

施工期间需要对工程区进行工业电视监控规划，工业电视监控系统由监控电视墙、通信电缆、监控摄像头组成。初步考虑监控电视墙布置在隧洞进口施工营地处，1 号监控摄像头布置在隧洞进口处，2 号监控摄像头布置在湖北村施工支洞洞口处，3 号监控摄像头布置在增光井村施工支洞洞口处，4 号监控摄像头布置在隧洞出口处，其余摄像头可布置在隧洞掌子面附近。掌子面摄像头为移动摄像头，隧洞进出口工作面以及主洞洞口处为固定摄像头，爆破时将摄像头移至安全地方。

2. 进出工作面人员信息管理系统

根据施工要求，为施工人员配制工作证，并结合相应的弱电系统规划，实行进出洞口及营地凭证刷卡管理的信息管理制度。

3. 其他通信

施工通信主要为满足生产调度、各部门办公联系以及对外工作业务联系。进入现场后施工工区可协调移动、电信等企业安装 1 部固定电话，接入宽带网络。

2.3 主要施工方案与施工工艺

2.3.1 施工总体方案与施工顺序

2.3.1.1 施工总体方案

按照新奥法原理组织施工，并根据隧洞规模、不同围岩级别、地下水出水情况、周边环境及安全、合理施工的要求，选择相应工法。在施工过程中，为保证施工及结构安全，根据量测监控的各类围岩物理力学指标、支护的受力状态、监测的位移数据等的反馈，对隧洞施工方法、开挖步骤及顺序、支护参数等进行合理调整，以保证施工安全及支护结构的经济性。

隧洞采用机械化配套施工，无轨运输出渣，实施钻爆（钻孔、爆破）或机械开挖、装运（装渣、运输）、支护（拌和、运输、锚喷）、衬砌（运输、泵送混凝土、灌注、捣固）四条主要机械化作业线。合理配备开挖、衬砌、运输配套设备，以及具有丰富隧洞施工经验的队伍承担施工任务，并制订切实可行的施工方法和可靠的保证措施严格实施。

隧洞施工流程如图 2.1 所示。

1. 洞口及明洞段施工

洞口段采用明挖法，土方开挖采用挖掘机开挖，石方采用风钻打眼，乳化炸药爆破，洞渣采用装载机和挖掘机配自卸汽车运输。

2. 洞身段开挖施工

本工程隧洞开挖施工方法为台阶法。

开挖遵循新奥法原理施工，光面爆破，非电毫秒雷管起爆，乳化炸药爆破；出渣采用反铲挖掘机配合装载机装渣，自卸汽车运输。

隧洞进口以Ⅲ～Ⅳ级围岩为主，开挖前应进行管棚配合钢支撑支护，隧洞口部分加强段采用超前小导管及钢支撑支护，开挖完成后及时进行初期支护，喷混凝土采用湿喷机湿喷混凝土工艺，锚杆采用风钻钻孔，人工安装锚杆、钢架和钢筋网。钢格栅、钢筋网等构件由洞外加工成半成品，经洞外检验合格后现场安装定位，按规范搭接。

3. 超前地质预测预报

超前地质预测的主要内容包括地层岩性、地下水，特别是富水断层及富水地带等。按设计要求分段采用地质调查、TSP202/203 地震波探测、超前地质钻孔等对隧洞地质进行探测，最大限度地规避地质风险，指导隧洞施工。

4. 监控量测

监控量测的目的是确切地预报破坏和变形等未来动态，对设计参数和施工流程加以监控，以便及时掌握围岩动态，采取适当措施。

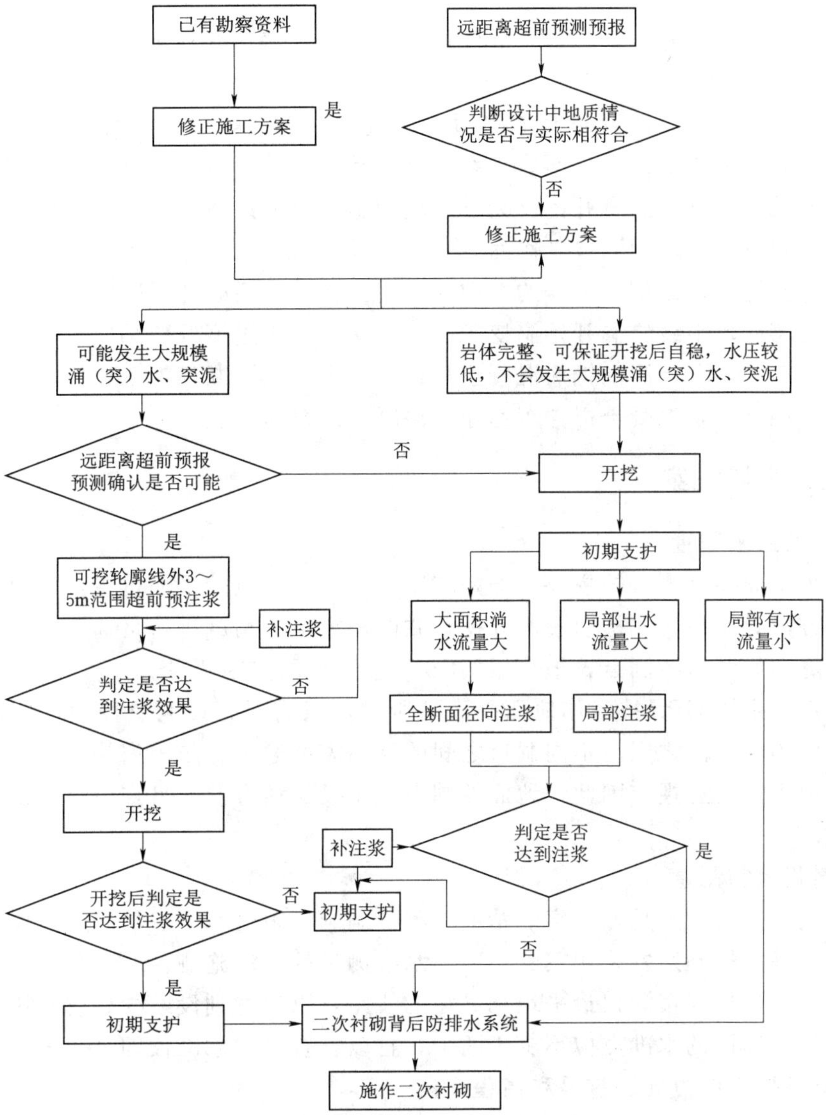

图 2.1 隧洞施工流程图

洞内监控量测项目包括围岩变形监测（拱顶下沉、地表隆陷、土体位移等）、地下水参数监测（地下水位、渗水压力等）、围岩与隧洞结构相互作用监测（隧洞拱顶下沉、周边收敛、应力量测等）以及爆破震动监测等。

5. 二次衬砌

衬砌采用复合式衬砌，整体式液压模板台车配输送泵工艺浇筑，在台车就位和衬砌钢筋制作安装过程中严格控制结构尺寸，确保满足设计几何尺寸。

采用自拌混凝土，混凝土运输车运送混凝土，泵送混凝土入模进行衬砌作业；采用插入式振捣器及附着式振捣器振捣。

2.3.1.2　施工顺序

本工程开工后，首先进行临时生活设施建设及施工道路的修筑，隧洞进口搭设钢便作为材料进出道路。

洞口土石方明挖在围堰及临时道路通行后进行，根据现场情况可与洞口开挖平行作业，为隧洞进洞施工创造条件。洞口土石方开挖到位后，即可开始洞门开挖、支护工作，以上工序完成后进入隧洞洞身开挖。为方便隧洞施工机械设备进出，隧洞洞口土石方与水闸基础开挖一起进行，加大洞口工作面。

隧洞洞身开挖、衬砌是本工程的关键性线路。在开工后，北线隧洞先行进洞，在先行洞开挖一定距离后，南线隧洞开始洞挖工作。为保证施工进度及隧洞安全，在隧洞开挖保证一定安全距离后，开始洞内钢筋混凝土衬砌。衬砌采用全断面液压钢模台车支模，混凝土拌和站拌制混凝土，混凝土搅拌车运输，混凝土泵泵送入仓。

2.3.2　施工测量方案

2.3.2.1　平面控制测量

隧洞工程平面控制测量的主要任务是测定各洞口控制点的平面位置，以便根据洞口控制点将设计方向导向地下，指引隧洞开挖，并能按规定的精度进行贯通。因此，平面控制网中应包括隧洞的洞口控制点，拟采用 GPS 法进行平面控制测量。

用全球定位系统 GPS 技术作地面平面控制时，只需要布设洞口控制点和定向点且相互通视，以便施工定向之用。不同洞口之间的点不需要通视，与国家控制点或城市控制点之间的联测也不需要通视。因此，地面控制点的布设灵活方便，且定位精度目前已优于常规控制方法。

2.3.2.2　高程控制测量

高程控制测量的任务是按规定的精度施测隧洞洞口附近水准点的高程，作为高程引测进洞的依据。高程控制通常采用三等、四等水准测量的方法施测。

水准测量应选择连接洞口最平坦和最短的线路，以期达到设站少、观测快、精度高的要求。每一洞口埋设的水准点应不少于两个，且以安置一次水准仪即可联测为宜。

2.3.2.3　隧洞掘进的方向、桩号和高程测设

洞外平面和高程控制测量完成后，即可求得洞口点的坐标和高程，各洞口至少布置两个坐标点，根据设计参数计算洞内中线点的设计坐标和高程。坐标反算得到测设数据，即洞内中线点与洞口控制点之间的距离、角度和高差关系。

1. 掘进方向测设数据计算

隧洞中线转折点的坐标已由设计文件给定。因此，可以计算两端进洞中线的方向和桩号并测设。当掘进达到曲线段的桩号以后，按照测设线路工程平面圆曲线的方法测设曲线上的桩号。

2. 洞口掘进方向标定

隧洞贯通的横向误差主要由隧洞中线方向的测设精度所决定，而进洞时的初始方向尤为重要。因此，在隧洞洞口要埋设若干个固定点，将中线方向标定于地面，作为开始掘进及以后与洞内控制点联测的依据。所有固定点应埋设在不易受施工影响的地方，这样在施

工过程中可以随时检查或恢复洞口控制点的位置和进洞中线的方向及桩号。

3. 洞内中线和腰线的测设

(1) 中线测设。根据隧洞洞口中线控制桩和中线方向桩，在洞口开挖面上测设开挖中线，并逐步往洞内引测中线上的桩号。隧洞每掘进 20m 要埋设一个中线桩号，中线桩号可以埋设在隧洞的底部或顶部。

(2) 腰线测设。在隧洞施工中，为了控制施工的标高和隧洞横断面的放样，在隧洞岩壁上，每隔一定距离（5～10m）测设出比洞底设计地坪高出 1m 的标高线，称为腰线。腰线的高程由引入洞内的施工水准点进行测设。由于隧洞的纵断面有一定的设计坡度，因此，腰线的高程按设计坡度随中线的桩号而变化，它与隧洞的设计地坪高程线是平行的。

4. 掘进方向指示

隧洞的开挖掘进过程中，洞内工作面狭小，光线暗淡。因此，在隧洞掘进的定向工作中，使用激光准直经纬仪或激光指向仪，以指示中线和腰线方向。它具有直观、对其他工序影响小、便于实现自动控制等优点。

2.3.2.4　洞内施工导线和水准测量

1. 洞内导线测量

测设隧洞中线时，通常每掘进 20m 埋设一个中线桩。由于定线误差，所有中线桩不可能严格位于设计位置上，所以，隧洞每掘进至一定长度（直线隧洞每隔 150～200m，曲线隧洞按通视条件尽可能放长）布设一个导线点，也可以利用埋设的中线桩作为导线点，组成洞内施工导线，导线的转折角采用 DJ2 级经纬仪至少观测两个测回，距离用经过检定的钢尺或光电测距仪测定。洞内施工导线只能布置成支导线的形式，并随着隧洞的掘进逐渐延伸。支导线缺少检核条件，观测应特别注意，转折角应观测左角和右角，边长应往返测量。随着隧洞的掘进，导线测量必须及时跟上，以确保贯通精度。

2. 洞内水准测量

用洞内水准测量控制隧洞施工的高程，隧洞向前掘进，每隔 20m 应设置一个洞内水准点，并据此测设腰线。通常情况下水准点埋设在洞顶或洞壁上，应力求稳固和便于观测，洞内水准线路也是支水准线路，除应往返观测外，还须经常进行复测。

2.3.2.5　隧洞洞口边坡施工

隧洞洞口边坡施工包括洞口土石方开挖、洞口截排水系统、洞口边仰坡防护等项目的施工。

1. 洞口边坡土方开挖

施工步骤为“植被清除→土方开挖→边坡支护→石方开挖→边坡支护”，土方的开挖自上而下进行，施工时以机械为主、人工为辅。

2. 石方开挖

针对隧洞口岩石开挖时周边环境的复杂性，拟采用“控制爆破”方案，减少爆破震动对周边房屋建筑的影响。爆破前编制爆破安全的专题方案，经第三方安全评估后，由相关主管部门审批后实施爆破，确保爆破施工安全。

爆破工艺流程如图 2.2 所示。

2.3.3　隧洞洞挖方案

2.3.3.1　工程特点

施工工期较紧，合理组织和调度施工作业将是本工程能否顺利完工的关键；施工需穿越白岩寨隧道、灌溉隧洞以及引水隧洞，爆破参数控制较为严格。

2.3.3.2　工程重点及难点

根据爆区环境描述，本工程环境一般，控制爆破飞石、爆破振动、爆破有害气体和噪声对高压铁塔和民房的影响是本工程的难点，因此控制爆破过程中产生的爆破有害效应（爆破振动、爆破飞散物、爆破有害气体、爆破噪声等）的破坏尤为重要，在爆破施工中加强爆破有害效应的控制是本工程的重点，同时也本工程施工的难点。

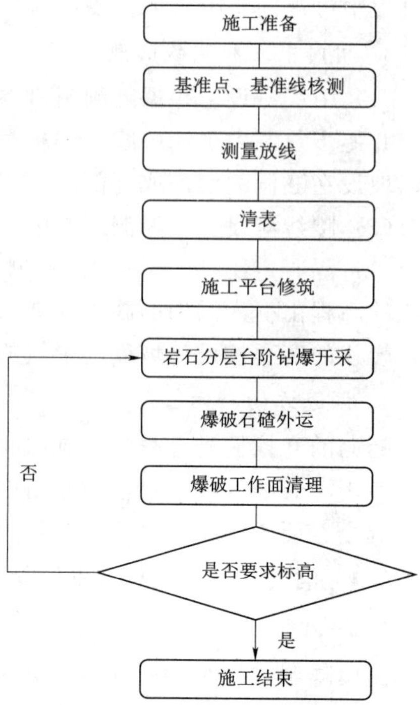

图 2.2　爆破工艺流程图

2.3.3.3　工程施工技术要求

1. 隧洞口开挖控爆技术要求

（1）隧洞口明挖爆破过程中不得影响周边民房、道路交通等正常运营。

（2）爆破振动、飞石、空气冲击波不得损坏周边需防护和保护的建（构）筑物和有关设施。在爆破设计中需要特别考虑提高爆破孔网密度，增大堵塞长度，做好堵塞质量，加强覆盖和防护力度，在施工时应严格采用“多打孔、少装药、弱爆破、强防护”的方针实施爆破作业，以确保周边保护对象的安全。

（3）爆破块度应满足机械清渣要求。

2. 隧洞开挖对爆破技术要求

（1）开挖出的断面符合设计要求，周边平整，尽量减少对原岩的破坏。

（2）炮孔利用率要高，增加每一循环的进尺。

（3）爆落岩块块度均匀，爆堆集中，以提高装岩效率。

（4）原材料消耗少，成本低。

3. 工程质量、安全指标

施工过程严格按平阳县南湖分洪工程总体要求进行，设计以工程需求为导向，注重安全、保护环境、讲究实效，确保施工安全、高效；施工严把质量关、文明施工、规范管理，力争工程在竣工验收时各项指标合格且一次性通过验收；施工期间无重大伤亡事故，死亡零指标。项目负责人对本工程的质量负直接责任，技术负责人对施工质量负技术责任，加强对职工的质量意识、安全意识教育，牢固树立“安全第一、质量第一”的理念。

2.3.3.4　爆破技术方案

结合本工程特点和难点，考虑到技术、安全可靠性、环保要求等的因素，依据本工程地质与环境情况，对不同的地质构造和环境要求采取不同的施工方案以满足经济、工期、环境、安全和质量等不同要求。

1. 爆破设计指导思想

(1) 确保施工安全：精心设计与施工，爆破过程中严格控制爆破振动及爆破飞石，确保开挖区周围的建（构）筑物、设施、设备及人员的安全。

(2) 确保质量：在设计及其施工中采取先进的爆破技术，确保工程质量符合要求。开挖爆破满足设计要求。

(3) 确保工期：爆破工序复杂，技术要求高，投入的技术管理人员、劳动力、机械设备应考虑满足计划工期要求，并留有一定的后备力量。

(4) 降低成本：优化方案，尽量节约投资。在施工中不断改进施工技术与工艺，提高生产效率。

2. 爆破施工方案的选取

隧洞施工工期作为整个工程工期的前置部分，要使工程工期满足合同要求。工程开工后，应以隧洞施工为整个工程的前置主线全面展开工作。

隧洞洞口部位容易产生爆破飞散物，在施工时，控制爆破飞散物是考虑的重点。隧洞进洞口明挖部分爆破施工前应做好测量放样工作，测定开挖标高，爆破施工时采取多钻孔、少装药、小方量爆破，控制爆破参数，并采取相应的、有效的安全防护措施，以确保边坡及隧洞出口洞脸平整、稳定。

本工程根据隧洞进洞口明挖段围岩和周边环境条件，并结合以往类似工程施工经验，具体施方法工如下：

(1) 隧洞洞口明挖段：采用浅孔台阶爆破方法施工，浅孔爆破采用 ϕ40mm 的手持式钻机穿孔，台阶高度小于 5m。

(2) 隧洞洞身暗挖段：采用地下掘进爆破，隧洞钻孔选取 ϕ40mm 的气腿式风钻机穿孔；爆破器材选用 2 号岩石乳化炸药，药卷直径为 ϕ32mm；雷管选用非电毫秒导爆管雷管。

根据《水利工程施工安全防护设施技术规范》（SL 714—2015）规范 5.3 洞室开挖第 11 条："水平或垂直相邻的两个工作面相距 30m 放炮时，双方人员均应撤离工作面。相距 15m 时，应停止一方工作。"和《水利工程建设标准强制性条文 2016 年版》"7-1 开挖"进行作业。

南北线隧洞采取错开爆破作业，爆破时间控制在另一侧隧洞初期支护 2h 后进行，同时双方人员均应撤离工作面。

2.3.3.5 爆破参数设计

1. 浅孔台阶爆破参数设计

隧洞口明挖采用浅孔台阶爆破，本设计以 4.5m 台阶作标准设计，实际工作中要根据地形标高以及台阶高度的变化，通过试爆后做相应的调整。

开挖钻孔采用垂直布孔形式，根据地形地质条件和开挖规模可分为单排孔和多排孔。一次爆破量较小时用单排孔；一次爆破量较大时，则要布置多排孔，多排孔为三角形布置，如图 2.3 所示。

当开挖高度大于 4.5m 时应分台阶开挖。台阶要素图如图 2.4 所示。

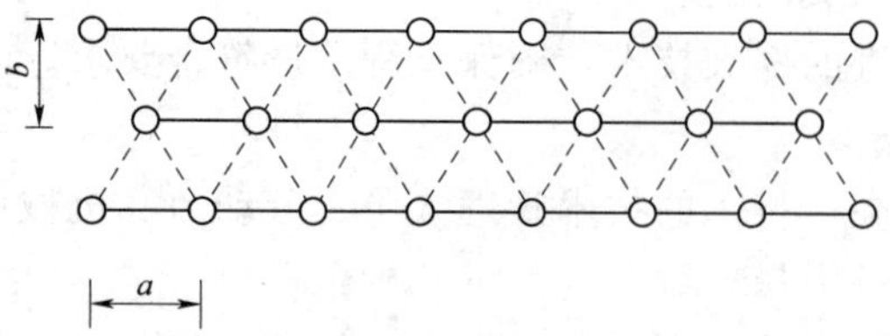

图 2.3 浅孔三角形多排炮孔布置图

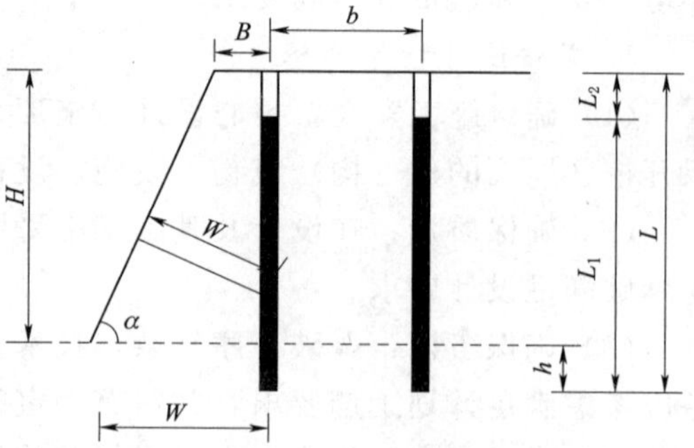

图 2.4 台阶要素图

H—台阶高度；L—孔深；W—炮孔最小抵抗线；
B—台阶上眉线至前排孔口的距离；L_1—装药长度；
L_2—堵塞长度；h—超深；b—排间距；
α—台阶坡面角

(1) 布孔方式。采用梅花布孔，钻孔角度 $\theta=90°$。

(2) 钻孔直径 D，$D=40$mm。

(3) 台阶高度 H，$H=4.5$m。

(4) 孔深 L，$L=H+h=5.0$m。

(5) 前排底盘抵抗线 $W_{底}$，$W_{底q}=1.45(q)^{1/2}K_1K_2=1.38$m，取 1.30m，本公式为经验公式，其中，$q$ 装药密度 1.0kg/m，K_1 取 0.95，K_2 取 1.0，K_1、K_2 均为与岩石可爆破性相关系数。

(6) 底盘抵抗线 $W_{底}$，$W_{底}=0.8\sim1.2$m（根据岩硬度和开挖深度确定，硬岩和钻孔深度低的取小值，实际取值根据现场实验确定）。

(7) 炮孔孔距 a，$a=1.0\sim1.5$m（根据岩硬度和钻孔深度确定，硬岩和钻孔深度低的取小值，实际取值根据现场实验确定）。

(8) 炮孔排距 b，$b=0.7\sim1.2$m（根据岩硬度和钻孔深度确定，硬岩和钻孔深度低的取小值，实际取值根据现场实验确定）。

(9) 超深 Δh，$\Delta h=0.3\sim0.5$m。

(10) 单耗 q，$q=0.30\sim0.48$kg/m³，单耗 q 暂取 0.30kg/m³，实际取值根据应根据岩石性质的改变及爆破试验效果确定。

(11) 炸药类型。2 号岩石乳化炸药，药卷直径 ϕ32mm。

(12) 120 单孔装药量 Q。

$$Q=qV$$

式中 Q——每个炮孔的装药量，kg；

q——单位岩石炸药消耗量，kg/m³；

V——要爆落岩石的体积，m³。

$$V=Lwab$$

式中 L——孔深；

w——抵抗线；

a——孔距；

b——排距。

多列炮孔爆破的装药量计算，前列每孔装药量 $Q=qaLw$，第二列系孔装药量 $Q=qabL$。

(13) 装药结构。根据工程实际情况，本工程拟采用连续装药或分层装药。临近边坡预留层爆破时，采用分层装药，以减少对边坡围岩的破坏；其他炮孔按设计计算出单孔装药量，从炮孔底部往上将炸药填实，起爆药包装在装药长度孔口往下 3/4 位置。炮孔装药示意图如图 2.5 所示。

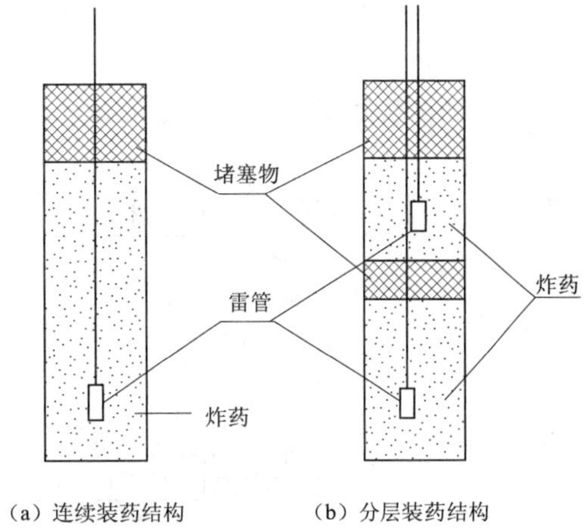

图 2.5 炮孔装药示意图

(14) 堵塞质量及堵塞长度。炮孔堵塞时，应有足够的堵塞长度，并保证良好的堵塞质量，堵塞过程中必须保护好导爆管。堵塞材料可用沙子、黏土、岩粉等，按设计长度填实装满为止，堵塞长度 $L_2 \geqslant 1.2W$，对于有水的炮孔应先将水处理掉，再进行堵塞，严禁无堵塞爆破。

2. 隧洞爆破参数设计

(1) 隧洞断面参数。

隧洞断面参数见表 2.3。

表 2.3 **隧洞断面参数表** 单位：m

施工区域	围岩											
	Ⅱ类			Ⅲ类			Ⅳ类			Ⅴ类		
尺寸	高度	宽度	面积	高度	宽度	面积	高度	宽度	面积	高度	宽度	面积
上游无压段	10.3	14.8	127.88	10.75	15	141.24	11.15	15.5	150.44	11.15	15.5	150.44
倒虹吸段	11.8	14.9	155.14	11.85	15	157.74	12.25	15.5	167.57	12.25	15.5	167.57
下游无压段	14.4	14.8	188.93	14.5	15	202.74	15.25	15.5	214.07	15.25	15.5	214.07
支洞				8.45	9.3	71.59	8.9	10.2	77.09			
				6.9	7.1	43.32	7.4	8	46.85			

上游无压段中Ⅱ级围岩和两个支洞均采用台阶法施工，其他Ⅱ级、Ⅲ级、Ⅳ级围岩采用三台阶法施工，为减少对围岩扰动及减少超挖，周边孔采用光面爆破，Ⅴ级围岩采用三台阶四步法施工。

(2) 隧洞掘进施工方法。本段隧洞洞身开挖都采用钻爆法施工，根据不同的地质结构、岩石性质，采用台阶法开挖方法施工，以新奥法理论指导施工，隧洞新奥法施工工艺流程如图 2.6 所示。在施工作业中应注意爆破参数的选择。

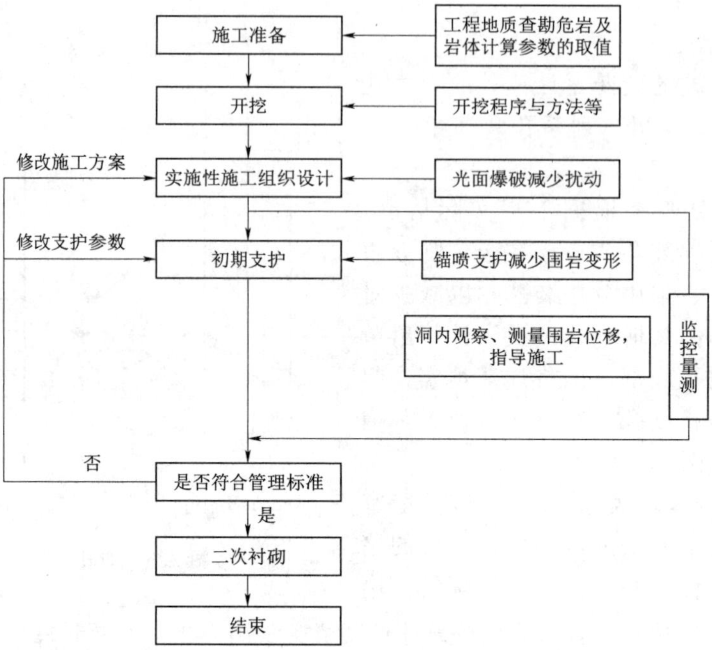

图 2.6　隧洞新奥法施工工艺流程图

施工中严格按照设计要求，遵循新奥法施工原理组织施工。暗挖采用 TY－28 风动凿岩机钻孔，控制弱爆破开挖。在隧洞进出口软弱地质洞身开挖应坚持“管超前，严注浆，短进尺，弱爆破，强支护，早封闭，勤量测”的原则。洞身开挖根据不同的围岩类别，采用不同的施工工法进行。

本段隧洞穿越Ⅱ级、Ⅲ级、Ⅳ级和Ⅴ级四类围岩，对于隧洞进口段Ⅴ级围岩爆破开挖的设计思路拟采用三台阶四步法；对于主洞其他Ⅲ级围岩、Ⅳ级围岩、Ⅴ级围岩、上游支洞、下游支洞爆破开挖的设计采用三台阶法施工。

1）三台阶四步开挖法。三台阶四步开挖法施工工序适用于隧洞Ⅴ级围岩（隧洞进口段），见表 2.4。

表 2.4　　　　**三台阶四步法施工工序**

序号	图　示	施工步骤说明
1	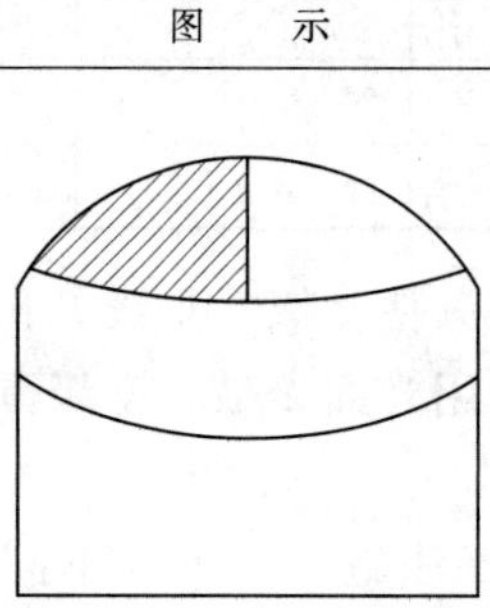	(1) 利用上一循环架立的钢架施作隧洞超前支护。 (2) 弱爆破左上部。 (3) 施作左上部导坑周边的喷锚支护，架立支护钢架。 (4) 导坑底部及侧面铺设 I18 轻型工字钢，喷混凝土

续表

序号	图　示	施工步骤说明
2	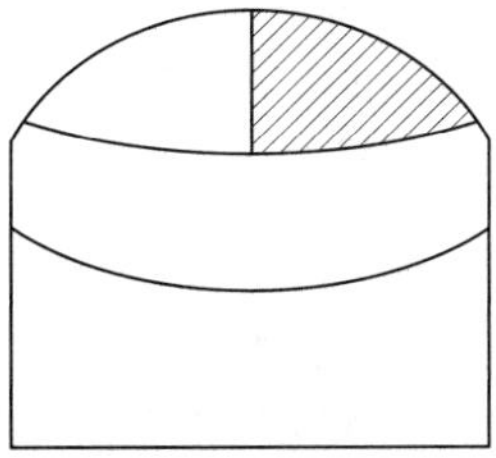	（1）滞后左上部一段距离后弱爆破开挖右上部岩体。 （2）架立喷锚支护钢架，设锁脚钢管。 （3）导坑底部及侧面铺设I18轻型工字钢，喷混凝土
3	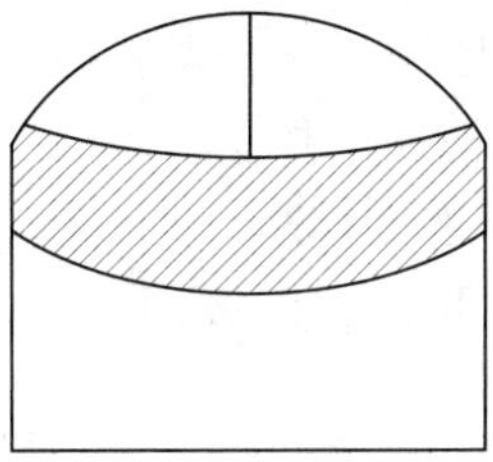	（1）滞后右上部一段距离后弱爆破开挖中部台阶岩体。 （2）架立喷锚支护钢架，设锁脚钢管。 （3）喷混凝土，制作中部台阶临时仰拱，再喷混凝土
4	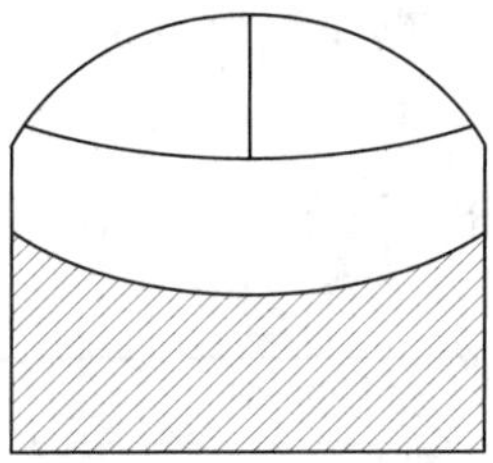	（1）在滞后中部台阶一段距离后，弱爆破开挖下部台阶。 （2）架立喷锚支护钢架，设锁脚钢管。 （3）隧洞底部喷混凝土
5	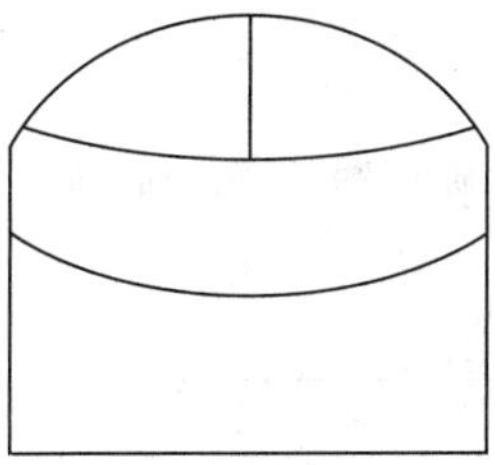	（1）隧洞底部清理。 （2）隧洞底板混凝土衬砌
6	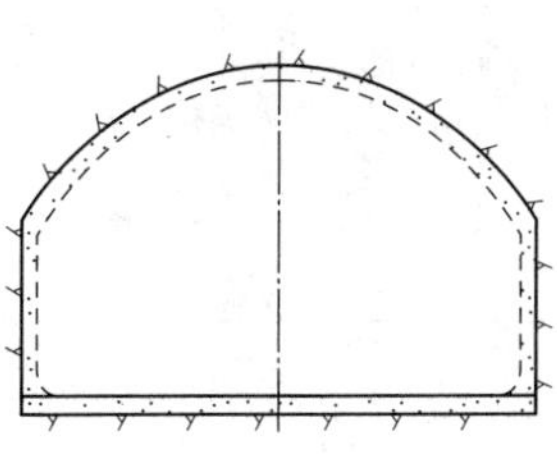	（1）拆除上部竖向钢架及仰拱。 （2）根据监测结果分析，待锚喷支护收敛后，利用液压钢模台车浇筑边墙、拱部二衬混凝土

三台阶四步开挖法施工注意事项：

a. 隧洞施工应坚持“弱爆破、短进尺、强支护、早封闭、勤量测”的原则，各台阶每分部每循环进尺为一榀钢架间距；其间距视实际围岩地质情况适当调整，开挖后及时施作初期支护，即临时支护。

b. 开挖方式采用弱爆破，爆破时采用小炮开挖，严格控制炮眼深度及装药量。

c. 台阶长度宜控制在 8～30m，围岩稳定较差时，宜控制在 3～10m；实际施工时，导坑开挖宽度及台阶高度可根据施工机具、人员安排等进行适当调整。

d. 中下台阶断面开挖应两侧交错进行，中间台阶开挖后仰拱应紧跟。施工中应解决好上下台阶的施工干扰问题，下部应减少对上部围岩、支护的扰动。

e. 施工中，应按有关规范及标准图的要求，进行监控量测，及时反馈结果，分析洞身结构的稳定，为支护参数的调整提供依据，必要时临时架设钢架封闭。

f. 施作钢拱架时，采用扩大拱脚和锁脚钢管等措施，控制围岩和初期支护变形，必要时施作临时仰拱。

g. 中下台阶在上台阶喷射混凝土达到设计强度 70%以上时开挖，当岩体不稳定时需缩短进尺，必要时中下部台阶分左右两部开挖，并及时施作初期支护。

h. 中下台阶施工时要保证初支钢架整体顺接平直，螺栓连接牢靠。

2）三台阶开挖法。三台阶法施工工序适用于主洞Ⅲ级围岩、Ⅳ级围岩、Ⅴ级围岩、上游支洞、下游支洞，见表 2.5。

三台阶法施工注意事项：

a. 隧洞施工应坚持“弱爆破、短进尺、强支护、早封闭、勤量测”的原则。

b. 开挖方式采用弱爆破，爆破时严格控制炮眼深度及装药量。

c. 台阶长度宜控制在 8～30m；围岩稳定较差时，控制在 3～10m。

表 2.5　　三台阶法施工工序

序号	图　示	施工步骤说明
1	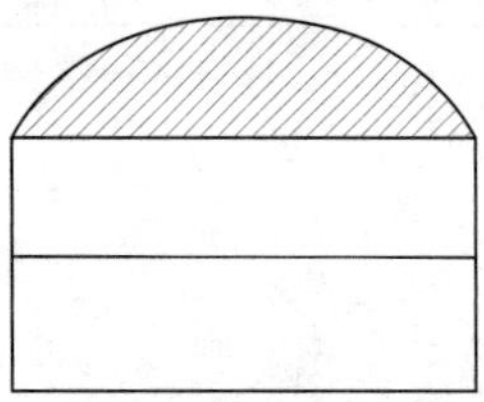	(1) 开挖上台阶岩体。 (2) 根据现场围岩情况施作上台阶喷锚挂网等初期支护
2	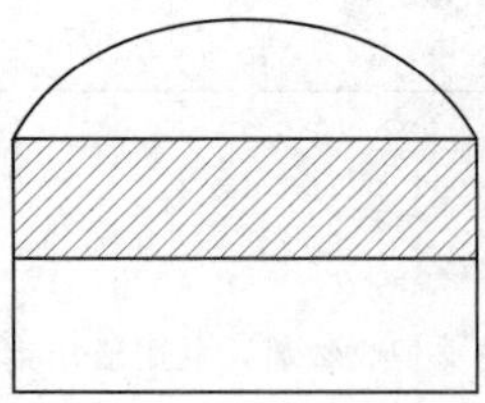	(1) 滞后上台阶一段距离后开挖中间台阶岩体。 (2) 根据现场围岩情况施作中间台阶喷锚挂网等初期支护
3	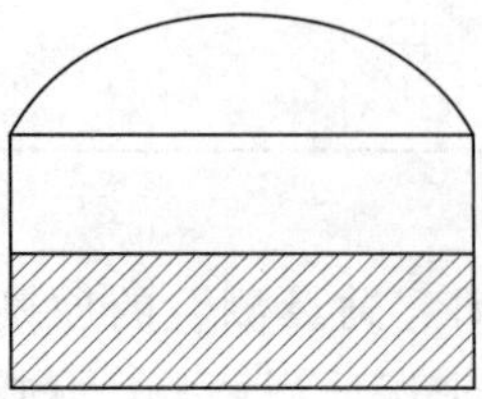	(1) 滞后中间台阶一段距离后开挖下部台阶岩体。 (2) 根据现场围岩情况施作下部台阶喷锚挂网等初期支护

续表

序号	图　示	施工步骤说明
4	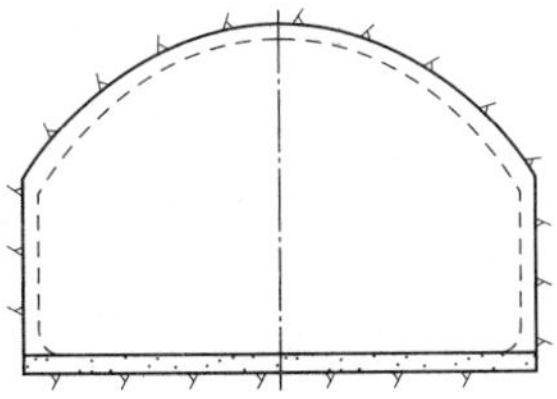	(1) 隧洞底部清理。 (2) 隧洞底板混凝土衬砌
5	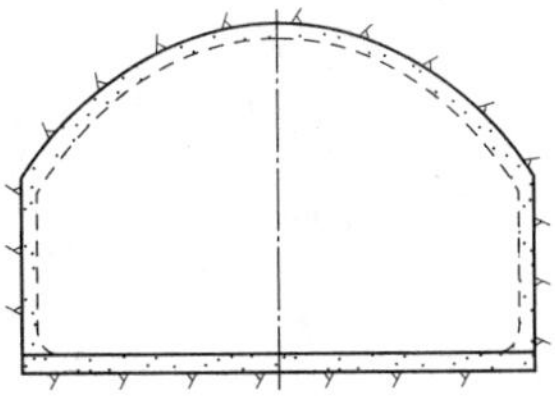	(1) 根据监测结果分析，利用液压钢模台车浇筑边墙、拱部二衬混凝土

d. 施工中应解决好上下台阶的施工干扰问题，下部围岩施工时应减少对上部围岩、支护的扰动。

e. 施工中，应按有关规范及标准图的要求，进行监控量测，及时反馈结果，分析洞身结构的稳定性，为支护参数的调整、灌筑二次衬砌的时机提供依据。

f. 下台阶在上台阶喷射混凝土达到设计强度70%以上时开挖，当岩体不稳定时需缩短进尺，必要时分下台阶左右两部开挖，并及时施作初期支护和仰拱。

3）台阶开挖法。台阶开挖法适用于分洪隧洞Ⅱ级围岩、Ⅲ级围岩，见表2.6。

表2.6　　台阶开挖法施工工序

序号	图　示	施工步骤说明
1	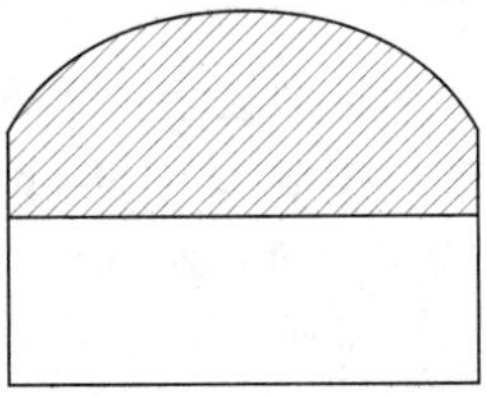	(1) 开挖上台阶岩体。 (2) 根据现场围岩情况施作上台阶喷锚挂网等初期支护
2	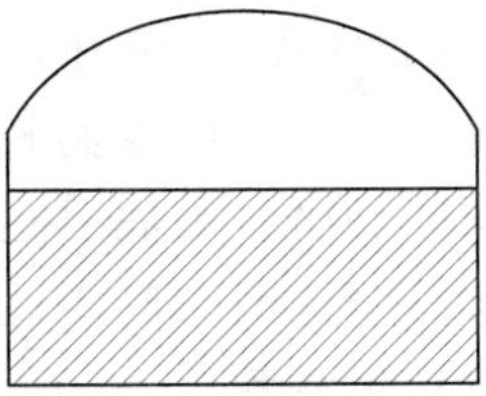	(1) 滞后上台阶一段距离后开挖下部台阶岩体。 (2) 根据现场围岩情况施作下部台阶喷锚挂网等初期支护

续表

序号	图　示	施工步骤说明
3	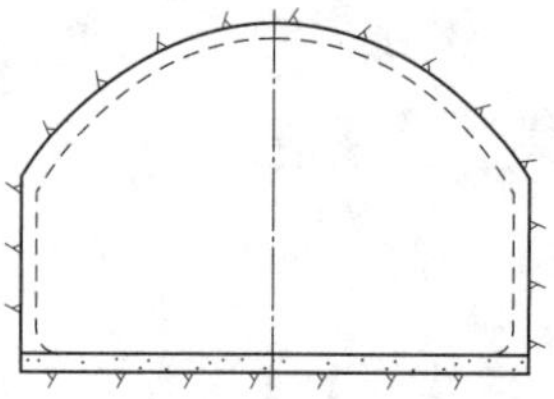	(1) 隧洞底部清理。 (2) 隧洞底板混凝土衬砌
4	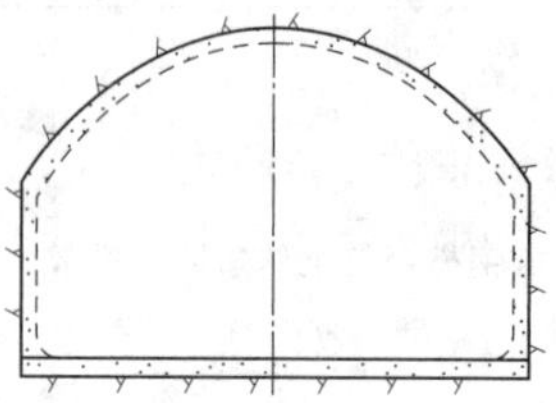	(1) 根据监测结果分析，利用液压钢模台车浇筑边墙、拱部二衬混凝土

(3) 炮孔布设及参数设计。爆破开挖是拱部边墙采用光面爆破，核心采用控制爆破，掏槽采用抛掷爆破的爆破工艺。

1) 炮孔深度 (L)。爆破设计的炮眼深度主要受爆破振动强度控制，设计炮眼深度根据爆破部位不同进行调整。

2) 炮孔直径 (d)。$d=42$mm。

3) 掏槽孔。掏槽孔布置在爆破断面中央偏下位置，本方案隧洞爆破设计采用楔形掏槽和直孔掏槽（图 2.7）。

a. 楔形掏槽，每对掏槽眼呈完全对称形或近似对称形。每对掏槽眼由浅变深，孔底间距为 0.1～0.3m，楔形掏槽孔与工作面夹角为 55°～75°，则由小变大，为保证复式楔形掏槽取得良好的爆破效果，应尽量减小钻眼的偏差。

b. 直孔掏槽，掏槽孔彼此间距离很近，由垂直于开挖面且相互平行的若干炮孔组成。其中布置几个不装药的空孔作为装药孔提供临界面，直孔掏槽孔间距为 0.2m。

根据掏槽眼布置原则，即大断面隧洞应采用楔形掏槽，并尽量加大第一级掏槽眼之间的水平距离，缩小掏槽角；炮眼深度超过 2.5m 时，应采用二级或三级或多级复式楔形掏槽)。

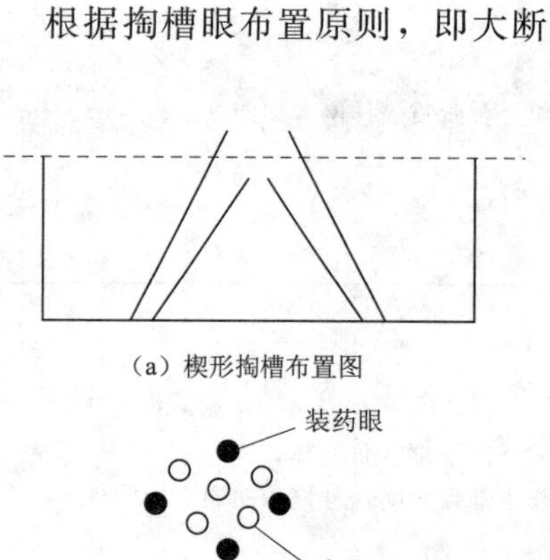

(a) 楔形掏槽布置图

(b) 直孔掏槽布置图

图 2.7　掏槽孔布置示意图

4) 辅助孔布设。辅助孔布置在掏槽孔和周边孔之间，炮孔间距根据围岩种类即所处不同位置从 60～100cm 选取，施工中可做适当调整。

5) 周边孔布设。周边眼布置在距开挖断面边缘 0.1～0.2m 位置，周边眼的眼底要朝隧洞轮廓线方向倾斜，当隧洞穿过的岩体坚硬时，眼底可达到或稍稍超出轮廓线位置；岩体中等坚固时，间距一般取炮孔直径的 8～15 倍，眼底距轮廓线为 0.1～0.2m；在松软岩体中，炮眼不必倾斜，眼底距轮廓线的距离与眼口处相同。

本隧洞各类围岩均采用光面爆破，以减少对围岩的扰动，在节理裂隙发育的岩石中，应取小值；在整体性较好的岩石中，应取大值。周边孔间距一般为 30～60cm，施工中可做适当调整。周边孔钻孔时应提高钻孔精度，以确保隧洞的超欠挖，保证开挖轮廓面积。周边孔爆破时应同时起爆，确保爆破质量。

6）光面爆破参数。

a. 不耦合系数。合理的不耦合系数应使炮孔压力低于岩壁动抗压强度，而高于动抗拉强度，不耦合系数，本工程选用 1.31。

b. 光面炮孔间距。一般取炮孔直径的 8～15 倍。在节理裂隙发育的岩石中，应取小值；在整体性较好的岩石中，应取大值。本工程光爆孔间距取Ⅱ类取 63cm、Ⅲ类取 60cm、Ⅳ类取 50cm、Ⅴ类取 40cm，施工中可做适当调整。

c. 最小抵抗线，即光面层厚度或周边孔到邻近辅助孔间的距离，它是光面孔起爆时的最小抵抗线，一般应大于或等于光面孔间距。选取与各级围岩相对应的 E 值为 75cm、70cm、60cm、50cm。

d. 线装药量：200～300g/m。

e. 不耦合装药结构（图 2.8）。不同的情况可选择不同的装药结构。在地质构造如破碎松软、渗水、漏水等不良情况严重时，可选择图 2.8（a）、（b）装药结构；在情况相对较好时，可选择图 2.8（c）装药结构。

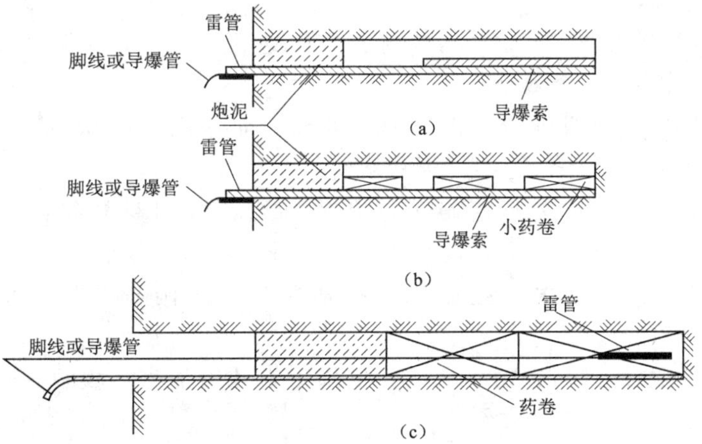

图 2.8 不耦合装药结构图

由于地下工程地质情况十分复杂，坍方段处理也无一定模式，具体要视现场情况研究决定，情况严重的位置可在原来的基础上增加辅助孔、周边孔数量，采用特殊装药结构、减少装药量等方法及时调整爆破施工工艺。

7）炮孔数。炮孔数目的多少直接影响每一循环凿岩工作量、爆破效果、掘进进度、隧洞成型的好坏，设计时按下式计算炮孔数，在施工过程中根据实际情况可作适当调整，以达到最佳爆破效果。

$$N=3.3\times(f\times S^2)^{1/3}$$

式中　N——炮孔数目，个；

f——岩石普氏系数；

S——巷道掘进断面，m^2。

［例］　隧洞岩石普氏系数 $f=8\sim12$，本工程Ⅳ级围岩、Ⅴ级围岩取 $f=9$，Ⅲ级围岩取 $f=11$，Ⅱ级围岩取 $f=15$。

（1）上游无压段：Ⅱ级围岩面积为 127.88m^2；Ⅲ级围岩面积为 141.2m^2；Ⅳ级围岩、Ⅳ级围岩面积为 150.44m^2。代入数据计算：

1）Ⅱ级围岩：由于分次开挖施工炮孔需加密，故洞身开挖：$N=3.3\times\{15\times127.882\}\times1/3=207$(个)。

2）Ⅲ级围岩：由于分次开挖施工炮孔需加密，故洞身开挖：$N=3.3\times\{11\times141.22\}$ 1/3=200(个)。

3）Ⅳ级围岩、Ⅴ级围岩：由于分次开挖施工炮孔需加密，故洞身开挖：$N=3.3\times\{9\times150.442\}\times1/3=195$(个)。

（2）倒虹吸段：Ⅱ级围岩面积为 155.14m^2；Ⅲ级围岩面积为 157.74m^2；Ⅳ级围岩、Ⅴ级围岩面积为 167.57m^2，代入数据计算：

1）Ⅱ级围岩：由于分次开挖施工炮孔需加密，故洞身开挖：$N=3.3\times\{15\times155.142\}\times1/3=235$(个)。

2）Ⅲ级围岩：由于分次开挖施工炮孔需加密，故洞身开挖：$N=3.3\times\{11\times157.742\}\times1/3=215$(个)。

3）Ⅳ级围岩、Ⅴ级围岩：由于分次开挖施工炮孔需加密，故洞身开挖：$N=3.3\times\{9\times167.572\}\times1/3=209$(个)。

（3）下游无压段：Ⅱ级围岩面积为 188.93m^2；Ⅲ级围岩面积为 202.74m^2；Ⅳ级围岩、Ⅴ级围岩面积为 214.07m^2。代入数据计算：

1）Ⅱ级围岩：由于分次开挖施工炮孔需加密，故洞身开挖：$N=3.3\times\{15\times188.932\}\times1/3=268$(个)。

2）Ⅲ级围岩：由于分次开挖施工炮孔需加密，故洞身开挖：$N=3.3\times\{11\times202.742\}\times1/3=254$(个)。

3）Ⅳ级围岩、Ⅴ级围岩：由于分次开挖施工炮孔需加密，故洞身开挖：$N=3.3\times\{9\times214.072\}\times1/3=246$(个)。

（4）支洞段：9m×8m 断面：Ⅲ1 级围岩面积为 71.22m^2；Ⅳ1 级围岩面积为 77.09m^2。6.8m×6.5m 断面：Ⅲ2 级围岩面积为 43.32m^2；Ⅳ2 级围岩面积为 46.85m^2。代入数据计算：

1）Ⅲ1 级围岩：由于分次开挖施工炮孔需加密，故洞身开挖：$N=3.3\times\{11\times71.222\}\times1/3=127$(个)。

Ⅲ2 级围岩：由于分次开挖施工炮孔需加密，故洞身开挖：$N=3.3\times\{11\times43.322\}\times1/3=91$(个)。

2）Ⅳ1 级围岩：由于分次开挖施工炮孔需加密，故洞身开挖：$N=3.3\times\{9\times77.092\}\times1/3=125$(个)。

Ⅳ2 级围岩：由于分次开挖施工炮孔需加密，故洞身开挖：$N=3.3\times\{9\times46.852\}\times 1/3=90$(个)。

8）装药结构。掏槽眼、辅助眼采用连续装药方式，如图 2.9 所示。

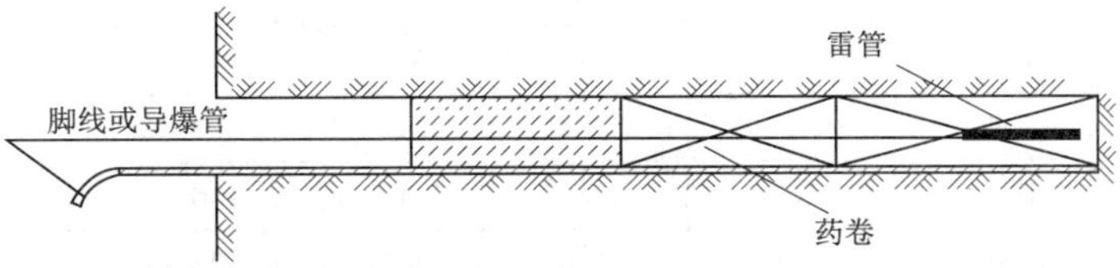

图 2.9 隧洞掘进其余炮眼装药图

周边孔参照光面爆破不耦合装药结构。

本工程隧洞开挖采用光面爆破技术时，起爆使用非电毫秒雷管，结合实际开挖后地下水情况，炸药使用 2 号岩石乳化炸药。开挖时，严格控制周边眼的间距和钻眼角度，周边眼采用专用的光面爆破药卷或小药卷间隔装药结构，根据隧洞埋深情况严格控制同段雷管的起爆药量，以减少对周围环境的影响。所有炮眼装药后需用炮泥堵塞密实，以确保爆破效果。

9）药量计算。

周边眼单孔药量计算公式为

$$QK=\pi(d_i/2)2\beta L\rho_0$$

式中 QK——单孔装药量，g；

ρ_0——炸药的密度，g/cm^3；

L——炮眼深度，m；

d_i——炸药直径，cm；

β——光面爆破炮眼填装系数。

其他各部位炮眼装药量计算公式为

$$q=KaWL\lambda$$

式中 q——单眼装药量，kg；

K——装药密度；

a——炮眼间距，m；

L——炮眼深度，m；

W——炮眼爆破方向的抵抗线，m；

λ——炮眼所在部位系数，掏槽眼 λ 取 3，辅助眼 λ 取 2。

10）各开挖型式具体爆破参数。

a. 台阶法光面爆破参数设计。台阶法光面爆破开挖方式适用于Ⅱ级围岩以及Ⅲ级围岩一般洞身段。掏槽采用直孔掏槽，掏槽眼间距为 30～40cm。

将开挖断面分上、下台阶开挖，用减震控制爆破技术，预计循环进尺 3.5m。一般洞身台阶法开挖爆破参数设计详见表 2.7。

表 2.7　　台阶法开挖爆破参数设计表

部位	起爆顺序	炮眼名称	炮眼数量/个	炮眼深度/m	雷管段别	单孔药量/kg	单段药量/kg	备注
上台阶	1	掏槽眼	1	4				空孔
	2	掏槽眼	6	4	MS-1	3.0～3.1	18	
	3	辅助眼	8	3.8	MS-3	1.8～2.0	16	
	4	辅助眼	13	3.8	MS-5	1.8～2.0	26	
	5	辅助眼	15	3.8	MS-7	1.8～2.0	30	
	6	辅助眼	13	3.8	MS-9	1.8～2.0	26	
	7	辅助眼	10	3.8	MS-11	1.8～2.0	20	
	8	辅助眼	10	3.8	MS-13	1.8～2.0	20	
	9	周边眼	46	3.8	MS-15	0.7～0.9	32	
		合计	122				188	
下台阶	1	辅助眼	15	3.8	MS-1	1.8～2.0	30	
	2	辅助眼	15	3.8	MS-3	1.8～2.0	30	
	3	辅助眼	15	3.8	MS-5	1.8～2.0	30	
	4	辅助眼	15	3.8	MS-7	1.8～2.0	30	
	5	辅助眼	15	3.8	MS-9	1.8～2.0	30	
	6	辅助眼	15	3.8	MS-11	1.8～2.0	30	
	7	周边眼	28	3.8	MS-13	0.7～0.9	22.4	
	8	底眼	23	3.8	MS-15	1.8～2.0	43.7	
		合计	141				246	

b. 三台阶法光面爆破参数设计。三台阶法光面爆破开挖方式适用于其他Ⅱ～Ⅴ级围岩一般洞身段。掏槽采用复式契形掏槽，掏槽眼间距为 50～60cm。

将开挖断面分上、中、下台阶开挖，用减震控制爆破技术，预计循环进尺 3m。三台阶法开挖爆破参数设计详见表 2.8。

表 2.8　　三台阶法开挖爆破参数设计表

部位	起爆顺序	炮眼名称	炮眼数量/个	炮眼深度/m	雷管段别	单孔药量/kg	单段药量/kg	备注
上台阶	1	掏槽眼	6	3.5	MS-1	2.5～2.6	15.6	
	2	掏槽眼	6	3.5	MS-3	2.5～2.6	15.6	
	3	辅助眼	6	3.3	MS-5	1.5～1.7	10.2	
	4	辅助眼	8	3.3	MS-7	1.5～1.7	13.6	
	5	辅助眼	15	3.3	MS-9	1.5～1.7	25.5	
	6	周边眼	30	3.3	MS-11	0.7～0.8	24	
	7	底眼	19	3.3	MS-13	1.5～1.7	32.3	
		合计	90				136.8	

续表

部位	起爆顺序	炮眼名称	炮眼数量/个	炮眼深度/m	雷管段别	单孔药量/kg	单段药量/kg	备注
中间台阶	1	辅助眼	17	3.3	MS-1	1.5~1.7	28.9	
	2	辅助眼	17	3.3	MS-3	1.5~1.7	28.9	
	3	辅助眼	17	3.3	MS-5	1.5~1.7	28.9	
	4	周边眼	20	3.3	MS-7	0.7~0.8	16.0	
	5	底眼	17	3.3	MS-9	1.5~1.7	28.9	
		合计	87				131.6	
下台阶	1	辅助眼	17	3.3	MS-1	1.5~1.7	28.9	
	2	辅助眼	17	3.3	MS-3	1.5~1.7	28.9	
	3	辅助眼	17	3.3	MS-5	1.5~1.7	28.9	
	4	周边眼	20	3.3	MS-13	0.7~0.8	16	
	5	底眼	19	3.3	MS-15	1.5~1.7	32.3	
		合计	88				135	

c. 三台阶四步法光面爆破参数设计。三台阶四步开挖法开挖方式适用于Ⅴ级围岩隧洞进口段、穿越隧洞段。掏槽采用复式契形掏槽，掏槽眼间距为50~60cm。

隧洞一般洞身将开挖断面分上、中、下台阶开挖，用减震控制爆破技术，预计循环进尺0.8m。三台阶四步法开挖爆破参数设计详见表2.9。

表2.9　三台阶四步开挖法爆破参数设计表

部位	起爆顺序	炮眼名称	炮眼数量/个	炮眼深度/m	雷管段别	单孔药量/kg	单段药量/kg	备注
上台阶左侧	1	掏槽眼	8	1.4	MS-1	0.5~0.7	5.6	
	2	辅助眼	6	1	MS-3	0.3~0.4	2.4	
	3	辅助眼	3	1	MS-5	0.3~0.4	1.2	
	4	辅助眼	3	1	MS-7	0.3~0.4	1.2	
	5	辅助眼	8	1	MS-9	0.2~0.4	3.2	
	6	周边眼	20	1	MS-11	0.15~0.3	6	
	7	底眼	8	1	MS-13	0.3~0.4	3.2	
		合计	56				22.8	
上台阶右侧	1	辅助眼	4	1	MS-1	0.3~0.4	1.6	
	2	辅助眼	4	1	MS-3	0.3~0.4	1.6	
	3	辅助眼	3	1	MS-5	0.3~0.4	1.2	
	4	辅助眼	3	1	MS-7	0.3~0.4	1.2	
	5	辅助眼	3	1	MS-9	0.3~0.4	1.2	
	6	周边眼	19	1	MS-11	0.2~0.3	5.7	
	7	底眼	6	1	MS-13	0.3~0.4	2.4	
		合计	42				14.9	

续表

部位	起爆顺序	炮眼名称	炮眼数量/个	炮眼深度/m	雷管段别	单孔药量/kg	单段药量/kg	备注
中间台阶	1	辅助眼	6	1	MS-1	0.3～0.4	2.4	
	2	辅助眼	18	1	MS-3	0.3～0.4	7.2	
	3	辅助眼	18	1	MS-5	0.3～0.4	7.2	
	4	周边眼	22	1	MS-7	0.2～0.3	6.6	
	5	底眼	18	1	MS-9	0.3～0.4	7.2	
		合计	82				30.6	
下台阶	1	辅助眼	6	1	MS-1	0.3～0.4	2.4	
	2	辅助眼	18	1	MS-3	0.3～0.4	7.2	
	3	辅助眼	18	1	MS-5	0.3～0.4	7.2	
	4	周边眼	22	1	MS-7	0.2～0.3	6.6	
	5	底眼	18	1	MS-9	0.3～0.4	7.2	
		合计	82				30.6	

主洞穿越隧洞段将单孔药量降低，确保已建隧洞的稳定和安全，其中以小型灌溉隧洞距主洞最近，取最大单响药量 Q 为 4kg，将开挖断面分上、中、下台阶开挖，必要时增加台阶，降低爆破台阶高度，用减震控制爆破技术，预计循环进尺 0.3m。

d. 分洪隧洞支洞爆破参数。支洞开挖爆破参数设计表见表 2.10。

表 2.10　　支洞开挖爆破参数设计表

部位	起爆顺序	炮眼名称	炮眼数量/个	炮眼深度/m	雷管段别	单孔药量/kg	单段药量/kg	备注
上台阶	1	掏槽眼	6	3.5	MS-1	2.5～2.6	15	
	2	辅助眼	10	3.3	MS-3	1.5～1.7	17	
	3	辅助眼	5	3.3	MS-5	1.5～1.7	8	
	4	周边眼	19	3.3	MS-9	0.7～0.8	15	
	5	底眼	9	3.3	MS-7	1.5～1.7	15	
		合计	49				70	
中间台阶	1	辅助眼	9	3.3	MS-1	1.5～1.7	15	
	2	辅助眼	9	3.3	MS-3	1.5～1.7	15	
	3	底眼	9	3.3	MS-5	1.5～1.7	15	
	4	周边眼	8	3.3	MS-7	0.7～0.8	6	
		合计	35				51	
下台阶	1	辅助眼	9	3.3	MS-1	1.5～1.7	15	
	2	辅助眼	9	3.3	MS-3	1.5～1.7	15	
	3	辅助眼	9	3.3	MS-5	1.5～1.7	15	
	4	周边眼	8	3.3	MS-9	0.7～0.8	6	
	5	底眼	9	3.3	MS-7	1.5～1.7	15	
		合计	44				66	

在实际施工中应根据不同地质变化情况，选择合理的钻爆参数，并依据最近一轮爆破中得到的经验，对周边爆破的各项参数进行调整，以获得最佳效果，不断提高爆破质量，杜绝施工的随意性。

2.3.4 特殊地层的施工技术

Ⅳ级、Ⅴ级围岩开挖时应加强监测，做好“敲帮问顶”“有疑必探”的工作。必要时采用超前管棚、小导管注浆加固、超前锚杆加固等措施对围岩进行加固。

2.3.5 隧洞掘进爆破爆后检查

隧洞掘进爆破炮响完，经有效通风吹散炮烟，检查确认隧洞内空气合格后，方准许作业人员进入爆破作业点。隧洞掘进爆破前后加强通风，选用轴流风机（55kW）进行通风。条件许可时，应采用在工作面喷雾洒水等方法来降低爆破粉尘。爆破后应做好“敲帮问顶”检查工作，防止边帮塌落、顶板落石等危险。

2.3.6 爆破网路敷设

起爆网路连接应由现场爆破工程技术人员或有经验的爆破员进行，并经现场爆破和设计负责人检查验收。

2.3.6.1 浅孔台阶爆破网路敷设

浅孔台阶爆破采用非电起爆网路，实行孔内和孔外微差相结合，原则上孔内用高段毫秒雷管，孔外用低段毫秒雷管，每个孔内用1发毫秒雷管，孔与孔之间采用导爆管和四通连接。根据现场具体情况采用单孔单响、数孔一响或单排起爆，如图2.10所示。

2.3.6.2 隧洞爆破网路敷设

1. 隧洞Ⅱ级、Ⅲ级围岩爆破网路图

隧洞Ⅱ级、Ⅲ级围岩爆破网路图如图2.11所示。

2. 主洞和支洞Ⅲ级、Ⅳ级围岩爆破网路图

其他Ⅱ级、Ⅲ级、Ⅳ级、Ⅴ级围岩爆破网路图如图2.12所示。

3. 隧洞进口段Ⅴ级围岩爆破网路图

Ⅴ级围岩爆破网路图如图2.13所示。

2.3.7 爆破防护

1. 隧洞洞口胶帘近体防护

隧洞进口段围岩均为Ⅴ级围岩，开挖方法采用三台阶四步法爆破施工，单次爆破区域相对较小，爆破时做好炮孔堵塞，在爆破区自由面上加挂防护层。即先在隧洞口开挖范围外钻设锚杆，用钢管将锚杆连为一体，形成拱架，再在钢管上挂一层钢丝网或胶帘，钢丝网或胶帘需爆破区外延2.0m范围设置，钢丝网或胶帘应离爆破体1～1.5m，以防气浪将其吹开。

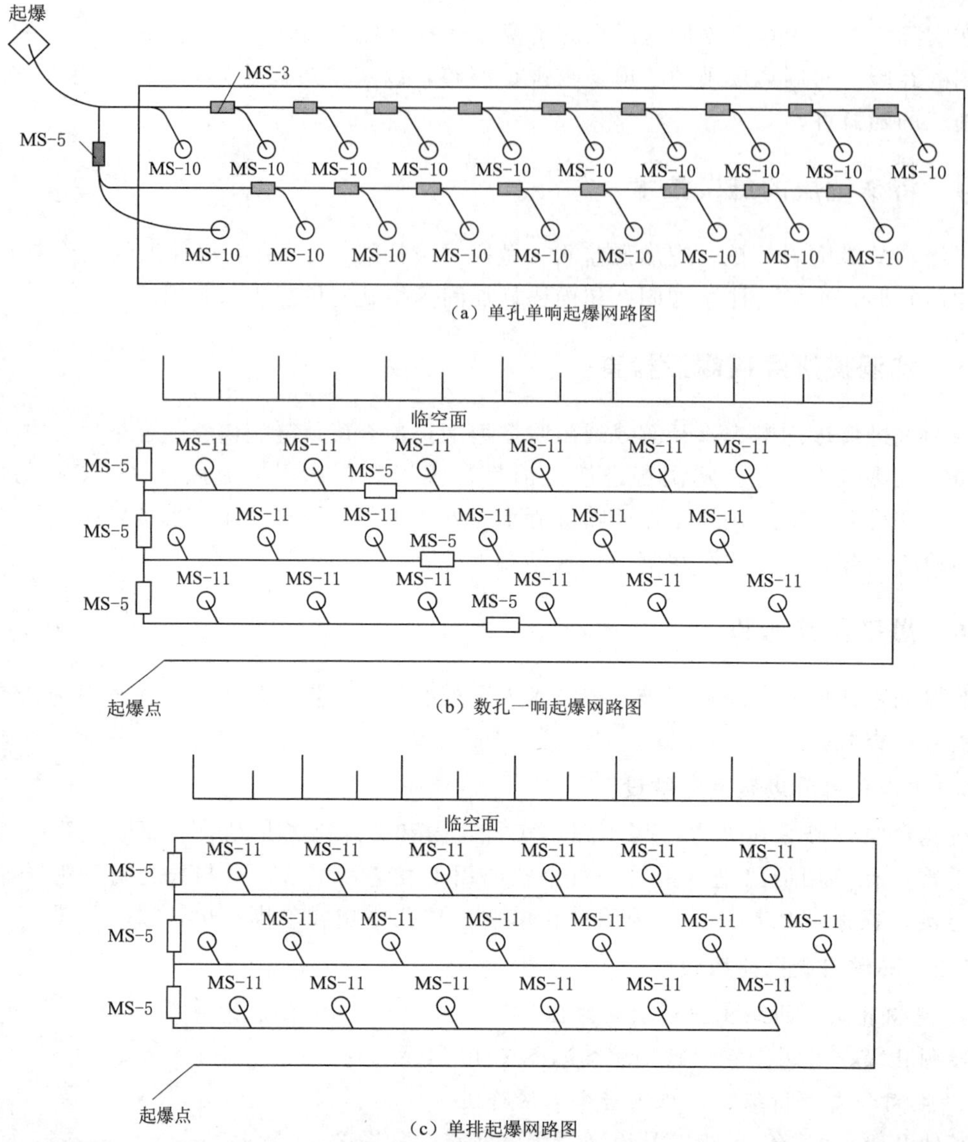

图 2.10　起爆网络图

2. 飞石防护排架

根据隧洞进口段爆破防飞石排架的有效经验，用钢管制作一幅立体钢架围护，安装在洞口前方和两侧部位，钢管架与工作面留 10m 间距，以阻止爆破飞石及减少爆破冲击波的危害，如图 2.14 所示。具体如下：

(1) 隧洞掏槽部位制作一幅钢架。长×宽×高分别为 10m×18m×17m，钢架采用建筑用钢管做主骨架，排架高于洞口顶部，上方及侧墙上半部分采用钢丝网封闭，侧墙下半部分分为双层 $\phi18$ 钢筋网片，内外两侧覆盖竹板和钢丝网。

(2) 钢架基础采用埋深不小于 1.5m，与 $\phi22$ 落地锚杆焊接固定的基础。钢架与洞脸围岩采用 $\phi22$ 锚杆焊接固定，并使用斜撑进行加固。

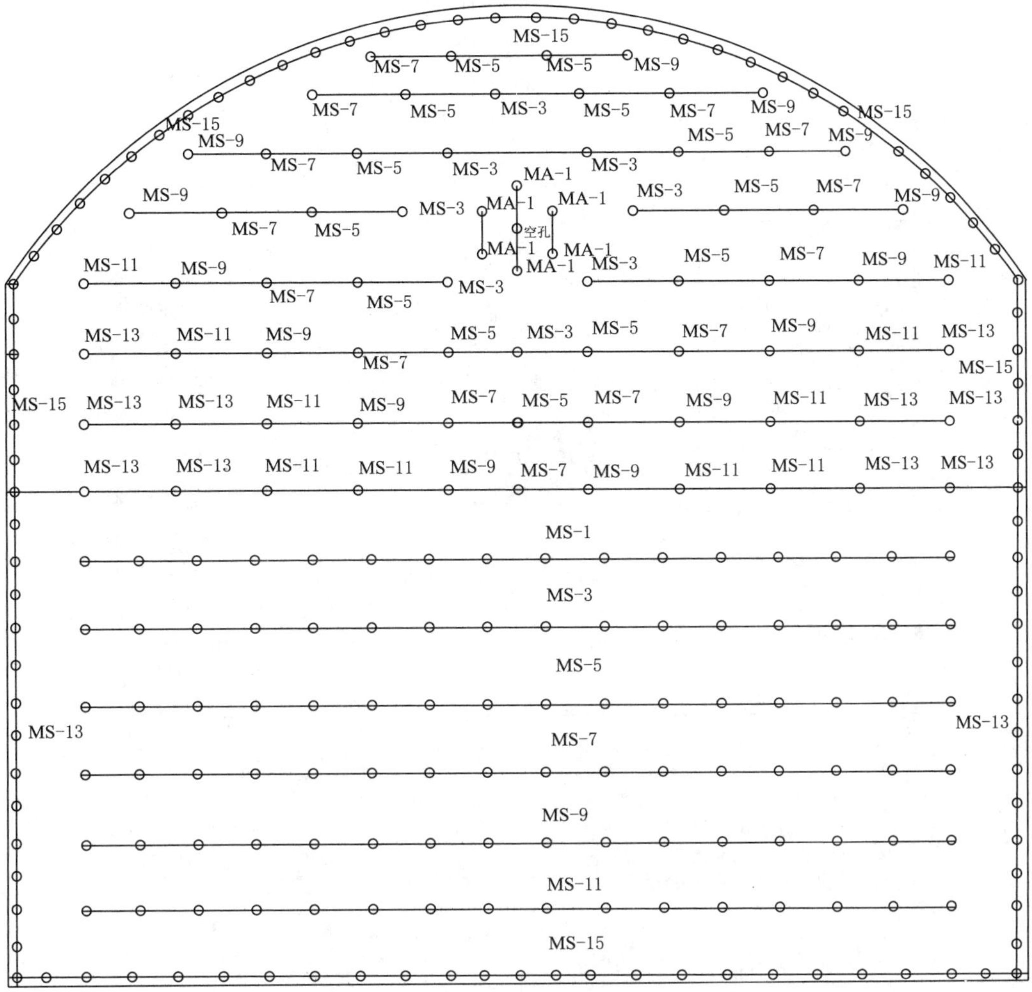

图 2.11 Ⅱ级、Ⅲ级围岩爆破网路图

(3) 考虑到爆破飞石及冲击波的作用，钢架上方用沙袋覆盖，两侧距离 1.5m 设沙袋连续墙，防止飞石从侧面飞出。

(4) 钢架正面的上半部分采用焊接固定，下半部分在中心位置做一个可开关的活动门。门宽 6m、高 5m，出渣时打开工作面。

2.3.8 装岩运输

采用无轨运输方式，分部开挖上断面采用人工配合挖掘机扒渣至中间断面，然后采用挖掘装载机或侧卸装载机装渣，大吨位自卸车运渣至设计指定的弃渣场，严格按业主要求在指定的地点堆放。

工程配备 25t 自卸汽车 18 辆，其中隧洞进、出口各 4 辆，两条支洞各 5 辆；各工区配备 1 辆 ZL－50 装载机；配备斗容 $1.0m^3$ 的挖机 5 台，其中支洞各 1 台，出口 1 台，隧洞进口 2 台。

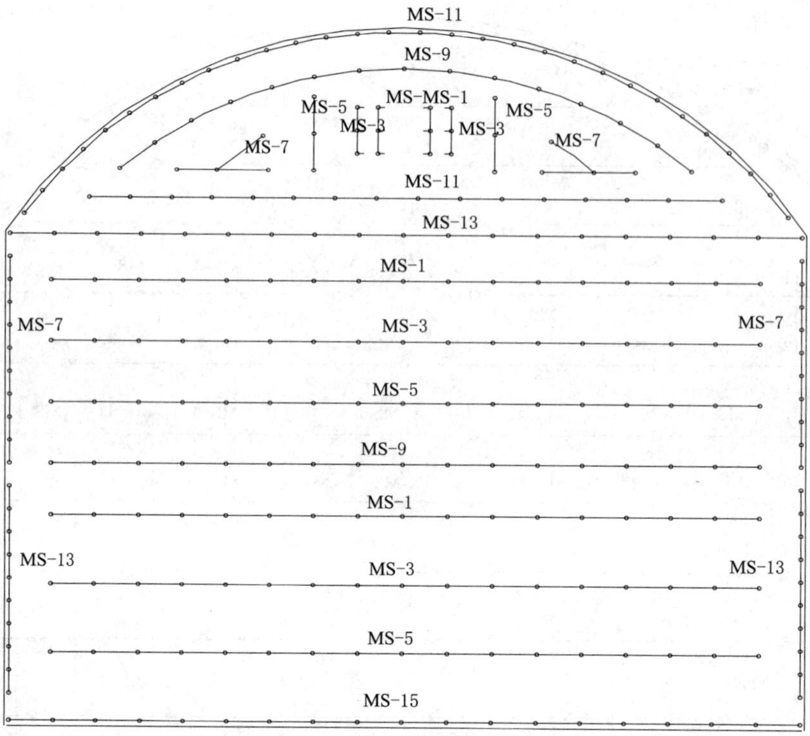

图 2.12　其他Ⅱ级、Ⅲ级、Ⅳ级、Ⅴ级围岩爆破网路图

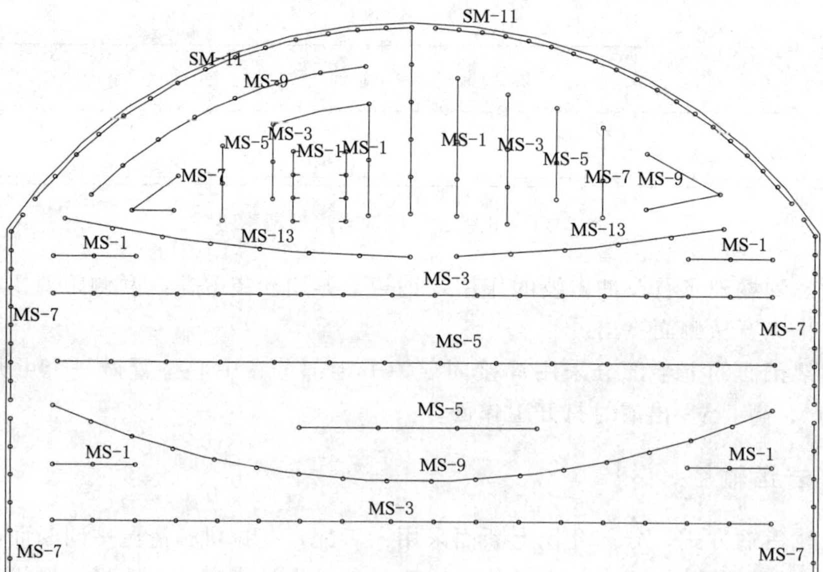

图 2.13　Ⅴ级围岩爆破网路图

为提高出渣效率，缩短循环时间，保证安全，采取如下措施：

(1) 加强装运渣设备维护保养，备足易损配件，发现故障及时排除。

(2) 设专人养护道路，保持道路平整、无积水，定期铺渣维修。尤其雨季，设专人及时排除安全隐患。

(3) 加强洞内排水与照明，保持洞内有良好的照明和路况。

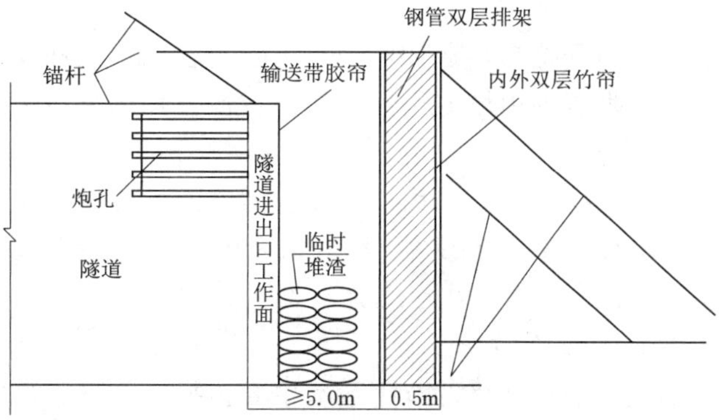

图 2.14 隧道进出口段掘进工作面防飞石排架图

(4) 加强通风，保证洞内空气新鲜。

(5) 弃渣场采用推土机平整，专人指挥卸渣。

(6) 教育出渣汽车司机遵守交通规则，礼貌行车，严禁带故障行车和酒后驾车。

(7) 在洞内安装信号灯，按照轻车让重车、下坡车辆让上坡车辆的原则，由专职调度员组织洞内运输车辆的行驶，避免塞车。

(8) 施工便道经常洒水，防止尘土飞扬。

2.3.9 施工支洞支护方案

施工支洞在进洞条件允许的情况下，尽量采取钢支撑和管棚支护等提前进洞措施，减少高边坡和对洞口植被的破坏。

1. *洞口防排水*

沿洞口边坡和仰坡分界线一定距离位置挖设一条梯形截水沟，把洞口边坡地表水直接从截水沟处截住排出。

2. *土方开挖*

土方采用 $1m^3$ 挖掘机开挖，全部开挖土方由 25t 自卸汽车运至 2 号临时堆渣场。

施工时应先清除表皮及表土，土方的开挖自上而下地进行，施工时以机械为主，人工为辅。在进行开挖时，注意边坡与设计边坡一致，不超挖。弃土用自卸汽车运至弃土场，弃土场要堆置整齐、稳定并保证排水畅通，以免对周围的环境产生破坏。

3. *石方开挖*

洞口石方开挖采用台阶法浅孔松动爆破，底部和边坡角预留保护层松动爆破，减弱爆破对底板和边坡的影响。爆破参考参数大致为：设计边坡预留保护层 0.6～0.8m，炮孔直径 ϕ42mm，孔距 1.0m，眼深 2.0m，采用乳化炸药，预留保护层爆破采用 ϕ25mm×300mm 的光爆小药卷。特别注意，在靠近洞脸处的岩石开挖和起始洞身的开挖要放小炮并减少装药量，以避免洞脸边坡由于爆破而发生岩石震裂、松动和塌方。

石方开挖采用移动式空压机配 YT-28 型气腿式凿岩机钻孔。施工时设立标志牌，必须做好爆破安全警戒工作，确保施工安全和行人安全，爆破后及时清理道路上的石渣。土石方采用 1～$2m^3$ 挖掘机挖装，由 10～15t 自卸汽车运送至 2 号临时堆渣场。

4. 石方洞挖

在进洞开挖前，通知监理对洞脸边坡稳定性和安全进行检查，方可进行洞挖。施工中要对洞口附近的山坡安全性经常进行检查，一有险情，要迅速采取措施进行处理，防止事故发生。

支洞开挖与支护采用平行作业的方式，开挖采用风钻钻孔，人工平台车装药爆破。施工支洞纵坡基本小于 8%，洞渣拟采用 1.5m^3 轮胎式装载机装，25t 自卸汽车运输至洞外 2 号临时堆渣场。

5. 洞口安全防护

爆破对周边环境的有害效应主要包括个别飞石、震动和冲击波等。

施工支洞洞口靠近民房、道路，支洞口必须严格进行控制爆破，爆破设计中须根据实际地形地质条件着重考虑爆破产生的飞石、冲击波和震动对周围环境的影响，按照《爆破安全规程》(GB 6722—2014) 和《水电水利工程爆破施工技术规范》(DL/T 5135—2013) 中的相关要求，根据不同保护对象的安全允许振速等要求，严格控制分段爆破最大单响药量等爆破参数，并采取一定的飞石防护措施，避免可能造成的危害，确保施工安全。

6. 支洞与主洞交叉段支护

湖北村施工支洞洞段总长 596m，支洞进口底开挖高程 8.00m，末端底开挖高程为 −12.0m，全洞纵坡综合坡率为 4.90%，支洞中部及与主洞交叉部位各设置有 20m 平段。

增光井村施工支洞总长约 302m，支洞进口底开挖高程 21.0m，末端底开挖高程为 0.5m/0.57m，全洞纵坡综合坡率为 9.67%，支洞中部及与主洞交叉部位各设置有 15m 和 20m 平段。

隧洞交叉段系统支护的主要形式有：砂浆锚杆、自进式中空注浆锚杆、挂钢筋网、型钢拱架、喷射混凝土；超前支护的主要形式有：自进式中空注浆锚杆、超前注浆小导管。

(1) 砂浆锚杆。普通砂浆锚杆采用螺纹钢筋现场制作，长度根据围岩状况及设计确定，系统锚杆呈梅花形布置。砂浆锚杆采用凿岩机钻孔，机械配合人工安装锚杆，水泥砂浆终凝后安设孔口垫板。钻孔直径大于锚杆直径 15mm，然后采用砂浆锚杆专用注浆泵往钻孔内压注早强水泥浆，砂浆配合比（质量比）砂灰比宜为 1∶1～1∶2，水灰比宜为 1∶0.38～1∶0.45，早强水泥采用硫铝酸盐早强水泥，并掺早强剂。注浆开始或中途超过 30min 时应用水润滑注浆管路；注浆孔口压力不得大于 0.4MPa；注浆时注浆管要插至距孔底 5～10cm 处，随水泥浆的注入缓缓匀速拔出，随即迅速将杆体插入，锚杆杆体插入孔内的长度不得短于设计长度的 95%。若孔口无砂浆溢出，要将杆体拔出重新注浆。

(2) 自进式中空注浆锚杆。自进式中空注浆锚杆利用风动凿岩机安装连接套与锚杆连接，锚杆钻孔完成后与风动凿岩机脱离，同时锚杆留置在孔中，在安装好止浆塞及排气管后开始注浆。

钻孔前根据设计要求定出孔位，钻孔保持直线并与所在部位岩层结构面尽量垂直，钻孔直径 ϕ42mm，钻孔深度大于锚杆设计长度 10cm。中空注浆锚杆施工程序为：钻完孔后，用高压风吹净孔内岩屑；将锚头与锚杆端头组合，戴上垫片与螺母；将组合杆体送入孔内，直达孔底；将止浆塞穿入锚杆末端与孔口取平并与杆体固紧；锚杆末端戴上垫板，然后拧紧螺母；采用锚杆专用的螺杆式注浆泵往中空锚杆内压注水泥浆，水泥浆的配合比为1：0.3～1：0.4，注浆压力为1.2MPa，水泥浆随拌随用。

(3) 挂钢筋网。钢筋网片在洞外加工成型，利用支护台架在沿洞壁铺设，网格间距满足设计要求。钢筋网成型后与洞壁系统锚杆焊接固定，搭接长度满足规范要求。

(4) 型钢拱架。型钢拱架在加工厂加工，用自卸汽车运输。

钢架安装前分批按设计图检查验收，不合格者禁用。型钢拱架在初喷后架立，清除底脚处浮渣，超挖处加设垫块。按设计安装纵向连接筋，段间连接安设垫片拧紧螺栓，确保安装质量。拱架安装后必须保证垂直度，不能发生扭曲变形。

Ⅴ级围岩为保障施工安全及防止拱架下沉，采取如下加强措施：

1) 钢拱架间距由原设计的0.8m加密至0.5m。

2) 系统锚杆排距随钢拱架间距变化加密至0.5m。

3) 为保障拱脚稳固，同榀钢拱架两底角位置采用同等材质的型钢连通，使型钢拱架封闭成环，保障型钢拱架承载力。

4) 钢拱架施工完成后，底部采用C25混凝土浇筑覆盖。

(5) 喷射混凝土。同主洞段施工方案。

(6) 超前注浆小导管。超前注浆小导管在现场加工，钢管前端呈尖锥状，尾部焊接ϕ6mm加劲环，管壁四周按20cm间距钻ϕ6mm压浆孔，梅花形布置，尾部1m不设压浆孔。

注浆小导管采用风动凿岩机钻孔，钻孔完成后利用钻机的顶推力将小导管推送入孔中，然后进行安装排气管、封孔等工序，同时在小导管管口安装注浆球阀。

注浆由两侧对称向中间进行，自下而上逐孔注浆，如有窜浆或跑浆时，间隔注浆，最后全部完成注浆。严格控制注浆压力，保持稳压时间，保证浆液渗透范围，注浆压力由小到大，初始注浆压力0.2～0.3MPa，终止压力1.0～1.5MPa，稳压3min，流量计显示注浆量较小时，结束注浆。注浆过程中，专人记录注浆情况，并根据实际情况调整注浆压力、进度，保证注浆效果。

2.3.10 隧洞洞身支护

2.3.10.1 隧洞初期支护原则

在隧洞开挖的同时，根据不同的围岩类别需要及时跟进初期支护，以确保施工安全。支护作业紧跟掌子面平行进行，隧洞开挖完成后再进行钢筋混凝土衬砌。

针对本工程的地质条件，初期支护措施考虑采用柔性支护和刚性支护两种方案。柔性支护主要指锚喷支护，包括喷混凝土、锚杆及挂钢筋网，刚性支护主要指钢架支护。隧洞Ⅲ类围岩采用柔性支护方案，Ⅳ～Ⅴ级围岩采用柔性支护和刚性支护相结合的方案。

根据施工图设计，隧洞开挖设计支护方法主要有：

(1) 超前管棚：隧洞口段前10m为全风化围岩，属Ⅴ级围岩，采用30mϕ108mm管棚进行超前支护，钢架支撑。

(2) 超前小导管：隧洞出口段Ⅴ级围岩（ND0＋150～ND0＋140、SD0＋150～SD0＋140)，采用超前支护注浆小导管加钢架支护，小导管采用ϕ42mm，壁厚3.5mm的无缝钢管。

（3）钢拱架：Ⅳ、Ⅴ级围岩隧洞支护采用 I20a 工字钢架加强防护。

（4）锚杆：根据不同围岩类别及不同支护部位，锚杆分别采用普通砂浆锚杆、普通中空注浆锚杆和 SD27N 自进式中空注浆锚杆。

1）系统锚杆：ϕ25mm 砂浆锚杆，L=4.5～6m。

2）系统锚杆：ϕ25mm×7mm 普通中空注浆锚杆，L=4.5m。

3）系统锚杆：SD27N 自进中空注浆锚杆，L=4.5m。

（5）钢筋网：根据不同围岩段类别，挂 ϕ8mm 钢筋网，网格间距为 15cm×15cm。

（6）喷射混凝土：根据不同围岩段类别，喷混凝土厚度分别为Ⅲ级偏好和Ⅲ级偏差时喷混凝土厚度分别为 5cm 和 10cm，Ⅳ～Ⅴ级喷混凝土厚度分别为 5cm 和 20cm。

2.3.10.2　隧洞初期施工

1. 超前管棚施工

隧洞洞口采用超前管棚\超前小导管和钢架配合使用支护。

（1）超前管棚设计说明。

1）管棚布置形式。长管棚在隧洞拱顶 138°范围环向布置。

2）导向墙。导向墙采用 C25F50 混凝土，截面尺寸为 2m×1m，为保证导向墙基础稳定，环向长度根据实际情况确定。导向墙内设 3 榀 I20a 工字钢架，钢架外缘设 ϕ127mm×5mm 热轧无缝钢管导向管，导向钢管与钢架焊接。

3）管棚构造及设计参数。洞口采用超前管棚支护，管棚总孔数为 49 个（单个洞口），管棚施作长度为 30m。

a. 钢管规格：管棚钢管及钢花管，采用 ϕ108mm×8mm 热轧无缝钢管制作。钢花管上钻注浆孔，孔径 16mm，孔间距 100mm，呈梅花形布置，尾部留不钻孔的止浆段 100cm。

b. 管距：环向间距 50cm。

c. 倾角：外插角为 1.5°。

d. 注浆设计：长管棚注浆采用水泥浆，水泥浆水灰比 1∶1（重量比）。

e. 注浆压力 0.5～2.0MPa。

（2）超前管棚施工工艺。超前管棚施工工艺流程图如图 2.15 所示。

（3）超前管棚施工方法。

1）施工准备。进行现场地质调查，备齐各种机具、材料，按照设计要求进行注浆设计并进行钻进注浆试验，取得管棚钻进、注浆施工经验。根据试验效果确定施工工艺参数，制定施工方案。施工前精确测量放样。

2）施作导向墙。在明挖时预留的台阶上搭设作业平台，按设计轮廓人工开挖。开挖完成后立模灌注混凝土，模板采用组合钢模板，混凝土采用商混凝土，混凝土搅拌车运输，泵送入模，机械振捣密实。工字钢架、导向钢管按设计设置。

3）管棚施工。

a. 钻机就位：以导向墙内的导向钢管定位、定向，严格控制钻孔上抬量和角度，外插角控制在 1.5°。

b. 钻孔及清孔：采用管棚钻机风动干钻法钻进成孔，风动冲击回旋钻头直径、钻压、

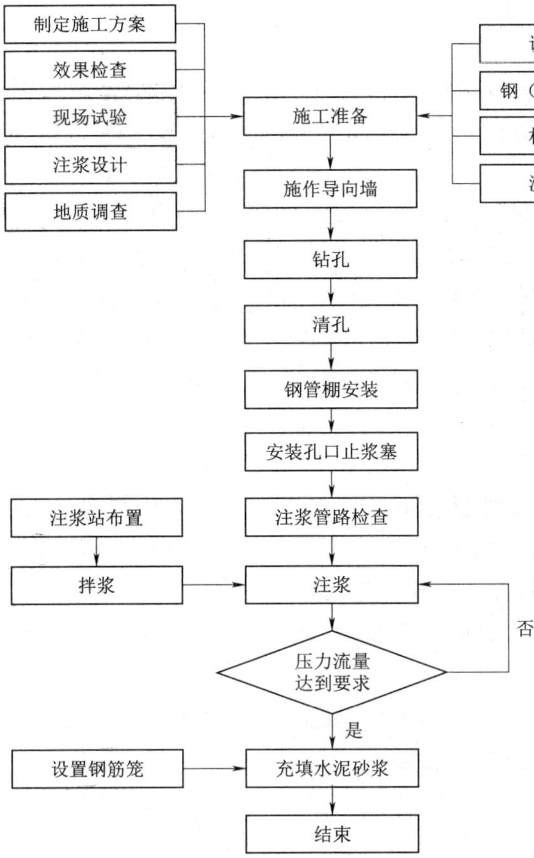

图 2.15 超前管棚施工工艺流程图

转速、风量、风压等钻进参数采用工艺试验确定的工艺参数。钻进到位后，利用高压风清扫钻孔。

c. 顶进钢管棚：钻孔检测合格后，由钻机将钢管旋转顶进孔内。管棚钢管在加工厂集中加工。顶进过程中钢管按分节连续接长，管棚节间用连接钢管连接，要求隧洞纵向同一截面处钢管接头数不大于 50%。为使钢管接头错开，第一节管采用 4m 和 6m 交替布置，编号为奇数的第一节管采用 4m 长钢管，编号为偶数的第一节采用 6m 长钢管，以后每节均采用 6m 长钢管。钢管用钻机顶进，单号孔顶进有孔花钢管，双号孔顶进无孔花钢管。顶进完成后利用高压风对钢管孔内的杂物进行清扫。管口用麻丝和锚固剂封堵钢管与孔壁间的空隙，钢管自身利用孔口安装的封头将密封圈压紧，压浆管口上安装三通接头。

d. 注浆作业：采用全孔压入式向管棚内压注水泥液浆，注浆机采用注水泥单液的高压注浆泵，按先下后上、先稀后浓的原则注浆。注浆由注浆量和注浆压力控制，注浆压力为 0.5～2.0MPa，注浆量按下式估算。达到结束标注后，停止注浆。

$$Q=\pi R2kL\eta$$

式中 R——浆液扩散半径；

L——钢花管长，取 $R=0.6L$；

kL——注浆钢花管中至中的距离；

η——空隙率，%。

各种地层条件下围岩孔隙率参考值：沙土 40%，黏土 20%，断层破碎带 5%。

e. 充填砂浆：注浆后，清扫管内胶凝浆液，用 M10 水泥砂浆紧密充填，增强管棚强度，非压浆孔，直接充填。

f. 钢管施工误差：径向不大于 20cm，相邻钢管之间环向不大于 10cm。

4）施工注意事项。管棚为超前支护，在隧洞暗洞开挖之前完成；钢管棚按设计位置施工，运用测斜仪进行钻孔偏斜度测量，严格控制管棚打设方向，并做好每个钻孔地质记录；管棚施工时，对钢管主要材料进行材质检验；管棚施工时，先打设钢花管并注浆，然后打设钢管，以便检查钢花管的注浆质量。遵守隧洞施工技术安全规则和钻眼注浆作业操作规则。

（4）验收标准。

1）管棚所用钢管进场必须按批抽取试件作力学性能（屈服强度、抗拉强度和伸长率）和工艺性能（冷弯）试验，其质量必须符合国家有关规定和设计要求。以同牌号、同炉罐号、同规格、同交货状态的钢管，每 60t 为一批，不足 60t 按一批计。

2）管棚所用钢管的品种和规格、管棚搭接长度、注浆配合比和注浆压力需满足设计要求。

3）管棚钻孔允许偏差应符合表 2.11 的规定。

表 2.11　　管棚钻孔允许偏差值

项目	允许偏差	项目	允许偏差
方向角	1°	孔深	±50mm
孔口距	±50mm		

2. 超前小导管施工

（1）超前小导管设计说明。

1）超前小导管布置形式。超前小导管在隧洞拱顶 138°范围环向布置，如图 2.16 所示。

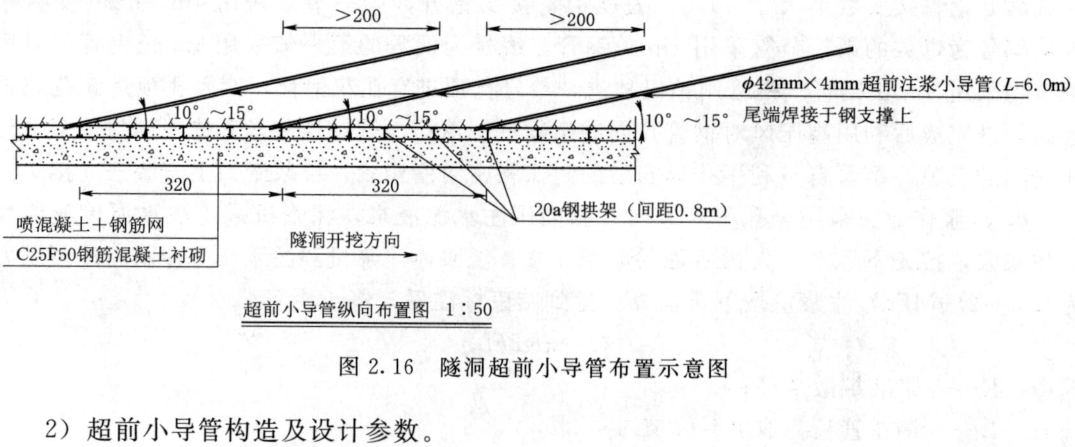

图 2.16　隧洞超前小导管布置示意图

2）超前小导管构造及设计参数。

a. 钢管规格：小导管采用 ϕ42mm×4mm 热轧无缝钢管制作，$L=6$m。

b. 管距：环向间距 40cm，纵向搭接长度大于等于 1m。

c. 倾角：外插角为 10°～15°，具体可根据实际情况作调整。

d. 注浆设计：注浆采用水泥浆，水泥浆水灰比为 0.5：1～1：1（重量比）；注浆压力为 0.5～1.5MPa，施工时根据吸浆情况调整。

（2）超前小导管施工工艺。超前小导管施工工艺流程图如图 2.17 所示。

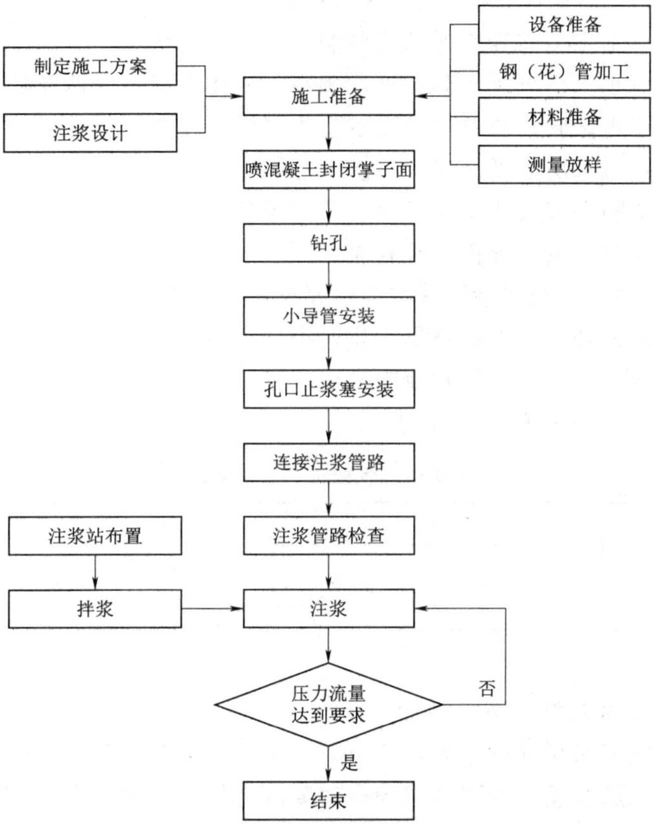

图 2.17 超前小导管施工工艺流程图

（3）超前小导管施工方法。

1）施工准备。喷射混凝土封闭掌子面，备齐各种机具、材料，按照设计要求进行注浆设计，制定施工方案。施工前精确测量放样。

2）施工方法。超前小导管采用风钻钻孔，钻孔直径比钢管直径大 3～5mm，环向间距、外插角、纵向相邻两排的水平投搭接长度按设计要求施工。

导管用风枪打入，注浆管的外露端支撑于开挖面后方的钢架上，与钢架共同组成预支护体系。

注入纯水泥浆时，水泥浆液配比为 0.5：1～1：1，渗水处可加适当水玻璃，水泥浆由稀到浓逐渐变换，即先注稀浆，然后逐级变浓。为保证注浆后尽快开挖，选用普通水泥或早强水泥并掺入一定量的水玻璃溶液，以缩短初凝和终凝时间。

发生串浆现象时，采用多台注浆泵同时注浆或堵塞串浆孔隔孔注浆。

注浆压力突然升高时应立即停机检查，水泥浆单液进浆量很大，压力上不去，则应调整浆液浓度及配合比，缩短凝胶时间，进行小量低压力注浆，但停留时间不能超过浆液的凝胶时间。

注浆结束时间以终压控制为主，校核浆液量。注浆量达到设计注浆量或注浆压力达到设计终压时，持续 15min 后结束注浆。

3）施工注意事项。超前导管的钻孔方向严格控制，以确保能够对隧洞周边围岩起固结支护作用，切不可出现超前导管伸入隧洞洞身断面内的情况。

隧洞开挖长度应小于小导管注浆长度，预留部分作为下一次循环的止浆墙。

注浆前应进行压水试验，检查机械设备是否正常，管路连接是否正确，为加快注浆速度和发挥设备效率，可采用群管注浆，每次 3～5 根。

注浆过程中，要随时观察注浆压力及注浆泵排浆量变化，分析注浆情况，防止堵管、跑浆、漏浆。做好注浆纪录，分析注浆效果。

4）验收标准。小导管所用钢管进场检验要求同管棚要求。

超前小导管所用钢管的品种和规格、超前小导管与支撑结构的连接、超前小导管的纵向搭接长度应符合设计要求；注浆浆液配合比、压力应满足设计要求。

超前小导管施工应满足表 2.12 要求。

表 2.12　超前小导管施工允许偏差表

项目	允许偏差	项目	允许偏差
方向角	2°	孔深	+50mm、0mm
孔口距	±50mm		

3. 钢拱架施工

本隧洞工程钢支撑类型为 I20a 工字钢钢架。

隧洞各部开挖完成初喷混凝土后，分单元及时安装钢架，利用系统锚杆及双侧锁脚钢管固定，纵向采用钢筋连接，钢架之间铺挂钢筋网，然后复喷混凝土到设计厚度。钢架安装前把加工好各单元钢架组织试拼，检查钢架尺寸及轮廓是否合格。

（1）钢拱架施工工艺流程。钢架安装工艺流程如图 2.18 所示。

（2）钢拱架施工方法。型钢钢架按设计预先在洞外结构件厂加工成型，在洞内用螺栓连接成整体。洞内安装在初喷混凝土后进行，与定位系筋焊接。型钢钢架之间设纵向连接筋，钢架间以喷混凝土填平。钢架拱脚必须安放在稳固的基础上，拱脚两侧设锁脚钢管，架立时垂直隧洞中线，当钢架和围岩之间间隙过大时设置混凝土楔形垫块或橡胶垫块，用喷射混凝土喷填。

1）钢架制作。钢架按设计要求预先加工成型。加工场地用混凝土硬化，根据设计图纸准确测放出拱架的大样，用油漆绘出其轮廓线，每隔 2m 安装一个定位装置，定位装置要牢固可靠。

型钢采用冷弯机按设计弧度分段、分节加工，弯制时要求弧形圆顺、尺寸准确；拱部边墙等各单元钢架应分别加工。各单元用螺栓连接。栓孔用钻床定位加工，螺栓、螺母采用标准件。加工成型后的型钢进行详细标识，分类堆放，做好防锈蚀工作后待用。钢架加工后进行试拼，允许误差为沿隧洞周边轮廓误差为±3cm；螺栓孔眼中心间距公差不超过±0.5cm；钢架平放时，平面翘曲小于2cm。

拱架加工完成后，进行试拼，其平面扭曲不得大于20mm，尺寸偏差不得大于10mm，轮廓线偏差不得大于3cm。

2）钢架架设。保证钢架置于稳固的地基上，施工中在钢架基脚部位预留0.15～0.2m原地基，架立钢架时挖槽就位，富水软弱地段在钢架基脚处设槽钢以增加基底承载力。

钢拱架安装时要保证与隧洞纵向垂直，其上下、左右允许偏差为5cm，钢架倾斜度不得大于2°。若拱脚标高不足时，不得用土、石回填，而要设置钢板进行调整，必要时可用混凝土加固基底。

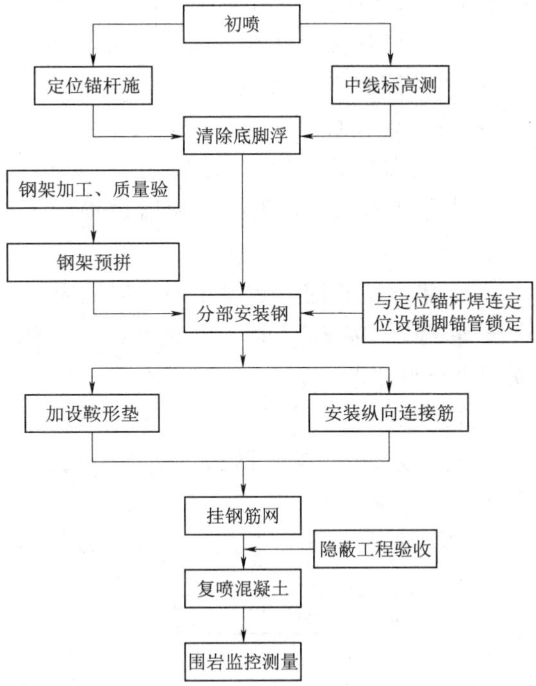

图2.18 钢架安装工艺流程图

为保证钢架位置安设准确，钢架架设前均需预先打设定位系筋。隧洞开挖时在钢架的各连接板处预留钢架连接板凹槽，拱脚或墙脚处预留安装钢架槽钢凹槽。初喷混凝土时，在凹槽处打入木楔，为架设钢架留出连接板（或槽钢）位置。

钢架按设计位置安设，在安设过程中当钢架和初喷层之间有较大间隙时，应设混凝土垫块或橡胶垫块，钢架与初喷混凝土或垫块围岩接触间距不应大于50mm。

为增强钢架的整体稳定性，钢架架设前均需预先打设定位锚杆，将钢架与定位锚杆焊接在一起。沿钢架按设计设置ϕ22mm纵向连接筋。

钢架安装允许偏差应满足表2.13要求。

表2.13 钢架安装允许偏差表

项目	允许偏差	项目	允许偏差
间距	±100mm	垂直度	±2°
横向	±50mm	保护层和表面覆盖层厚度	−5mm
高程	±50mm		

（3）施工注意事项。

1）加工拱架所用的钢筋和钢材必须符合设计和规范要求，每批进场材料均要进行抽样检查，检查合格后方能使用；安装前分批按设计图检查验收加工质量，不合格禁用。

2）钢架安装在围岩面已进行初喷5cm厚混凝土后进行，钢架安装前在其安装位置施工设定位钢筋，以便临时固定各单元。安装时清除干净底脚处浮渣，超挖处加设钢（混凝土）垫块，其中间段接头板用砂子埋住，以防混凝土堵塞接头板螺栓孔。

3）按设计焊定位筋及纵向连接，段间连接安设垫片拧紧螺栓。

4）严格控制中线及标高。

5）拱架与岩面间安设鞍形混凝土垫块，确保岩面与拱架密贴。

6）为确保拱部支护体系的稳定，在进行下部断面开挖时，采取以下措施：

a. 认真加固拱脚，钢架拱脚增设锁脚钢管，必要时设纵向槽钢托梁，把几排钢架连成整体。

b. 下部边墙开挖后必须立即喷射混凝土，并按规定做好支护。

c. 量测工作必须及时，以观察拱顶、拱脚和边墙中部的位移值，当发现速率增大，要立即进行仰拱封闭。

4. 锚杆施工

锚杆为 ϕ25mm 螺纹钢筋。砂浆采用标号 M20 的水泥砂浆，根据施工需要，砂浆中可适当掺加速凝剂。

1）砂浆锚杆施工工艺流程。普通砂浆锚杆施工工艺流程图如图 2.19 所示。

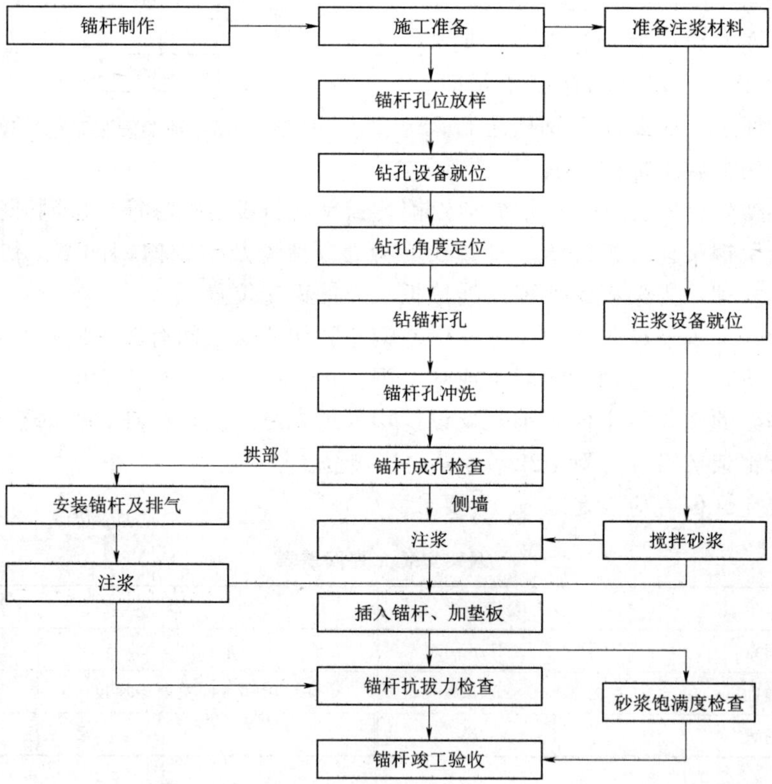

图 2.19 普通砂浆锚杆施工工艺流程图

2）砂浆锚杆施工方法。锚杆钻孔利用开挖台阶搭设简易台架施钻，按照设计间距布孔；钻孔方向尽可能垂直结构面或初喷混凝土表面；锚杆孔比杆径大 15mm，成孔后采用高压风清孔。孔位应按设计布置，偏差小于 10cm，孔深误差±10cm；钻孔直径应大于锚杆直径 15mm。钻孔本身成直线，方向沿隧洞周边径向，并尽量与岩面垂直，不得平行于岩层面打设锚杆。孔内注浆前必须进行清孔，顺锚杆孔用高压风清除孔内积水、岩粉、碎屑等杂物，以免孔道堵塞造成锚杆插不到位。砂浆应随备随用，在砂浆初凝之前应使用完。注浆用的砂必须用 1.5mm 的方孔筛过筛。注浆压力控制在 0.4MPa 以内。注浆时将注浆管插入孔底，随着浆液的注入逐渐拔出注浆管，直到孔口有浆液流出为止。插入锚杆体，锚杆插入孔内的长度不得低于设计长度的 95%，锚杆插入后如砂浆从孔口流出则说明砂浆注入饱满，若孔口无砂浆溢出，要将杆体拔出重新注浆。锚杆插入后用专制的楔形块固定，再安装垫块和螺丝。锚杆插入后不得随意敲击，三天内不准悬挂重物。

3）普通自进中空注浆锚杆。普通中空注浆锚杆主要用来作系统支护，做法是开挖后在拱部按设计要求间距打设锚杆，然后压注水泥砂浆，在隧洞的拱部形成整体支护结构。普通中空注浆锚杆施工工艺流程图如图 2.20 所示。

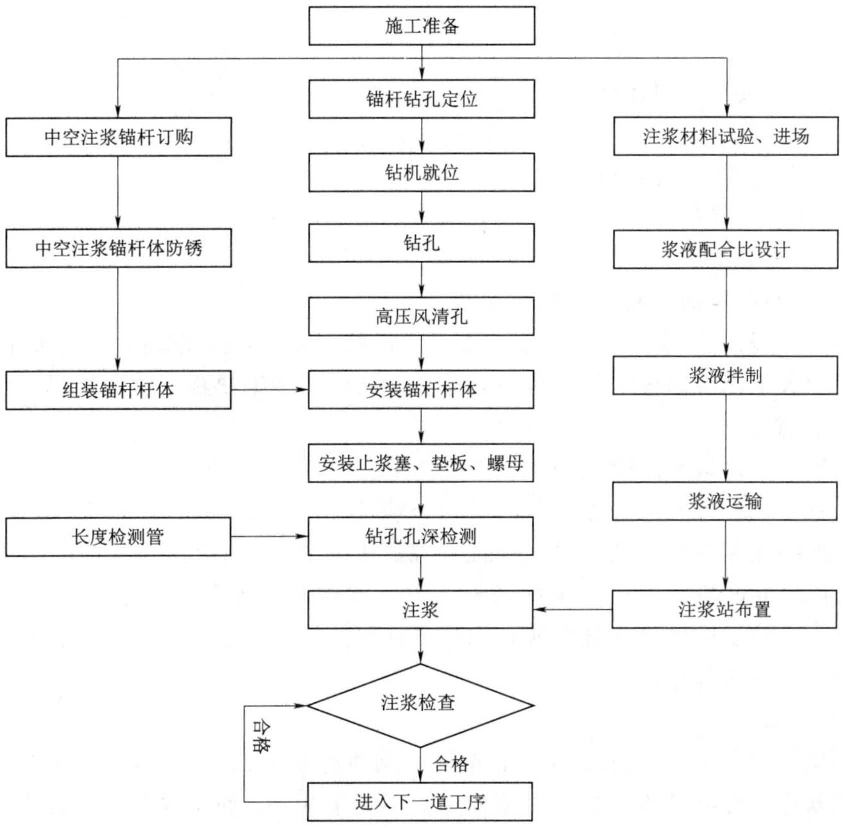

图 2.20　普通中空注浆锚杆施工工艺流程图

a. 施工方法。

（a）放样：按设计位置及间距在隧洞拱部标出锚杆位置。

（b）锚杆准备：先清理钻头、锚杆孔中异物，然后将锚具安装在锚杆一端。

（c）钻孔及安装：采用风动凿岩机钻孔，钻至设计深度后，用水或高压风清理锚杆孔，确认畅通后插入装好锚具的锚杆，保持锚杆的外露长度为 10～15cm。

（d）注浆：锚杆注浆采用专用注浆泵反循环式注浆施工。为了保证注浆不停顿地进行，注浆前应认真检查注浆泵的状况是否良好、配件是否备齐、制浆的原材料是否备齐、质量是否合格等。

a）采用水泥砂浆，按以下程序进行注浆：将锚杆、注浆管及注浆泵用快速接头连接好；开动注浆泵注浆，直至浆液从孔口周边溢出或压力表达到设计压力值为止。一根锚杆完成后，应迅速卸下注浆软管和锚杆接头，清洗后移至下一根锚杆使用。

b）注浆压力：一般为地下水静水压的 2～3 倍，同时应考虑岩层的裂隙阻力，根据现场情况试验后确定，注浆压力应大于 0.1MPa。

c）浆液的扩散半径 r 的确定：根据已有资料进行工程类比及现场渣体注浆试验情况选定注浆压力范围，确定浆液扩散半径 r 的大小。

d）注浆孔距 D 与排距 L 的计算：

$$L = D\sin 60^\circ$$

$$D = 2r\cos 30^\circ$$

e）单孔注浆量 $Q_{注}$ 的计算：

$$Q_{注} = \pi r 2h\eta\beta$$

式中　r——浆注扩散半径，m；

h——压浆段有效长度，m；

η——岩石裂隙率，m；

β——浆液在裂隙内的有效充填系数。

f）注浆材料采用早强膨胀水泥浆，水灰比可选用 0.4∶1，现场以设计要求为准。

（e）夹片式木楔将锚杆卡住，待砂浆完全固结后安装钢垫板，上紧螺母。

b. 施工注意事项。

（a）浆液应严格按配合比配制，并随用随配。

（b）为保证注浆效果，止浆塞打入孔口不应小于 10cm，而且待排完气后应立即用快凝水泥砂浆封闭止浆塞以外的孔隙，保证在规定压力下浆液不致窜出。

（c）若停泵时间较长，则在下根锚杆注浆前要放掉注浆管内残留的灰浆；注浆过程中，每次移位前应及时清洗快速接头，以保证注浆连续进行。注浆前应检查排气管，当确认排气管畅通时即可注浆。

5. 钢筋网施工

根据不同围岩段类别，挂 ϕ8mm 钢筋网，网格间距为 15cm×15cm。钢筋网根据初喷混凝土面的实际起伏状铺设，并与受喷面间隙不大于 3cm。钢筋网与锚杆、钢筋网与钢架连接筋点焊在一起，使钢筋网在喷射时不晃动。钢筋网在构件加工厂加工成片，洞内焊接形成整体。钢筋网搭接长度应为 1～2 个网格边长。

6. 喷射混凝土施工

隧洞开挖后立即对岩面喷射混凝土，避免岩体暴露时间过长，喷射混凝土前，埋设标志或利用锚杆外露长度以控制喷射混凝土的厚度。喷射混凝土施工程序如图 2.21 所示。

（1）喷射混凝土施工工艺选择。

1）湿喷工艺。施工机械采用TK96－1混凝土湿喷机，施工工艺流程如图2.22所示。图中各项数据仅供参考，现场施工应以设计要求为准。

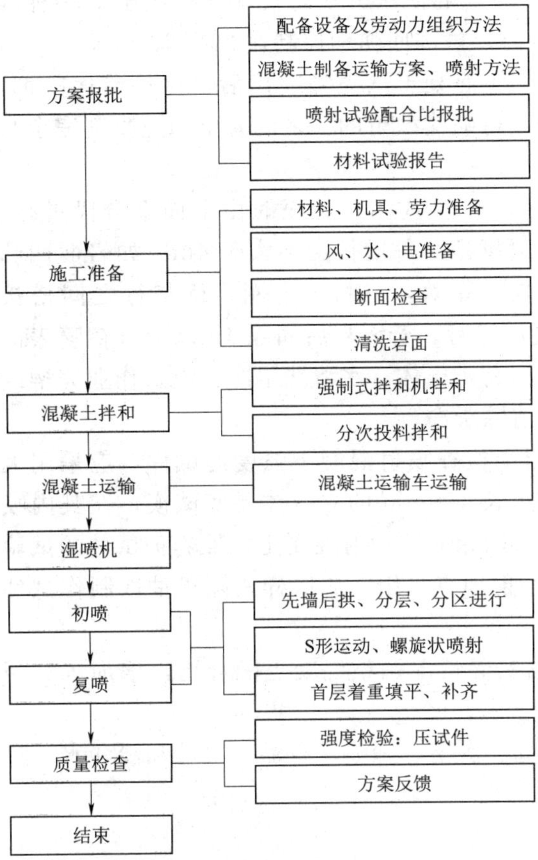

图2.21 喷射混凝土施工程序框图

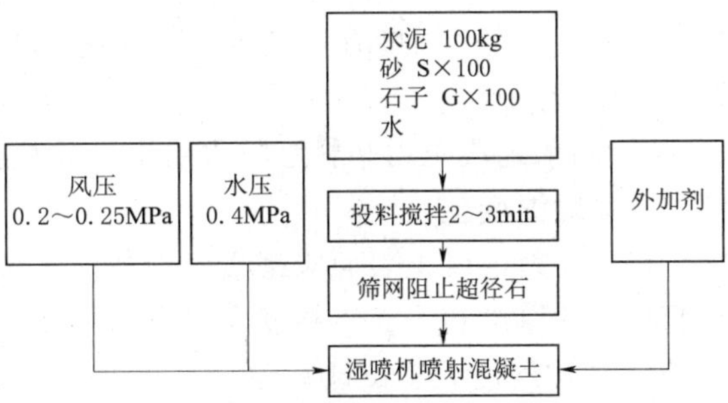

图2.22 湿式喷射混凝土工艺流程图

2）潮喷工艺。对于岩面水流较大的地段，湿喷工艺效果很差，有水地段先采用潮喷工艺，潮喷厚度达3～5cm后再采用湿喷工艺。

（2）喷射混凝土施工方法。

1）喷射混凝土前先对岩面进行修整，清除松动岩块，对个别欠挖突出部分进行凿除，对个别超挖部分用混凝土补平；用高压风清扫岩面，并使岩面保持一定湿度；要进行喷射试验，一切正常后进行混凝土喷射作业。

2）为保证喷射混凝土的厚度和质量，喷射混凝土分两次完成，即初喷和复喷。喷射混凝土以湿喷为主，含水量较大地段采用潮喷工艺。喷射料由洞外的混凝土拌和站拌和，由混凝土输送车运输。

3）初喷在刷帮、找顶后进行，喷射混凝土厚度4～5cm，及早快速封闭围岩，放炮后由人工在渣堆上喷护。

4）复喷在初喷混凝土层及加固后的围岩保护下，在完成立拱架、挂网、锚杆工序的作业后进行。水泥拟选用42.5级普硅水泥，速凝剂要求初凝不超过5min，终凝不超过

10min，砂采用机制砂，干净无污染，适宜用于隧洞内喷射混凝土。石料采用质地坚硬的碎石，其最大粒径不大于15mm。

5）回弹量的多少取决于混凝土的稠度、速凝剂的使用、喷射技术骨料级配等多种因素。施工时要将边墙部分回弹率控制在15%以内，拱部回弹率控制在20%以下。

6）作业开始时，应先送风后开机再给料，待混凝土从喷嘴喷出后，再供给速凝剂，结束时，先关闭速凝剂剂量泵，之后停止供料，待喷嘴残留的少量混凝土和速凝剂完全吹净后，再停风。

7）喷射机的风压应满足喷头处的压力在0.1MPa左右，施喷时由下而上分段进行。台阶法开挖中拱部喷混凝土时，先喷拱脚、后喷拱顶，每段长度不大于4m。如岩面凹凸不平时，先喷凹处找平。喷嘴缓慢呈螺旋形均匀移动，一圈压半圈，行与行之间搭接20～30cm。后一层喷射则在前一层混凝土终凝后进行。若终凝后间隔1h以上且初喷表面已蒙上粉尘时，则在后一层施喷前要将受喷面用高压气体、水清洗干净。喷射作业完毕或因故中断时，必须将喷射机和输料管内的积料清除干净。

8）喷射混凝土强度必须符合设计要求。用于检查喷射混凝土强度的试件，应采用大板切割法制取；当不具备切割条件时也可采用边长150mm的立方体无底试模，在其内喷射混凝土制作试件，试件成型的喷射方向应与边墙相同，喷射混凝土标准养护试件的试验龄期为28d。当对强度有怀疑时，可在混凝土喷射地点采用钻芯取样法随机抽取制作试件做抗压试验。

9）漏水地段先用塑料管将水引出，并根据实际情况调整混凝土配合比，增加水泥用量，再喷射混凝土。

10）喷射混凝土表面应密实、平整，无裂缝、脱落、漏喷、露筋、空鼓和渗漏水。喷射混凝土的厚度和表面平整度应符合下列要求：

a. 平均厚度大于设计厚度。

b. 检查点数的80%及以上大于设计厚度。

c. 最小厚度不小于设计厚度2/3。

d. 表面平整度的允许偏差为100mm。

11）喷射混凝土采用自动计量拌和机搅拌，施工时将已过筛的砂、碎石、水泥依次加入，然后加入水开始搅拌，待混凝土拌和料搅拌均匀后，由混凝土输送车运至湿喷机，湿喷机在开始喷射混凝土之前，要先开动机器，将高压风送入，然后加入一些水用来润滑管道，同时也可以用来冲洗受喷面，当湿喷机工作正常后，加入混凝土开始喷射混凝土。

12）喷射混凝土终凝2h后，应按施工技术方案及时采取有效措施进行养护，养护时间不少于7d。

（3）喷射混凝土的施工要求。

1）支护紧随开挖面及时施作，以控制围岩变形和减少围岩暴露时间。

2）水泥采用普通硅酸盐水泥，水泥标号不低于42.5级，使用前做强度复查试验。

3）细骨料与粗骨料的级配要符合《岩土锚杆与喷射混凝土支护工程技术规范》（GB 50086—2015）的规定。

4）细骨料中的含水量要定期检查、测试。

5）喷射混凝土的用水采用清洁的饮用水，pH 值不小于 4。

6）喷射设备需连续均匀混料并喷射。混料设备要严格密封，以防外来物质侵入。

7）空压机要能适用于所选用的喷射设备，并具有足够的气压和流率，且可以保持连续优质作业。

8）喷射混凝土的回弹物不得重复利用，所有回弹料均从工作面清除。

9）喷嘴与受喷面保持垂直，同时与受喷面保持一定的距离，一般可取 1m。

10）喷射混凝土料要确保密实填充格栅或钢架内的空隙及格栅、钢架与围岩之间的空隙。

11）喷射混凝土终凝 24h 后，要进行喷水养护，养护时间不得小于 7d。

12）喷射混凝土作业时的气温不得低于 5℃。

2.3.11 隧洞防排水方案

2.3.11.1 洞外排水

洞口顶部设截排水沟将洞顶地表水引入排水沟排出。生活区和机修房及弃渣场等区域挖水沟排水至污水沉淀池，经沉淀净化处理后排出。洞口设污水沉淀池过滤洞内抽出的污水。洞口汛期采取沙袋临时加高等措施以确保隧洞洞口汛期施工安全。

2.3.11.2 洞内排水

1. 总体方案

根据工作面坡度的不同，主洞洞内排水措施分为两种，下游工作面顺坡施工段在隧洞一侧设排水沟，洞内积水由排水沟自流至洞口集水坑内。

2. 主要排水方式

根据坡度、水量和设备情况布置管路和排水泵站，一次或分段接力排出洞外。根据本隧洞的实际情况，拟在施工中采用顺坡自流排水系统布置方式。

2.3.11.3 洞内防水

根据隧洞内地质围岩实际情况，在断层、破碎带附近可能有较大涌水，为顺利穿越该地段，防止大量涌水，应进行超前预报，对涌水情况进行探明，甚至进行放水处理，在隧洞Ⅲ～Ⅳ类有地下渗水较多的围岩地段采用软式透水管＋聚乙烯 PVC 防水卷材防水。必要时，也可考虑采取排堵相结合的方式，对其进行注浆堵水，注浆浆液为“水泥＋水玻璃”双液浆，待处理完成后再进行隧洞掘进施工，确保施工安全。

掘进过程中如发现有大量涌水，立即启动隧洞涌水应急预案（应急预案必须经过演练）。预案应遵循先抢救人员、抢救设备、控制水势蔓延、疏散人员后集中处理的原则。首先组织施工作业人员迅速撤离作业现场，逐级如实上报，不得隐瞒，同时派有经验的技术人员组成观测小组，对涌水情况进行监控，辅助班启动应急排水预案，开启备用水泵，以排为主。待涌水情况稳定后，组织有关部门研究讨论处理方案，方案确定后积极组织落实。

2.3.12 隧洞通风方案

在整个施工过程中，要做好通风排烟、排水、照明等措施。隧洞通风主要以机械通风为主，采用通风机串联布置，并在工作面另设辅助通风机械。隧洞内通风排烟拟采用混合式通风方式，爆破后采取吸出式，迅速排除工作面有害气体，恢复循环作业，然后采取压入式，不断向洞内供应新鲜空气。

1. 编制依据

(1)《水工建筑物地下开挖工程施工规范》(SL 378—2007)。

(2) 施工现场踏勘所得实际情况。

(3) 设计计算采用的劳动卫生标准：

1) 一氧化碳最高允许浓度 $30mg/m^3$。

2) 二氧化碳不得大于 0.5%（按体积计）。

3) 氮氧化物为 $5mg/m^3$ 以下。

4) 洞内最高平均温度不大于 28℃。

5) 洞内噪声不得大于 90dB（A）。

6) 洞内最小排尘风速不得小于 0.25m/s。

7) 洞内最大排尘风速不得大于 6.0m/s。

8) H_2S<6.6ppm（$10mg/m^3$）（反复作业的间隔应在 2h 以上）。

9) 粉尘浓度小于 $2mg/m^3$（含有 10%以上游离 SiO_2 的粉尘），水泥粉尘小于 $6mg/m^3$（含有 10%以下游离 SiO_2 的粉尘）。

2. 施工供风总体方案

洞内施工通风、排烟，采用供排相结合的混合可逆式机械通风，根据施工人员、爆破散烟、最小风速、燃油机械几种情况的风量估算，柴油机械需风量最大，通风量主要由洞内施工的柴油机机械所决定，经此估算选择 DK45（980rad/min）系列中 2×55kW 轴流风机，为满足供风要求，隧洞进出口各工作面布置一台，支洞与隧洞主线连接处上下游工作面各布置一台。风管可采用直径 120cm 的金属风管。

3. 交叉洞段施工期间的通风

工程交叉洞施工期间，开挖 30m 进尺范围内，考虑到通风设备的安全问题难以解决，不考虑布置通风设备，炮烟和出渣设备尾气在施工支洞流动空气的带动下自然排出。导洞（上半洞）进尺超过 30m 后，在引水隧洞与施工支洞交叉口各布置一台射流风机向掌子面通风，将炮烟和柴油尾气快速排出掌子面，并经施工支洞排出洞外。

4. 独头段施工通风

分洪隧洞进出口工作面均为独头段掘进，交叉洞段开挖结束后进入正常掘进，为解决掌子面的通风，在工作面附近布置两台大功率轴流风机，通过风管隧洞掘进掌子面通入新鲜空气，风管末端距掌子面 20～30m。

根据类似工程的通风经验，向掌子面压风只能解决掌子面上的空气质量问题，由于风管沿程有一定的漏风损失和压力扩散，离开掌子面后的炮烟、柴油机械沿程排放的尾气在洞身段内移动相对缓慢，既不利于快速散烟又影响其他工序施工。因此，沿程布置一系列射流风机实现洞身段污浊空气向施工支洞加速流动（从洞内向洞口移动），在施工支洞射流风机拉风效应的带动下排出至施工洞口。

5. 支洞施工阶段通风

支洞掘进前 80m 不需要安装通风机，在掘进距离达到 80m 后，在洞口设置一台 2×55kW 的通风机通风。支洞开挖完成后，四个断面施工时在支洞口增加一台 2×55kW 通风机。

6. 南线北线分洪隧洞联合通风

分洪隧洞间每隔一定距离左右设一横向辅助通道（包括施工通道、通风通道及横向排洞）。本工程施工期间，将充分利用上述通道实现南线北线分洪隧洞的联合通风。

在南线北线隧洞间的横向通道形成后，每条隧洞独头段掘进掌子面仍采用轴流风机从施工支洞口、隧洞进出口工作面压入新鲜空气。同时调整两条隧洞的射流风机送风方向，从湖北村施工支洞引入虽被污染但污染程度不太严重的空气，在射流风机的鼓动下向北线隧洞深处快速流动，经横向辅助通道流向北线隧洞，在射流风机的鼓动下从北线隧洞的交岔口快速流向湖北村施工支洞口，再经湖北村施工支洞排出洞外，实现空气在两条隧洞内的快速流动，达到稀释、冲淡炮烟和柴油尾气的目的。增光井村施工支洞亦如此。

在下一条横向辅助通道贯通后，及时设置风门将前一条通道封闭，防止污浊空气在两条横向辅助通道及主洞间循环，恶化空气质量。

需要强调的是，在统一空气流向的同时，还必须统一洞内出渣车辆的运行方向，即空车从南线分洪隧洞进，重车从北线分洪隧洞出，以免重车在北线分洪隧洞运行而造成两条隧洞空气质量的整体下降。

7. 隧洞贯通后的施工通风

南线北线分洪隧洞贯通后，洞内以混凝土衬砌为主，主要为解决柴油机械尾气的稀释问题。发包人和监理人应及时组织抢险应急标承包人进行协商，解决隧洞贯通后的通风问题。

8. 洞内通风质量的控制

在确保洞内空气质量满足施工需求的前提下，在不同的时段、不同的状况下，通过调整风机的运行速度、出力来调节洞内空气的流量和流速。

开挖阶段，放炮和出渣期间是通风的高峰期，应使风机满负荷运行以确保洞内空气清新。出渣结束后，洞内主要进行测量放线、钻孔等作业工序，可以降低风机的转速，维持低速运行即可。为达到这个目的，还应协调两条隧洞的工序作业时间，如尽量安排在同一时段内放炮，先后完成出渣，减少风机高速运行的时长，合理降低能耗。

9. 辅助降尘措施

在隧洞施工中钻爆、装渣运输、喷射混凝土等施工工序过程中产生大量粉尘，隧洞施工一般为半封闭状态，随着隧洞的开挖，封闭性越来越强，与外界环境的联系也越来越小；隧洞中往来运输设备及相关施工机械较多，并产生一定量的油污和烟尘，气味较浓。

隧洞施工中对人类影响最直接、危害最大的是粉尘。由于隧洞施工中的施钻、爆破、装卸渣、车辆运输、混凝土拌和浇筑、喷射混凝土等作业，均会产生大量的无机粉尘或浆雾，对施工人员的健康危害很大，因此，在隧洞施工中要做降尘处理，可采取以下措施。

（1）开挖中采用湿式凿岩，禁止干式凿岩。根据经验，采用湿式凿岩可降低约 80% 的岩粉，在施工过程中维持水压稳定、水量充足、操作规范，遵循先开水后开风，先关风后关水的步骤，爆破后采用洒水降尘，冲洗岩壁，保证做好湿式装岩。喷混凝土时采用湿喷，达到减少粉尘含量的目的。

（2）无水岩层地段在距掌子面一定距离设置几道水幕，水幕降尘器放在边拱上，爆破前 10min 打开水幕开关。一般在距工作面 40m 左右位置设水幕降尘器，水幕降尘器是风水混合型水幕降尘器（图 2.23），其作用是使水充分雾化，洒在粉尘上迫使粉尘迅速液化而降落。

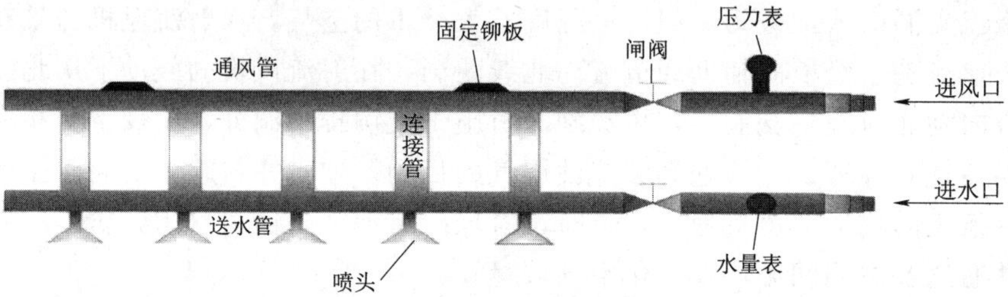

图 2.23　水幕降尘器示意图

（3）隧洞通风以机械通风为主，采用通风机串联布置，串联间距约 500m，并在工作面另设辅助通风机械。隧洞内通风排烟采用可逆轴流式通风机，爆破后采取吸出式，以迅速排除工作面有害气体，恢复循环作业，然后采取压入式，不断向洞内供应新鲜空气。

（4）近洞口段、隧洞浅埋段等局部不良地质洞段须严格进行控制爆破，保证洞挖自身安全和邻近建筑物和构筑物安全，开挖时可视具体地质情况采用弱爆破、短进尺等措施，以确保施工安全，并在施工过程中必须加强超前地质预报，作为每循环的一个必不可少的工序，及时掌握洞前方地质情况。

2.3.13　隧洞交叉段施工方案

2.3.13.1　交叉段概况

分洪隧洞由蒲潭堰上游约 660m 起，由西向东横穿山体，经门前山，于唐家岭金塔村下穿白岩寨隧洞，经上东山、岭头等山体至显桥水闸下游 920m，山岙排至鳌江干流，隧洞全长 6.7km。分洪洞由 2 条 14m 无压隧洞组成，进出口两端分别设水闸控制；隧洞于 1.5km 处设倒虹吸与山体内已有公路隧洞及引水隧洞交叉，倒虹吸全长 1.8km，断面形式采用城门洞型，衬后直径 12m。

2.3.13.2　交叉段总体施工方案

根据交叉段地质，综合考虑安全、进度、投资等影响，本阶段交叉段隧洞施工拟采用控制爆破法施工。自卸汽车运输出渣，在断层影响带或破碎带开挖前进行超前预注浆。

隧洞与引水洞、交通洞交叉段根据《爆破安全规程》（GB 6722—2014）相应爆破振动安全允许标准，可知水工隧洞允许安全振速为 8.0cm/s，交通隧洞允许安全振速为 12.0cm/s。因此施工开挖可采用导洞超前、分层分段毫秒（半秒）延时微差爆破工艺，限制单段爆破最大用量等措施。安全振速验算取值分别为 8.0cm/s 和 12.0cm/s。为确保已建隧洞不受影响以及本工程隧洞施工安全，应进行详细的控制爆破设计和爆破安全评估。爆破振动安全允许标准见表 2.14。

表 2.14　　爆破振动安全允许标准

序号	保护对象类别	安全允许质点振动速度 V/(cm/s)		
		$f \leqslant 10$Hz	10Hz$<f\leqslant$50Hz	$f>$50 Hz
1	土窑洞、土坯房、毛石房屋	0.15～0.45	0.45～0.90	0.90～1.50
2	一般民用建筑物	1.5～2.0	2.0～2.5	2.5～3.0
3	工业和商业建筑物	2.5～3.5	3.5～4.5	4.2～5.0
4	一般古建筑与古迹	0.1～0.2	0.2～0.3	0.3～0.5
5	运行中的水电站及发电厂中心控制室设备	0.5～0.6	0.6～0.7	0.7～0.9
6	水工隧洞	7～8	8～10	10～15
7	交通隧洞	10～12	12～15	15～20
8	矿山巷道	15～18	18～25	20～30
9	永久性岩石高边坡	5～9	8～12	10～15
10	新浇大体积混凝土（C20）： 龄期：初凝～3d 龄期：3～7d 龄期：7～28d	 1.5～2.0 3.0～4.0 7.0～8.0	 2.0～2.5 4.0～5.0 8.0～10.0	 2.5～3.0 5.0～7.0 10.0～12

注　1. 表中质点振动速度为三分量中的最大值；振动频率为主振频率。
2. 频率范围根据现场实测波形确定或按如下数据选取：洞室爆破 $f<20$Hz；露天深孔爆破 $f=10\sim60$Hz；露天浅孔爆破 $f=40\sim100$Hz；地下深孔爆破 $f=30\sim100$Hz；地下浅孔爆破 $f=60\sim300$ Hz。
3. 爆破振动监测应同时测定质点振动相互垂直的三个分量。

交叉洞段当钻孔过程中出现回水含渣量剧增情况时，宜采用超前钻孔震动卸荷，工作面加强洒水。当存在大量塌方危险的洞段时候，应采用超前活管棚加钢拱架支护紧跟的方法，塌方严重掘进受阻时，可采取预灌浆法施工。

为了确保施工期安全，施工时还应切实做好排水措施以及隧洞出现塌方、突水等事故预案，加强地质超前预报和各类安全监测工作，并对交叉段隧洞施工方案进行专题论证，确保施工方案的安全性、科学性和各种应急处理能力。

2.3.13.3　交叉段隧洞施工程序

隧洞开挖施工主要程序如下：钻孔准备→钻孔→装药→设备撤离，起爆→通风排烟→安全检查→（临时支撑）出渣准备→出渣→延长运输线和风水电线路。在交叉段隧洞洞挖掘进前，先对隧洞洞体的稳定性和安全性进行检查，在征得监理和设计同意后方可进行洞挖。

2.3.13.4　交叉段隧洞控制爆破主要项目施工方案

1. 地质超前预报

通过超前地质预报，了解和判断掌子面前方一定距离内不良地质的性质、位置、宽度和影响隧洞的长度，提前判断地下水情况、围岩级别和对施工的影响，从而做好施工准备。

在进行地质超前预报后，根据预报结果，在距有断层或大的结构面前 5～10m 进行超前钻孔，通过取芯检查断层或结构面情况，对地质超前预报结果进行验证，根据实测结果制定前方施工方案。

2. 交叉段超前预注浆处理方案

超前预注浆的作用主要是止水和加固地层。通过注浆使浆液对地层进行挤密、劈裂和填充，提高了地层的承载和自稳能力，浆液在地层中劈裂填充形成较大的浆脉结石体，与地层中的砂、土黏结为一起，形成承载或自稳能力较高的混合体，隧洞可以形成有相当厚度的和较长区段的筒状加固区，可以将水有效地封堵在开挖轮廓线以外较远的位置，使得地层的涌水量减小，保证正常施工。

超前预注浆在地质超前预报和超前钻孔的判定基础上实施，根据地质条件，分为长距离超前预注浆和短距离超前预注浆两种类型。根据地质初步判断，本工程交叉段围岩基本情况较好，因此，本工程采用短距离超前预注浆方案。

3. 洞室开挖施工方案

（1）开挖方案。本工程交叉洞段开挖断面较大，拟采用分层开挖法施工，洞身分上下两层，先进行上层洞开挖，下层洞左右分部开挖，且在上层洞掘进 20～80m 后分别跟进开挖，下层左右两侧相距 5～10m 为宜。上层洞开挖采用先超前小导洞面掘进，然后再扩挖两侧围岩成型的方法，拱顶、边墙采用光面爆破，支护工作紧跟开挖面及时完成，上层开挖采用多臂凿岩机钻孔；下层采用中部深孔梯段爆破，边墙预留保护层光面爆破，边墙紧跟下层中部开挖推进，下层中部钻孔采用手风钻机，孔深钻至设计底板建基面，孔底设柔性垫层一次性开挖。该隧洞爆破施工属于地下深孔爆破。

根据《爆破安全规程》（GB 6722—2014）相应爆破振动安全允许标准，地下深孔爆破 $f=30\sim100$Hz，以保证工程安全为考虑，f 的值取 30Hz，$10\text{Hz}\leqslant f\leqslant50\text{Hz}$ 时，水工隧洞允许安全振速为 8.0cm/s，交通隧洞允许安全振速为 12.0cm/s。因此施工开挖可采用导洞超前、分层分段毫秒（0.5s）延时微差爆破工艺，限制单段爆破最大用量等措施。安全振速验算取值分别为 8.0cm/s 和 12.0cm/s。

隧洞相向掘进时，当距贯通面 60m 左右时，先采用爆破参数控制爆破贯通小导洞，然后根据现场情况逐步扩挖至设计的隧洞断面。

为验证和调整爆破设计选用的各项参数和钻爆工艺，成立爆破实验小组，工程开工前进行爆破实验。在实际施工中根据实际情况及时调整参数和工艺。在爆破施工期间，须加强检测，根据检测相关数据反馈，及时优化设计调整参数和工艺。

为保证隧洞安全，交叉段附近爆破严格控制装药量。为了确保施工安全，预防和减少爆炸事故的发生，爆破施工必须贯彻“安全第一、预防为主”的方针，严格执行《爆破安全规程》（GB 6722—2014），加强安全知识的教育，建立安全生产保证体系，确保安全生产。

（2）施工要点。

1）隧洞交叉洞段，根据爆破振动监测数据，优化爆破参数，采用减少进尺、分次爆破等方式，减小爆破振动。

2）施工测量采用全站仪放样，准确放出开挖轮廓线及周边眼、掏槽眼和辅助眼的位置并用喷漆标识。

3）钻孔时风枪手分区、分部位划分钻孔责任区，明确责任到人，保证成孔质量。

4）成孔后使用高压风清孔，然后按照爆破设计进行装药。爆破过程全过程专人指挥、专人警戒。

5）Ⅳ～Ⅴ级围岩开挖后立即进行系统支护，支护施工完成后才能进行下一循环开挖。

6）Ⅴ级围岩以松动爆破为主，机械破碎为辅，在能够用机械破碎的洞段尽量避免使用爆破作业，减少围岩扰动，确保施工安全。机械破碎采用挖掘机或加装液压破碎锤的方式。

7）爆破石渣使用装载机装车，由自卸汽车运输至指定弃渣场地。出渣作业完成后，挖掘机行驶至掌子面排险及平整作业面场地。

4. 系统支护施工方案

根据初步设计内容，隧洞交叉段系统支护主要形式有：砂浆锚杆（前文中有介绍）、挂钢筋网、钢拱架。

（1）挂钢筋网。钢筋网片在洞外加工成型，利用支护台架在沿洞壁铺设，网格间距满足设计要求。钢筋网成型后与洞壁系统锚杆焊接固定，搭接长度满足规范要求。

（2）钢拱架。型钢拱架在加工厂加工，自卸汽车运输。

钢架安装前分批按设计图检查验收，不合格禁用。型钢拱架在初喷后架立，清除底脚处浮渣，超挖处加设垫块。按设计安装纵向连接筋，段间连接安设垫片拧紧螺栓，确保安装质量。拱架安装后必须保证垂直度，不能发生扭曲变形。

Ⅴ级围岩为保障施工安全及防止拱架下沉，采取如下加强措施：

1）钢拱架间距由原设计的0.8m加密至0.5m。

2）系统锚杆排距随钢拱架间距变化加密至0.5m。

3）为保障拱脚稳固，同榀钢拱架两底角位置采用同等材质的型钢连通，使型钢拱架封闭成环，保障型钢拱架承载力。

4）钢拱架施工完成后，底部采用C25混凝土浇筑覆盖。

5. 喷混凝土

同主洞段施工方案。

6. 灌浆施工

灌浆类型包括回填灌浆、固结灌浆。灌浆按先回填、后固结顺序进行。回填灌浆待衬砌混凝土达到70%设计强度后，按分序加密法进行，分两个次序施工，各序灌浆的间隔时间为48h；固结灌浆大致在回填灌浆结束7d后进行，按环间分序，环内加密法施工，用孔内循环式全孔一次灌浆的方法施工。

混凝土衬砌段利用预埋灌浆管进行钻孔，钻孔设备采用YT-28风动凿岩机，先钻Ⅰ序灌浆孔，待Ⅰ序孔灌浆结束之后再钻Ⅱ序灌浆孔，钻孔孔径ϕ42mm。成孔后量测混凝土厚度和空腔尺寸。

采用填压式灌浆法。同一灌区灌浆时，自引水洞顶拱高程较低的一端向高程较高的一端推进，在对低端处的第一个孔进行灌浆时，其余各灌浆孔兼作排水、排气孔，待其排出的浆液浓度与进浆浓度相同时，即可关闭出浆孔的孔口闸阀，已出浆孔可不再灌浆，未出浆孔应单独进行灌浆，直至全灌区灌完。

7. 隧洞交叉段施工期安全监测

隧洞交叉洞段是全线的重难点项目，也是监测工作的重点。围绕隧洞安全、快速掘进的核心，施工期安全监测工作可以从以下几个方面提供技术支持：

（1）为设计单位提供监测技术资料，便于设计单位决策分析和优化设计。

（2）通过监测及时掌握已开挖洞段的隧洞围岩、支护稳定情况。

（3）对于已出现工程险情的洞段，通过监测，协助制定抢险和加固方案，尽快排险。

（4）爆破施工会对隧洞沿线建筑物造成一定影响，通过监测优化爆破参数，减少对居民的振动噪音影响，减少对地面建筑物的影响。

隧洞交叉洞段施工期安全监测内容包括：收敛变形、拱顶下沉、钢拱架应变、锚杆应力、爆破振动、围岩松动圈、围岩内部变形监测共 7 个项目。

8. 交叉段施工保证质量技术措施

（1）隧洞超前支护。超前锚杆、小导管纵向间距严格按设计尺寸施作，环向间距、外插角严格满足设计要求。在导管安装前正确测放出钻设位置。钻进过程中经常量测钻进的高程和方向，发现偏差及时调整。注浆前先喷射混凝土封闭作业面，防止漏浆。注浆材料的选择根据地质条件、注浆目的和注浆工艺全面考虑，确保满足：浆液流动性好，固结后收缩小，具有良好的黏结力和较高的早期强度；结石体透水性低，抗渗性能好。注浆过程中根据地质、注浆目的等控制注浆压力，派专人做好记录。注浆结束后检查注浆效果，不合格者补注。

（2）隧洞超前注浆。

1）加大资源的投入，采用性能优越、适应性强的施工设备，同时配备满足要求的注浆记录仪，做好注浆质量过程控制。

2）紧抓原材料质量控制；采用自动制浆系统，同时辅以多种检测手段保证原浆质量，确保浆液供应的时效性和连续性；规范化班组配浆程序，保证以最佳质量的浆液用于施工。

3）从孔位孔向的确定至注浆封孔结束，全程严格进行工序质量控制，杜绝施工过程中造成人为质量事故。

4）高度重视生产性注浆试验，通过试验来检验拟采用的钻注工艺、参数的可行性和灌后效果，并形成成熟可靠的施工工法，保证施工质量。

（3）隧洞开挖、支护。

1）开挖。隧洞开挖测量放样由测量工程师负责，使用全站仪定点，水准仪控制标高，钢尺、钢钉及红油漆画出开挖轮廓线，以保证开挖边线准确。

由监控量测工程师负责净空收敛量测和数据处理，并及时通报围岩收情况，以指导施工。

喷射混凝土前，在受喷面预埋钢筋标桩，钢筋标桩桩头与设计喷混凝土外轮廓线平齐，以便掌握。

分部开挖严格控制台阶长度，开挖后立即进行支护，下半断面开挖施工后尽快进行系统支护，及早封闭成环。

2）钢筋网。随受喷面起伏铺设，与受喷面的间隙为 3cm。钢筋网的喷混凝土保护层厚度不小于 2cm。钢筋网与锚杆或其他固定装置连接牢固，网片之间搭接长度不小于 20cm，在喷射混凝土时钢筋不得晃动。钢筋直径及网格尺寸符合设计要求。

3）喷射混凝土。喷射前，受喷面除按照规范中有关条款的要求进行准备之外，用水或风对受喷面进行清理。喷混凝土充分凝固前避免受水流的直接冲刷。喷射混凝土作业分片依次进行，喷射作业自下而上，分段作业。采取分层喷射时，一次喷射厚度不大于 5cm。后一层喷射在前一次喷射混凝土终凝后进行，各层间隔 30～60min。

4）型钢拱架。采用加工厂统一制作，严格控制加工尺寸，进场前进行尺寸验收，安装前进行预拼装。安装时精确放样，保证钢支撑不侵入衬砌轮廓。

2.3.14 隧洞二次衬砌方案

隧洞混凝土施工程序为：底板混凝土→台车及轨道安装就位→边墙，顶拱混凝土→灌浆施工→台车及轨道拆除→洞内清理→削缺→完工验收。

混凝土由洞口或 2 号堆渣场拌和站提供，由 12m³ 混凝土搅拌车运至工作面后由混凝土由混凝土泵压送入仓，振捣器振捣密实。

隧洞衬砌采用全液压模板台车施工，混凝土采用自拌混凝土，由混凝土搅拌车运输，由泵送入仓，二次衬砌根据监控量测信息指导施工，施工中坚持底板先行的原则，底板与开挖面始终保持安全距离。为不影响隧洞内机械设备通行，底板分左右两部分分期浇筑。施工时采取严格的温控措施，确保二次衬砌混凝土达到不渗不漏不裂。

2.3.14.1 底板施工

混凝土底板超前于衬砌及时施作，为确保支护和衬砌结构的稳定性。底板采用分段浇注，为解决底板施工与掘进出渣相互干扰的矛盾，并保证底板混凝土强度不受影响，底板采用左右分幅浇筑（一侧浇筑混凝土，另一边侧预留作为通道；浇筑底板混凝土达到设计强度后，开挖、浇筑另一侧预留通道）。底板施工紧跟隧洞下部开挖面进行，待喷锚支护全断面施作完成后，间距一定安全距离后灌筑底板混凝土。底板一次灌筑长度根据设计伸缩缝位置进行划分。底板达到设计强度的 70%后才能放车通行。

2.3.14.2 拱墙衬砌工艺

1. 衬砌设备配置

衬砌作业采用全断面液压钢模台车、混凝土输送泵和混凝土输送车等机械化施工模式，分段长度根据设计要求执行。混凝土采用混凝土搅拌车运输，浇筑采用混凝土输送泵入仓、插入式振捣器振捣密实。

钢模台车由台车、拱架、模板及动力系统四大部分组成。台车定位采用 STZ 型激光经纬仪导向。通过动力装置立、拆模板，台车由液压装置驱动，在轨道上行走。台车设计预留直径 1.8m 通风管穿越空间，以防风管弯曲缩径，影响通风效果。全断面液压钢模台车技术参数为：行走速度为 12m/min；系统压力为 16MPa。

2. 二次衬砌施工工艺

二次衬砌施工工艺流程图如图 2.24 所示。

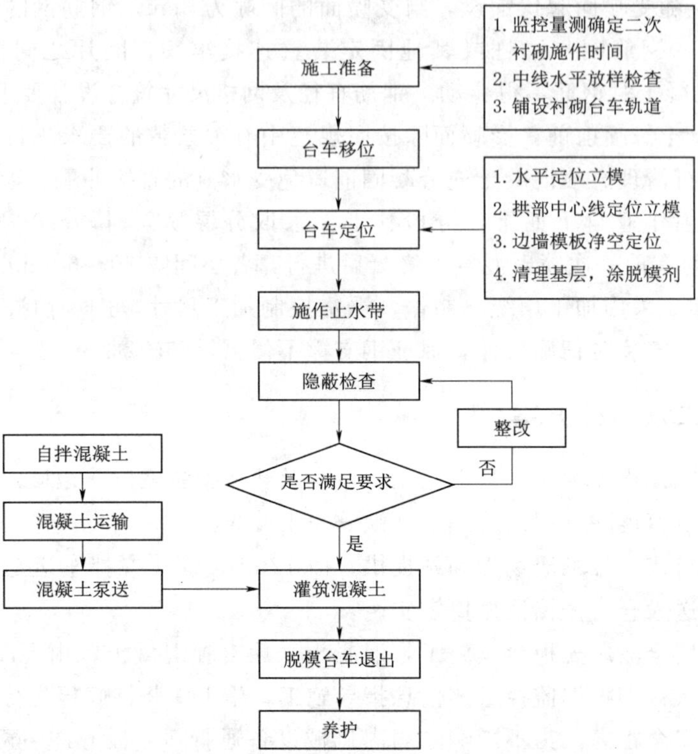

图 2.24　二次衬砌施工工艺流程图

3. 二次衬砌施工方法

（1）施工准备。隧洞拱墙衬砌在围岩及初期支护变形基本稳定后进行，适度紧跟开挖。施工前准确测量，测量人员进行水平、高程测量放样。

混凝土灌筑前做好钢筋的布设工作，钢筋角隅处要加强振捣，并做好防水层铺设及各类预埋件、预留孔、沟、槽、管路的设置。

衬砌台车下留有一定空间以利于车辆的通行，以保证衬砌施工的同时，其他工序的施工能正常进行。衬砌台车采用 I24 号工字钢加工制作而成，拱架采用工字钢或轻型钢轨制作，模板采用大块组合钢模板并与拱架焊接牢固。立模时台车模板紧贴事先打好的矮边墙。拆模时，依靠台车的伸缩装置，收缩拱架，使模板脱离混凝土，然后行走台车，达到新的位置，灌筑下一段混凝土。

（2）台车就位。采用 STZ 型激光准直仪导向。严格控制轨道中心距，允许误差 ±1cm；轨面标高比隧洞路面中心高 15cm，允许误差 ±1cm；台车就位后，先调顶模中心标高，然后由顶模支撑梁上横向丝杆调整台车中线符合要求。最后由侧向丝杠电动调节边模张开度，调整到位后放下翻转模和底脚斜撑丝杠加固。现支立挡头板，一定要与岩面密贴，保证混凝土不外露。施工缝处按设计要求装设止水带，并自检钢筋和防水系统设置情况。

(3) 隐蔽检查：自检合格后报请监理工程师隐蔽检查，经监理工程师签证同意后灌筑混凝土。

(4) 混凝土施工。

1) 混凝土供应。混凝土由拌和系统统一拌制，抗冻等级 F50，混凝土坍落度根据钢筋的含量、气候条件等可为 6～10cm。

混凝土严格按设计配合比计量拌和，配合比设计在满足设计强度、耐久性、和易性的要求和合理使用材料和经济的原则下，计算与试验相结合，采用质量法设计，混凝土拌制采用电子自动计量系统，机械供料。

2) 混凝土运输。衬砌混凝土运输采用混凝土搅拌车。混凝土在运输中应保持其匀质性，做到不分层、不离析、不漏浆。运到灌筑点时，要满足坍落度要求。从混凝土搅拌车卸料到灌筑完毕的延续时间不超过 120min。

3) 混凝土灌筑。混凝土灌筑采用泵送入仓浇筑的方法进行施工。混凝土浇筑方法在施工前报监理工程师批准。混凝土自模板窗口灌入，由下向上，对称分层，先墙后拱灌筑，倾落自由高度不超过 2.0m。

衬砌混凝土施工均为机械振捣，插入式振动棒和附着式振捣器振捣密实，振动棒插入下层混凝土内的深度不小于 50mm。台车整体模板周壁有规律的布设浇灌窗口 (30cm×30cm)，用于混凝土输送泵的泵管及插入式振动棒地伸入，窗口在混凝土浇筑到该标高之前，予以关闭，然后使用下一层窗口进行施工。

混凝土施工前，检查防排水系统、模板、钢筋及预埋件的位置和保护层的尺寸，经检查合格后方可浇筑混凝土。

在混凝土浇筑时，施工现场设置足够的照明设施，以便观察模板拱架的变形以及在浇筑过程中防排水系统是否有损坏，钢筋骨架是否有变形。

在浇筑开始之前，先泵送一部分水泥砂浆，以润滑管道。而后将最先泵出的混凝土废弃，直到排出监理工程师认可的、质量一致的、和易性好的混凝土为止。

泵送混凝土作业，要使混凝土连续不断的输出，且不产生气泡。泵送作业完成后，管道里面残留的混凝土要及时排出，并将全部设备彻底进行清洗。

混凝土泵机开始工作后，中途不得停机，如非停机不可，停机时间一般不超过 30min，炎热气候不能超过 10min。停机时间内要每隔一定时间泵动几次，防止混凝土凝结堵塞管道。因意外混凝土灌筑作业受阻不得超过 2h，否则按施工缝处理。

当混凝土面超过拱顶时，泵管出口埋设在混凝土面以下，以保证能填满、填实拱顶所有空间。

整体式衬砌必需一次浇筑完毕，中途不得停顿，整体式衬砌内不允许存在水平或倾斜的施工缝。

衬砌时先浇筑混凝土底板，并在底板砼浇筑完毕后立即施工边墙和拱圈，以尽早形成封闭的衬砌断面。

(5) 混凝土养护。衬砌混凝土根据不同地段承压要求分别达到设计强度的 70%、100%、2.5MPa 后方可拆模。混凝土拆模后应连续养护至少 28d。养护用水采用饮用水，每天浇水的次数以能保持混凝土表面处于湿润状态为宜。

(6) 钢模台车脱模。

1) 当衬砌混凝土达到拆模强度时，先拆除堵头板和接缝模板的伸缩杆，再拆除侧向千斤顶和侧向油缸机械锁插销以及油缸与模板的联结，下降垂直油缸和托架，放下上层脚手板，使台车与模板完全脱离。

2) 用垂直油缸同步顶升托架并与模板联结，将侧向油缸与模板联结起来。

3) 先将拱顶模板收拢铰和翻转铰处的对接螺栓，放下其余脚手板，松开基脚千斤顶。

4) 再收两侧模板，同步下降垂直油缸，使模板与衬砌混凝土全部脱离。

5) 交替启动垂直油缸与侧向油缸，使模板收拢到穿行运行状态。

6) 将台车移动到待浇段，清除模板表面黏结的混凝土，喷涂脱模剂。

2.3.14.3　钢筋工程

1. 施工准备

(1) 完成防水层及混凝土保护层后，养护达到设计及规范要求。

(2) 砂浆、混凝土垫块制作：在施工前制作一定数量的砂浆垫块或混凝土垫块，垫块带绑丝，垫块厚度 50mm，大小 5～20cm^2 为宜，强度与结构混凝土强度一致。

(3) 对进入工地（加工厂）的钢筋进行检验，严禁使用不合格钢筋。

进场的钢筋必须按照施工平面布置图指定的位置按规格、批号分别堆放，钢筋储存于地面以上 0.5m 的平台、垫木或其他支承上，并做好钢筋的日常维护工作，防止其受机械损伤及由于暴露于大气而产生锈蚀和表面破损的保护措施。

2. 钢筋下料加工

(1) 材料要求。带肋钢筋要符合《钢筋混凝土用钢　第 2 部分：热轧带肋钢筋》(GB 1499.2—2007) 的规定，光圆钢筋要符合《钢筋混凝土用钢　第 2 部分：热轧光圆钢筋》(GB 1499.1—2008) 的规定。进场后的钢筋每批（同品种、同等级、同一截面尺寸、同厂家生产的每 60t 为一批）内任选三根钢筋，各截取一组试样，每组 3 个试件。

(2) 检查钢筋的出厂质量资料、复试报告齐全后方可下料施工，钢筋的下料长度必须通过精确的计算，经主管工程师审核无误后再成批下料加工。

(3) 环向钢筋需在加工棚先弯制成形，然后搬到待浇筑地段进行绑扎。弯起钢筋弯成平滑曲线，曲率半径不小于钢筋直径的 10 倍（光滑）或 12 倍（螺纹）。箍筋末端设弯钩，弯钩的弯曲内直径大于受力钢筋直径，不小于箍筋直径的 2.5 倍，弯钩平直部分长度不小于箍筋直径的 5 倍。

(4) 纵向钢筋与环向钢筋间采用焊接连接，内外层钢筋与架立筋之间也采用焊接连接。

(5) 钢筋的搭接长度、锚固长度、加密区范围、搭接位置等技术参数必须符合设计及施工规范的要求。

(6) 所有钢筋的截断及弯曲均在工地现场内进行，所有钢筋均采用冷弯。

(7) 本工程采取的钢筋接长优先采用对焊连接，焊接工艺、焊条选用以及质量标准应符合国家现行《钢筋焊接及验收规程》(JGJ 18—2012) 的规定，特殊部位采用机械连接方式进行连接，即结构柱主筋采用电渣压力焊；构件正弯矩钢筋采用闪光对焊连接；构件负弯矩钢筋采用闪光对焊连接，特殊部位按照设计指定位置采取搭接焊接头。

(8) 所有加工好的钢筋，一律按规格、型号分类存放，并做好防锈工作。

3. 钢筋的安装

(1) 不同部位采用机械连接和人工绑扎相结合来施工，钢筋直径不小于 ϕ20mm 采用焊接连接，钢筋直径小于 ϕ20mm 采用绑扎连接；绑扎前对有锈的钢筋做除锈处理。

(2) 底板钢筋绑扎前清扫垫层或模板上浮渣，划好主筋、分布筋间距。按设计间距摆受力筋，后放分布筋；两层筋之间加钢筋马凳，以确保上部钢筋位置。

(3) 墙拱钢筋绑扎采用台架定位绑扎，在钢筋上台架前，应在其两端设橡胶套，保护防水层不被划破；水平筋与主筋相交点采用梅花式交错绑扎；用塑料卡卡在外立筋上，间距一般 1000mm 左右，以保证主筋保护层厚度的正确。

(4) 钢筋安装按《混凝土结构工程施工质量验收规范》(GB 50204—2015) 有关规定执行。

(5) 根据设计图示进行钢筋安装，保证钢筋的数量、规格、型号以及几何尺寸；严格按照构造要求设置钢筋的搭接位置。

(6) 所有钢筋要准确安设，当浇筑混凝土时，用支承将钢筋牢固地固定。钢筋要可靠地系紧在一起，不允许在浇筑混凝土时安设或插入钢筋。

(7) 主筋采用单面焊，水平钢筋采用绑扎接头，保证搭接长度不小于 35d，搭接时，中间和两端共绑三处，必须单独绑扎后，再和交叉钢筋绑扎。

(8) 焊接接头在受拉区不超过 50%，绑扎接头受拉区不超过 25%。

(9) 钢筋接头设置在钢筋承受力较小处且应避开钢筋弯曲处，距弯曲点不小于 10d。

(10) 为保证钢筋的保护层厚度以及提高混凝土的外观观感，所有钢筋的保护层全部采用塑料垫块施工。

(11) 钢筋安装完毕后需经监理工程师检查合格后，方可浇筑混凝土。

(12) 钢筋安装加工时不得损坏防水卷材，如防水板有破损，需立即进行焊补。

2.3.15 洞内灌浆方案

本工程隧洞灌浆包括回填灌浆和固结灌浆，在混凝土衬砌达到设计强度后进行。

2.3.15.1 回填灌浆

1. 准备工作

(1) 对在灌浆前发现的大空腔，应尽量在浇筑衬砌混凝土时填满。无法填满混凝土时，应设法以毛石、碎石、卵砾石充满。

(2) 仔细检查待灌浆的隧洞。发现衬砌表面有漏水的孔道、裂缝、止水不严的结构缝或其他缺陷时，采用麻丝、木楔、速凝砂浆等妥善堵漏。

(3) 备足水泥。根据钻孔发现的顶拱脱空情况或其他资料，估计所灌注的隧洞区段内被灌注空间的总体积，储备足够的水泥等灌浆材料，以便一次连续灌注至结束，避免灌浆过程中断带来诸多不利。

2. 灌浆方法

施工开始时，自低处孔向高处孔顺次进行灌浆。当低处孔灌浆时，高处孔会自然排出气体和积水，接着排出浆液，当排出浆液达到或接近注入浆液的浓度时，则封闭（塞住）

低处孔，改在高处排浆孔继续灌注，……，依此类推，向前赶灌，直至最后一孔。

各孔灌浆时均采用纯压式灌浆法：如某一孔（或一排孔）灌浆时，高处孔已不再排出浆液，则该孔应灌注达到结束条件。然后再进行下一孔的灌浆。

回填灌浆的灌浆压力应视混凝土衬砌厚度和配筋情况而定，对于素混凝土衬砌可采用0.2～0.3MPa，钢筋混凝土衬砌可采用0.3MPa。本工程回填灌浆拟采用0.3MPa。

3. 特殊情况处理

（1）中断：隧洞回填灌浆孔多为孔口向下的倒孔，灌浆过程中一旦发生中断，正在灌浆的孔和许多已排出过浆的孔都可能会被堵塞。因此灌浆前要充分做好准备工作，尽量避免中断。不得已发生中断后力求在30min以内恢复灌浆。如中断时间过长，或恢复灌浆后注入率明显减少，甚至不吸浆，则必须对灌浆孔和已排浆的串浆孔进行扫孔，扫孔深度要达到基岩或透入空腔，而后进行复灌。

（2）漏浆：根据具体情况采用嵌缝、表面封堵、加浓浆液、降低压力、间隔灌浆等方法处理。

（3）混凝土衬砌变形或裂缝：当灌浆过程中注入率突然增大，或意外地长时间大吸浆，这时有可能是混凝土衬砌发生了变形或裂缝，应当立即停止灌注，查清发生问题的部位和原因，以及可能造成损害的程度，确定继续灌浆的措施。复灌前必须充分待凝，复灌时应低压、慢速（小注入率），并加强观测。

4. 灌浆结束与封孔

（1）在设计压力下，当灌浆进行到灌浆孔停止吸浆后，延续10min，即可结束灌浆。

（2）对于隧洞顶部倒孔或其他结束灌浆后孔口返浆的灌浆孔，结束灌浆时应先关闭孔口闸阀再拆除管路，防止灌入孔内浆液倒流出来。

（3）对于回填灌浆完成后没有其他用途的灌浆孔应及时封堵，有的回填灌浆孔需要加深再进行固结灌浆，则在固结灌浆完成后再进行封孔。

5. 回填灌浆质量检查

（1）回填灌浆检查孔应布置在顶拱中心线上、脱空较大和灌浆情况异常的部位，孔深应穿透衬砌深入围岩10cm。压力隧洞一个衬砌段宜布置一个或一对检查孔，无压隧洞的检查孔可适当减少，或通过分析灌浆资料解决。

（2）回填灌浆的质量检查如采用注浆试验（包括连通试验）应在该部位灌浆结束7d以后；如进行钻孔取芯检查应在该部位灌浆结束28d以后。

2.3.15.2　固结灌浆

1. 灌浆材料质量要求

灌浆材料采用标号为42.5的普通硅酸盐水泥浆液，灌浆用水符合拌制水工混凝土用水要求。浆液的搅拌时间，使用高速搅拌机时应大于30s；使用普通搅拌机时应大于3min。浆液在使用前应过筛，浆液自制备至用完的时间不宜大于4h。

2. 固结灌浆施工要求

（1）固结灌浆深度：本工程固结灌浆要求Ⅲ类偏差深入基岩3m，Ⅳ～Ⅴ类深入基岩4m。

（2）钻孔就位：根据放好的孔位，摆稳钻机，校正平台及立轴，确保平台水平，立轴竖直。

（3）灌浆方式：采用手风钻钻孔，清洗后灌浆。灌浆按分序逐渐加密的原则，纯压式灌浆法施工。

（4）造孔：在造孔过程中做好下套管记录，在钻进过程中做好钻进记录。固结灌浆孔相互串浆时，可采用群孔并联灌注，孔数不宜多于3个，并应控制压力，防止混凝土面或岩石面抬动。

（5）洗孔及压水试验：每钻灌段造孔完成后，先进行洗孔。冲洗压力在基岩灌段以最大灌浆压力的80%为准。冲洗时间可至回水清净时止或不大于20min。压力表安装在进浆管顶部，其高度不超过地面1.5m，便于准确读数。计算透水率值时，地下水位可利用先导孔测定的孔水位或采用下游水位。每5min读测1次压力及流量（用流量表读数）选用与灌浆压力相适宜的压力表（表最大标值为使用压力的3～4倍），并及时维修或更换失灵的压力表；选用与进水管、流量值相匹配的流量表，专表专用。下管时确保射浆管底下到位，进浆管尽量放低，利于工作。压水试验应在裂隙冲洗后进行，试验孔数不宜小于总孔数的50%，试验采用单点法。

（6）灌浆：灌浆采用全孔一次灌浆法。灌浆结束标准是在规定灌浆压力下，当注入率不大于1L/min时，继续灌注30min，即可结束灌浆。未尽事宜按照《水工建筑物水泥灌浆施工技术规范》（SL 62—2014）中有关规定执行。

3. 固结灌浆质检要求

固结灌浆必须做好施工过程（工序）的质量控制和检查，其质量检查采用钻孔压水试验的方法，结合对施工记录、成果资料和检验测试资料的分析，进行综合评定。灌浆检查孔检查时间在灌浆结束3～7d以后，采用单点法，按《水工建筑物水泥灌浆施工技术规范》（SL 62—2014）中规定执行。当检查孔压水试验透水率不大于5Lu，孔段合格率应在80%以上，不合格孔段的透水率值不超过设计规定值的50%，且不集中时，灌浆质量可认为合格。

2.3.16 不良地质条件处理

隧洞施工中应做好支护、防范等措施。当岩石松散易掉块时，应采用小装药、弱爆破、短进尺；碰到断层前，即开始打超前锚杆进行支护，爆破后及时进行初次支护；当涌水量较大时，应先灌浆封堵止水，并配备足够的排水设备，后进行支护。

1. 软弱地质段施工

针对软弱岩易风化软解的特点，施工中采取以下办法进行施工：

（1）采用注浆止水和引排结合办法，及时排除洞内底板积水或工作面涌水，防止围岩浸水软解。

（2）采用超前小导管注浆和超前锚杆对未开挖的岩体进行预加固。

（3）钻爆开挖采用“短进尺、弱爆破、强支护、早封闭、快衬砌”工艺进行，原则上每循环进尺不大于2m，锚喷支护及时跟进，尽快用喷射混凝土封闭围岩防止软岩进一步风化软解。洞身断面按上、下半洞两次进行开挖，上半洞断面一次开挖到位后，先初喷第一层钢纤维混凝土，再按锚杆、格栅钢拱架、喷第二层钢纤维混凝土的工序进行支护，通过系统锚杆、喷钢纤维混凝土、格栅钢拱架等支护结构的联合作用，改善围岩自稳能力，使围岩收敛变形稳定下来。

（4）根据变形监测结果，适时进行永久混凝土衬砌。

2. 断层破碎带施工

断层带多含破碎岩体，带内充填物有断层泥、全风化岩、挤压片岩、岩屑等，有可能与岩溶通道或岩溶裂隙相连，在施工过程中有发生涌水、涌泥和岩体坍塌现象。为确保工程施工安全，应按“管超前、严注浆、短进尺、强支护、勤监测、早封闭、快衬砌”的处理原则安全通过断层破碎带，开挖前应通过标内超前地质预报并结合 A、B 辅助洞施工揭露出来的地质情况，掌握掌子面前方断层带、破碎带所在大致里程桩号，准确预测断层带和破碎带的宽度、充填物、地下水情况，提前制定应对处理措施。

施工组织设计编制阶段，对断层带和破碎带按以下方法进行施工：

（1）对一般断层破碎带，应按施工图纸或监理工程师的指示，采用超前注浆小导管或超前中空注浆锚杆提前对掌子面前方边、顶拱岩体进行预加固，再按“短进尺、弱爆破、快支护”的原则，试探性向前开挖一洞径 6～7m 的导洞，并采用喷射钢纤维混凝土、随机锚杆等进行临时支护，确认安全后再对上半洞扩挖，并及时按初喷钢纤维混凝土、系统锚杆、格栅钢拱架。然后在围岩变形稳定后适时采用对破碎带进行永久混凝土衬砌。

（2）对掌子面前方的大型断层破碎带，应结合超前地质预报准确掌握掌子面前方断层破碎带的桩号、宽度、充填物类别及地下水情况，在距离破碎带 5～8m 时，按先上方后下方、先内圈后外圈、先无水孔后有水孔的顺序对洞周破碎带进行超前灌浆预加固，形成止水层或加固层，避免因钻爆开挖引起洞周地下水大量泄放或洞周松散围岩应力释放产生过度松弛，最终达到切断地下水通道、封闭出水裂隙或固结围岩、提高岩体强度和自稳能力。

然后按“短进尺、弱爆破、强支护、快封闭”的原则进行开挖和支护。上半洞开挖时，先试探性地向前开挖一洞径为 6～7m 的导洞，确认安全后再将上半洞扩挖到位。导洞开挖和上半洞扩挖时，必须实施控制爆破技术，采用短进尺、密集孔、减少装药量（即降低总装药量和单位耗药量），特别是严格控制周边孔的线装药密度和不耦合系数，尽量减少钻爆施工对围岩的扰动，单个循环进尺应控制在 1～1.5m。一次循环进尺后立即初喷混凝土对围岩进行封闭，再采取打锚杆、挂钢筋网、安装格栅钢拱架、二次喷混凝土等手段强化支护措施，提高喷射混凝土支护抵抗长期机械震动和爆破震动的能力，避免个别危岩冒落。

（3）在断层破碎带喷锚支护结束时，设置变形监测装置，对围岩的变形情况进行重点监测，以便及时掌握施工中围岩和支护结构的力学动态变化和稳定程度，确定合理施工程序，修正钻爆和支护参数，保证施工安全。同时根据变形监测结果，待围岩变形稳定后适时对断层破碎带进行永久混凝土衬砌。

3. 塌方洞段施工

（1）发生塌方的因素。塌方的发生，往往是多种不利因素综合作用的结果，其主要因素有：岩体结构及构造、结构面的不利组合、地下水活动、围岩应力。

据统计，塌方大多发生在强烈风化带、强烈卸荷松弛带、褶皱构造、节理裂隙发育地带、断层破碎带及其交汇带、松软弱岩层中。围岩的强度越小，塌方规模越大。当围岩受构造或数组节理面切割，节理裂隙间又大多夹有数毫米至数厘米的软弱夹层（泥质、绿泥石、高岭土等），具有滑感的矿物质，构成不稳定的围岩块岩时，这种由结构面的不利组合及结构面强度降低的地质条件也是引发塌方的主要因素，在层状或块状结构中，由结构面的不利组合形成的塌方占绝大多数。在断层裂隙发育及水敏感强度的软岩情况下，地下水因洞室开挖而汇集排泄，对围岩产生外压，带走不稳定的松软物质，同时软化、泥化及膨胀作用养活结构面摩阻力，因地下水活动恶化围岩稳定，也会进一步促进塌方的发生。塌方实质是围岩应力不平衡的表现，洞室开挖后，洞室周力应力重新分布，形成二次应力场，当围岩不能承受集中应力，且松弛变形自身不能控制时，即向洞内产生变形，造成失稳破坏。另外，对潜在的不稳定围岩，当采用深孔爆破、装药量过大、支护不及时、分块开挖跨度大、发生地质条件变化不及时采取措施等，也可能造成塌方。

（2）塌方的处理原则。

1）深入分析研究塌方原因，查清塌方规模、类型及发展规律。核对塌方段的地质构造及地下水活动状况，尽快制定切实有效的处理方案。

2）在未制定处理方案前，切忌盲目清除塌方体，以免发生更大规模的塌方。

3）有地下水活动的塌方，必须先治水再治塌方。

（3）塌方的处理方法。

1）锚喷支护法。它适用于规模小、未堵塞工作面、塌后能暂时自稳定的塌方。对这一类小规模塌方，先不急清理塌方体，而是先在塌方体上搭设脚手架工作平台，将塌方洞段边、顶拱松动岩块清理掉，初喷一层5～8cm厚的CF30硅粉钢纤维混凝土对塌方段周边围岩进行封闭加固，再打锚杆对未破坏的岩体进行深层加固，然后挂钢筋网，喷射第二层混凝土支护。

2）浇混凝土护顶。它适用于塌方规模小，工作面未堵塞的塌方洞段。对这类塌方，亦可采取浇筑混凝土护顶的方法处理。先将塌方体进行平整，在两侧边、顶拱架钢支撑并喷混凝土封闭，然后安装导管伸入塌方段空腔内，用混凝土泵压入混凝土，实现边顶拱的支护。

3）超前小导管预注浆。它适用于塌方规模稍大，塌方体堵塞工作面的情况。这类塌方发生后，先不急清理塌方体，要先在靠近工作面的地方架设钢支撑对围岩进行临时支护，确保塌方处理工作面的安全，然后用手风钻打超前小导管孔，安装注浆小导管，再注入水泥浆，使洞室周边的松散体固结成整体，最后清运塌方体。

4）管棚法。它适用于塌方规模大，堵塞工作面，又有地下水的塌方。对于这类塌方，可以采取管棚法对边顶拱先进行加固后再开挖塌方体。其具体做法是，采用手风钻向掌子面前方按30～40cm间距打42mm直径、深5～6m、外插15°的辐射孔，打完一个孔及时将注将导管插进孔内，安装好止浆塞。然后再依次向导管内注入水泥浆，开成边顶拱管棚，等水泥浆硬化并达到一定强度后，管棚与围岩共同承担围岩压力并起堵水作用，最后清理塌方体。

4. 涌水地段的处理

（1）预报：隧洞施工中配置专业地质工程师严密观测围岩开挖情况，根据设计图纸提供的情况通过探测手段预测开挖工作面前方的水文地质条件，预报可能出现涌水的地点。

（2）探测：在可能出现的涌水地段采用 TSP 地震波法和超前探水孔的方法进行探水。TSP 地震波法用于超前探测工作面前方 100～200m 的溶洞、溶槽的大致位置；超前钻孔探水用于工作面前 10m 范围。利用开挖凿岩台车钻孔，每次探水段长度为 10m，孔径 55mm。探孔沿隧洞开挖工作面外轮廓向内 30cm、环向间距 490cm 共对称布置 5 个，外偏角 10°。经探测后如无涌水出现，则继续进行开挖施工，开挖至距探水孔底端 2.5m 后停止掘进，施打下一循环探水孔继续探水。

（3）涌水段处理：经探测后发现有涌水出现，详细记录出水点的位置、水量及水压，同时马上通知监理工程师，并停止工作面的一切施工作业。

1）总出水量大于 $10m^3/h$ 的涌水段处理：根据探测记录，确定总出水量大于 $10m^3/h$ 的涌水段采用全断面超前注浆堵水。

a. 钻孔及孔眼布置：用地质钻机沿隧洞工作面外轮廓向内 200cm 对称布置 14 个注浆孔，注浆孔底中心距 $D=1.5m$、$R=5.4m$，钻孔长度根据现场实际情况进行调整，但一环全断面注浆不得超过 30m。

b. 注浆材料：采用水泥－水玻璃双液浆液，水泥为 42.5 号普通硅酸盐水泥，水灰比 $W/C=0.6\sim1.1$，水玻璃玻美度 30～40Be，双液体积比 $c/s=0.7\sim1.4$，以上具体数据及凝结时间根据现场实验确定。

c. 注浆堵水：注浆采用活塞式压浆机施工，现场机械拌和，严格控制配合比。根据探水的压力记录确定注浆的最终压力，注浆的最终压力为探水压力的 2～3 倍，当注浆的压力达到要求时，及时封堵压浆口。岩层破碎段采用前进式注浆，注浆分段长度为 5～10m，岩层较好时，可一次全孔注浆。注浆后总出水量小于 $2m^3/h$ 且一处出水量小于 $0.6m^3/h$，即可结束注浆。

2）总出水量小于 $10m^3/h$ 但个别探水孔出水量大于 $2m^3/h$ 的涌水段处理：根据探测记录，确定总出水量小于 $10m^3/h$ 但个别探水孔出水量大于 $2m^3/h$ 的涌水段采用局部超前注浆堵水。

a. 钻孔及孔眼布置：用地质钻机沿已探明涌水部位的隧洞工作面外轮廓向外钻孔，钻孔长度及数量根据探水记录确定：在出水通道范围内的隧洞开挖外轮廓线以外 5～6m，单孔注浆有效扩散半径按 $R=3.6m$ 计算。钻孔长度根据现场实际情况进行调整。

b. 注浆堵水：用同样的注浆材料及注浆压浆机施工，现场机械拌和，严格控制配合比。根据探水的压力记录确定注浆的最终压力，注浆的最终压力为探水压力的 2～3 倍，当注浆的压力达到要求时，及时封堵压浆口。岩层破碎段采用前进式注浆，注浆分段长度为 5～10m，岩层较好时，可一次全孔注浆。注浆后总出水量小于 $2m^3/h$ 且一处出水量小于 $0.6m^3/h$，即可结束注浆。

2.3.17　爆破警戒方案

为确保隧洞洞口爆破作业施工的顺利进行，保证人员的生命安全及周围设施的完好，根据国家《爆破安全规程》（GB 6722—2014）特拟定如下警戒方案。

根据安全验算及爆破区域现场情况，控制单段装药量，并采取松动爆破技术措施，减少爆破飞石和爆破震动对居民区的影响，同时根据爆破安全规程规定，警戒范围因遇到山体，适当减少警戒距离，爆破前待各点警戒人员到现场发出爆破信号后方可起爆。爆破前两天，张贴爆破告示，告知村民爆破区域、爆破时间及注意事项。

火工品进场、装药、连线、防护。火工品由配送站负责派送到隧洞火工品临时存放点，与我公司做好交接工作。交接后由专人看管，具体落实如下：保管组人员负责火工品清点、登记，由爆破员和安全员把火工品搬运到指定的施工现场，由爆破员进行装药、连线、防护。爆破结束后及时退库。爆破指挥程序见表 2.15。

(1) 爆破信号。

1) 信号：警报，口哨、红蓝旗、警示灯、警示巡逻车。

表 2.15　　爆破指挥程序

序号	时间	指挥要点
1		严格控制无关人员进入施工区域； 起爆员清理检查爆破区域无剩余火工品
2	10min	各警戒人员对警戒区域内所有人员清理出场，到达指定警戒点，不留死角后向爆破指挥报告工作情况； 爆破员检查爆破网络，做好起爆准备工作后的爆破指挥报告工作情况； 发出预警信号，警报（口哨）一次
3	15min	爆破进入倒计时阶段； 各点汇报情况正确后，爆破指挥发令进入充电准备阶段
4	2min	爆破指挥向起爆站发出命令，开始充电； 发出起爆信号，短促哨声三声； 起爆站汇报充电情况
5	3min	爆破指挥下达起爆信号的命令“现在下达起爆命令：5、4、3、2、1，起爆!”。起爆站听到“起爆命令”后立即按响起爆开关
6	10min	爆破指挥下令爆破员进入现场检查，爆破员检查后报告检查结果。起爆指挥根据汇报情况：①若检查结果无大问题，可发出命令解除警戒；②若需要进行第二次爆破，则重新发出预警信号，重复2～5 的程序；③处理应急事故
7	5min	解除警戒：发出解除警戒信号，警报（口哨）一次。各警戒带内撤销警戒工作

2) 方法：

a. 预警信号：警报（口哨）一次。

b. 起爆信号：短促哨声三声。

c. 解除警戒信号：警报（口哨长声）一次。

(2) 联络方法。

1) 用电铃声信号通知。

2) 联系点：爆破指挥、各警戒点、起爆站。

2.4　施工总进度计划

2.4.1　编制依据及原则

2.4.1.1　编制依据

（1）施工招标文件的工期要求。

（2）招标文件给定的工期。

（3）实施性施工组织设计。

（4）公司自身的施工能力、人力及物力资源状况。

2.4.1.2　编制原则

（1）按照招标文件规定的主要工程施工程序及合同控制工期要求，做好施工总体规划，科学合理地安排施工程序及其施工进度，确保节点工期及合同总工期如期完成。

（2）采用配套的机械提高施工生产效率，加快工程施工进度。

（3）采用适宜的施工强度指标排定施工日程，对不可预见因素留有余地，并在施工中力求实现均衡生产。

（4）进度编制中充分考虑各施工部位的相互干扰，合理制定工期，确保施工安全。

2.4.2　控制性工期

本工程计划工期 30 个月，项目部拟安排工期为 28 个月。施工进度分为三期，即工程准备期、主体工程施工期和工程完建期。

工程准备期计划从 2019 年 10—12 月完成，共历时 3 个月，占直线工期 1 个月；主体工程施工期从 2019 年 11 月至 2021 年 2 月完成，工程完建期计划安排在 2022 年 1 月底，完成工程最后的扫尾工作。

具体工期根据本工程实际情况及总监理工程师下发的开工批复工期为准。

2.4.3　施工关键线路以及工期分析

2.4.3.1　施工关键线路

本工程控制工期的关键项目为隧洞的施工，隧洞施工方案经综合比较后采用钻爆法施工，本工程施工关键线路为：进场→施工准备→隧洞进出口土石方开挖→隧洞洞挖→初期支护→二次衬砌（与隧洞洞挖平行作业）→隧洞灌浆。

2.4.3.2　施工工期分析

南、北线路施工概化图如图 2.25 所示。

根据类似工程经验，大洞径隧洞（需分层开挖）钻爆法洞挖综合进尺取 120m/月。洞口Ⅳ～Ⅴ级围岩及隧洞交叉洞段钻爆法控制段综合进尺取 80m/月，Ⅱ～Ⅲ级围岩进尺控制在 140～160m/月，衬砌综合进尺取 200m/月。对隧洞进口工作面工期控制段进行分析，主洞开挖工期（含初期喷锚支护）为 12.0 个月，衬砌工程根据隧洞开挖情况跟进施工，衬砌工程工期计划在洞挖完成后 1.0～4.0 个月内完成。

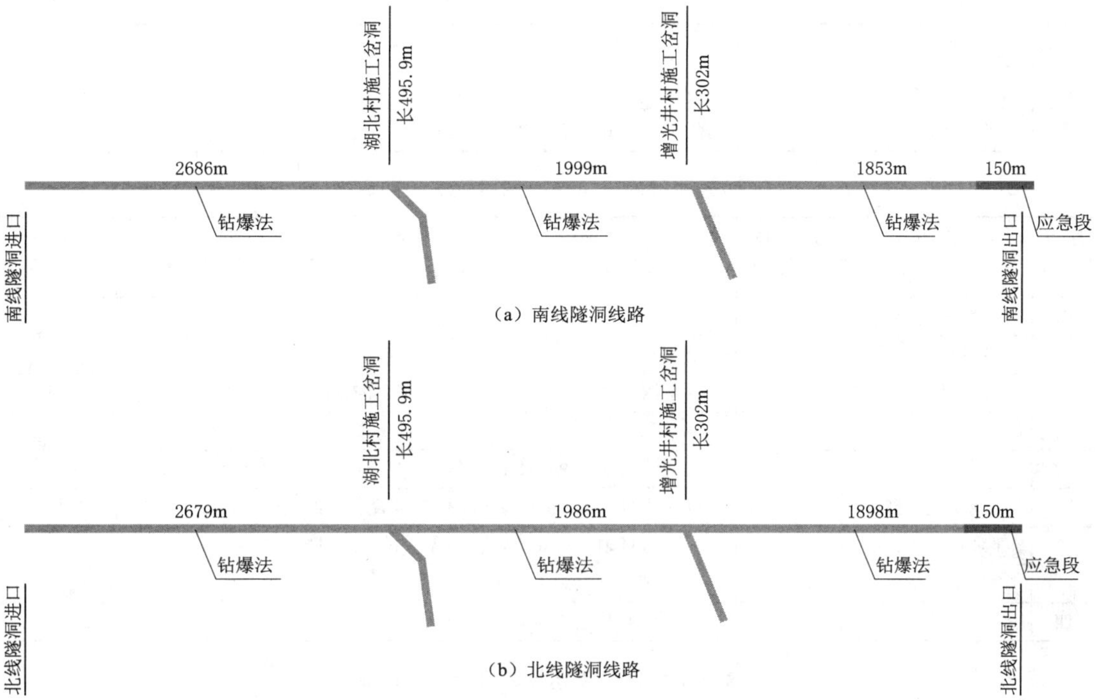

图 2.25 南、北线路施工概化图

隧洞进口段工作面施工工期详见表 2.16～表 2.19。

表 2.16 南线隧洞进口段工作面施工工期表

序号	工作内容	工期/月	备 注
一	施工准备	3.0	准备期 3 个月，含进洞口处理时间
二	主洞	13.0	
	洞挖	12.0	长度约 1570m，分层开挖，月平均进尺 130m
	混凝土衬砌	9.0	月平均进尺 200m，每个工作面设置 1 台钢模台车，占直线工期 1 个月
	灌浆及工序转换	7.0	灌浆与衬砌、进口闸站平行作业，不占直线工期

表 2.17 湖北村施工叉洞～南线隧洞进口工作面控制段施工工期表

序号	工作内容	工期/月	备 注
一	施工准备	3.0	准备期 3 个月，洞脸刷坡、支护
二	施工支洞	3.0	
	明挖及洞挖	3.0	湖北村施工岔洞长约 495.9m
	混凝土衬砌、灌浆	2.0	在主洞完成后进行，和主洞衬砌同步施工，不占工期
三	主洞	15.0	
	洞挖	9.0	长度约南线 1115.68m/北线 1154.41m，月平均进尺约 123m
	混凝土衬砌	9.0	月平均进尺 200m，每 1km 设置 1 台钢模台车，控制工期段设置 2 台。占直线工期 4.0 个月
	灌浆及工序转换	8.0	灌浆与衬砌平行作业，占直线工期 1 个月

续表

序号	工作内容	工期/月	备　注
	支洞封堵等	1.0	占直线工期 1 个月
四	合计	21.0	隧洞贯通并完成衬砌，可通水

表 2.18　　增光井村施工工作控制段施工工期表

序号	工作内容	工期/月	备　注
一	施工准备	3.0	准备期 3 个月，包含洞口刷坡、临建等
二	施工支洞	3.0	
	明挖及洞挖	3.0	增光井村施工岔洞长约 302m
	混凝土衬砌、灌浆	2.0	在主洞完成后进行，和主洞衬砌同步施工，不占工期
三	主洞	15.0	
	洞挖	9.0	长度约南线 1096.73m/北线 1090.06m，月平均进尺约 100m
	混凝土衬砌	10.0	月平均进尺 200m，每个工作面设置 1 台钢模台车，占直线工期 4.0 个月
	灌浆及工序转换	8.0	灌浆与衬砌平行作业，占增光井村支洞洞口工期 1 个月
	支洞封堵等	2.0	占增光井村支洞工期 1 个月
四	合计	21.0	隧洞贯通并完成衬砌，可通水

表 2.19　　隧洞出口施工工作控制段施工工期表

序号	工作内容	工期/月	备　注
一	施工准备	3.0	准备期 3 个月，含进洞口处理时间
二	主洞	15.0	
	洞挖	12.0	长度约南线 1077.38m/北线 1100.02m，月平均进尺约 92m
	混凝土衬砌	9.0	月平均进尺 200m，每个工作面设置 1 台钢模台车，占直线工期 3 个月
	灌浆及工序转换	7.0	灌浆与衬砌平行作业，占隧洞出口工期 1 个月
三	合计	19.0	隧洞贯通并完成衬砌，可通水

根据上述分析及类似工程经验，大洞径隧洞钻爆法洞挖综合进尺取 120m/月，衬砌综合进尺取 200m/月。以隧洞进口工作面工期控制段进行分析，主洞开挖工期（含初期喷锚支护）为 12.0 个月。隧洞进口段衬砌尽量安排少占用工期，为进口闸下部结构施工争取时间，灌浆及衬砌平行作业，不占直线工期。

2.4.4　工程进度保证措施

2.4.4.1　组织保证措施

（1）成立“项目经理部”，负责督促该工程所需人员和设备的调配以及施工过程中有关协调工作，保证工程所需人员和设备按时到场。施工现场以项目经理为首，抓好施工人员和机械设备进场和组织工作。

（2）抽调精干的管理人员，业务熟练的技术骨干和有过类似工程施工经验的作业队伍来组织项目部，以保证项目部人员精干、业务熟悉，从人员素质上来保证工程进度计划的实施。

(3) 按项目法施工要求进行施工和管理。严格按三控制、两管理、一协调来施工和管理，以三管齐下（即思想政治工作、行政手段、经济杠杆）的管理手段与公司善打硬仗的优良传统和作风相结合，保质保量按期完成施工任务。

(4) 加强与业主、监理、设计等各方面的配合。充分领会业主和监理单位的要求及设计意图，根据施工实际情况，及时向业主、监理、设计单位提供优化施工和设计的合理化建议，加快施工进度。

(5) 确保机械设备的正常运行并预备足够的备用设备。现场项目经理部将委派1名负责人主抓机械设备的管理，以确保设备达到预期的数量和利用率。

(6) 实行工期奖罚制度。层层签订目标工期责任制，使施工进度与职工经济利益挂钩，充分调动职工的生产积极性，提高职工的劳动效率。

2.4.4.2 技术保证措施

1. 人员组织保证

参与工程建设的主要技术人员和施工人员均是承建过类似工程的施工人员，其余人员从参与同类工程建设的技术力量中抽取。

2. 技术组织保证

项目部严格按照施工图纸、设计变更通知、相关规程规范，以关键线路工程施工为中心，建立以项目总工程师为核心，工程技术部、质安环保部为指导，工地试验室、测量队、作业队、厂技术员为主体的三级技术管理体系和强有力的现场施工技术组织系统，负责项目部与业主、设计及监理的沟通联系，以及工程施工技术的计划、组织、指导、监督和管理责任。对工程进度、质量影响较大的重大技术问题、重大技术方案，由公司技术专家到现场进行监督、指导，并做到：

(1) 及时编制科学、详细的施工组织设计和作业指导书，做好技术交底工作，把好施工过程中的各个环节和关口。

(2) 按业主、监理批准的技术方案做好由项目部、施工班组技术人员负责的现场实施工作，以确保不出现技术方案的失误，并杜绝由于技术方案不当造成的停工、返工等。

(3) 技术方案根据施工特点和实际情况不断优化和创新，确保施工技术的先进性、实用性和高效性。

3. 编制好实施性施工方案

优化和科学的施工方案是工程顺利开展的关键，是确保工期的前提，为此，我们将加强施工计划的科学性，运用网络技术、系统工程等新技术原理，根据本标段工程的技术特点、现场实际情况等编制详细的、切实可行的实施性施工组织设计，选择最优施工方案，使工程施工做到点线明确、轻重分明、计划可靠、资源配置合理。

4. 对施工进度进行监控

施工进度采用如下监控方法：投资指标监控法、形象进度监控法、单项进度指标监控法、关键线路网络监控法。根据施工组织设计或业主、监理及其他有关的工期要求，适时根据工程进展，调整资源配置，实现工期目标。对关键工序、关键项目强化跟踪指导，跟踪监测。

(1) 投资指标监控法。根据本标段工程总的投资计划，编制与施工进度相对应的逐月投资安排计划，并比较施工中实际每月完成与计划完成的投资差距，分析差距原因，分析差距产生的单位、分部和分项，采取相应的对策，从宏观控制到微观控制，并绘制投资管理控制曲线。

(2) 形象进度监控法。对分项、分部工程编制每旬、每月、每季、每年的施工形象进度计划，在施工中及时掌握实际每旬、每月、每季、每年所达到的形象进度，看实际完成与计划完成工程量的差距，分析差距产生的原因，对单位、分部和分项工程，采取相应对策，同时建立工程管理曲线。

(3) 单项进度指标监控法。及时统计施工中各项实际进度指标，掌握情况，并与施工组织设计确定的各项进度指标进行比较。发现实际指标低于计划指标时，采取调整工序、增加投入等相应措施，确保单项进度指标的实现，实现日保旬、旬保月、月保季、季保年；从微观控制到宏观控制。

(4) 关键线路网络监控法。根据施工组织设计确定的施工进度网络图，明确关键线路。在施工组织上，狠抓关键工序，并根据工程进展的变化，实施动态管理，适时调整网络图，明确不同阶段的关键工序，采取相应的有效对策。关键线路分层次，关键工序保关键点，关键点保关键线路，关键线路保总工期。

5. 积极推广先进经验和先进技术，提高劳动生产率

(1) 合理安排，施工准备充分。详细调查施工现场，明确工期目标。应用网络技术，编制施工计划，配足生产要素，实现均衡连续高产，确保工期目标实现。

根据施工组织设计、工期进度要求和施工计划安排，合理配置先进的施工机械设备，实现专业化、工厂化施工，建立钻爆、支护、出渣、混凝土施工四条机械化流水施工生产线。

对所有施工人员进行岗前培训，提高技术素质和工作效率。

(2) 加强施工管理，提高施工效率。在施工过程中不断优化方案，针对不同的地质条件及时调整施工方法，采用合理可行的施工方案。尤其是对浅埋偏压段及断层破碎带施工要制定稳妥可行的施工预案。

抓质量、保安全、促进度，确保不出现任何安全质量事故，隧洞施工做到不坍不塌，在不良地质段要加强支护和围岩量测，稳步推进，保证施工按计划进行。

严密组织施工，合理安排施工顺序，尽量安排平行流水作业。加强工序衔接，提前做好工序转换前各项准备工作。

建立工程管理信息系统，全面收集工程测量、工程地质、施工进度、生产要素、工序质量控制和施工安全等方面的信息，综合分析、判定施工运行状态，针对存在问题，采取有效措施，实现施工过程有序、可控。

2.4.4.3　资金保证措施

工程结算资金的开支保证用于生产第一线，使用有经验的合格财会人员，加强对工程款的管理工作，严格做到专款专用，保证施工生产对材料、设备等方面的需求。

2.4.4.4　资源保证措施

(1) 配备性能先进、质量可靠、数量足够的施工机械设备和质量检测设备，以满足工

程施工的需要。凡投入本工程的施工机械设备进场前均需进行维护、保养，并经机电物资管理部门验收后方可调遣，以确保所有进场设备的完好，保证设备在本工程施工中的正常运行使用。

(2) 加强施工中对机械设备的日常管理、维护、保养、维修和使用工作，各类机械设备均实行机长负责制，并制定有效的奖惩措施，提高设备的完好率、出勤率和利用率，充分发挥施工机械设备的生产率。

2.4.4.5 现场施工调度与协调保证措施

(1) 实行每天24h的三班制施工指挥调度值班，现场保证随时有指挥调度人员，及时处理现场进度实施中的各类问题。

(2) 坚持每周召开一次施工生产调度会，及时通报现场各分部分项工程的施工情况和形象进度，检查本周任务完成情况，布置第二周的施工任务，协调解决存在的问题，及时调整施工生产资源配置，加强施工调度，协调各方关系，使整个工程施工有步骤、按计划地进行。

(3) 及时向业主监理和各有关参建单位反映、通报工程进展状况及需要解决的问题，使各方面了解工程的进展情况，及时解决施工中出现的困难问题。在施工过程中，我们将积极参加业主、监理组织的各种协调会，积极配合业主和监理。协调与各参建单位及有关社会主管部门的关系，创造一个良好的施工环境，以确保工程进展。

(4) 坚持项目部领导和技术人员现场24小时值班制度，及时协调、处理、解决施工中出现的问题。

2.4.4.6 加强外部协调的措施

1. 加强与业主的协调

(1) 尊重业主对工程的领导，服从业主及各有关单位的协调。

(2) 在施工中，经常保持与业主的联络，加强沟通，及时向业主反映工程进展情况、存在问题及解决问题的方法。

(3) 涉及政策性问题，积极与业主联系、协商，取得业主的帮助。

2. 加强与设计的协调

(1) 积极与设计单位联系，详细了解设计意图及对施工的要求，并将设计意图贯彻到施工组织设计和工程建设的全过程中去。

(2) 认真阅读图纸，对施工图上的问题积极和设计人员沟通。

(3) 施工进程中，若有地质、地形变化等情况，及时与设计人员联系，并及时加以解决。

3. 加强与监理的协调

(1) 施工过程中，严格按业主及监理工程师批准的施工组织设计施工。对已完工序在自检的基础上，接受监理工程师的验收和检查，并按监理要求，当场整改不足之处。

(2) 对监理工程师开展的工作存在不同意见时，遵循“先执行监理的指令，后磋商统一”的原则，维护好监理工程师的权威性。

4. 加强与当地政府的协调

加强与当地政府的协调，并正确处理与过往船只、当地民众的关系，避免因关系不顺影响生产。

通过加强与各方关系的协调，为工程的顺利开展创造良好的外部环境。

2.4.4.7　加强质量和安全保证

施工中如出现质量问题甚至质量事故，可能导致施工返工，无谓消耗直线施工时间。发生安全事故，不但造成经济损失，而且耽误施工，在员工中形成消极情绪，对保证生产不利，因此施工中应加强对质量、安全等方面保证。

(1) 项目部将严格按照《质量管理体系要求》(GB/T 19001—2016/ISO 9001：2015) 质量标准，建立健全以项目经理为第一责任人的质量保证体系；结合工程实际，编制适合于本工程的质量计划，严格按计划中的过程、程序和项目进行实施，实行质量责任终身制，层层落实到个人，真正做到全员、全方位、全过程的有效控制。保证工程总体质量达到优良标准。消灭一切质量事故，坚决杜绝由于质量问题引起的误工、返工现象，确保工程顺利进行。

(2) 工程施工中，认真贯彻执行国家有关安全生产的方针、政策、法律法规，严格遵守业主的安全制度，以施工安全目标为中心，"横向到边、纵向到底"，采取可靠措施，建立健全安全生产保证体系，落实以项目经理责任制为主的各级安全生产责任制，重奖重罚，切实制定内部安全管理实施细则，并贯彻于施工全过程，确保施工安全，以促进各阶段施工目标的顺利、按期完成。

2.4.5　劳动力计划

在充分考虑合同条件和工作范围的基础上，结合本工程技术特点进行相关人力资源优化配置。

原则是管理干部职责分明、权限到位，工人一专多能，特殊工种持证上岗。施工时结合各工程专业特点，实施动态管理，灵活组织，以作业班组为基本单位对施工人员实施组织管理。

本工程劳动力估计高峰出工人数 2635 人，平均出工人数 2030 人，施工总工日数约 152 万工日。

2.4.6　施工机械配备

主要机械设备进场计划详见表 2.20。

表 2.20　主要机械设备进场计划表

序号	名　称	规　格	单位	数量	备注
1	气腿式风钻		支	20	
2	挖掘机	$2m^3$	台	3	
3	挖掘机	$1m^3$	台	5	
4	推土机	59～176kW	台	2	
5	装载机	$1\sim2m^3$	辆	4	
6	自卸汽车	8～15t	辆	18	
7	载重汽车	5～10t	辆	10	

续表

序号	名　称	规　格	单位	数量	备注
8	碎石加工系统		套	3	
9	混凝土搅拌机	0.8m^3	台	6	
10	双胶轮车		辆	36	
11	混凝土泵	15～30m^3/h	台	8	
12	湿喷机	TK96－1	台	12	
13	回旋式钻机	XJ－100	台	2	
14	轴流通风机	11kW、55×2kW	台	26/12	
15	振动碾	13～16t	台	2	
16	高喷台车	SGP300－6 型	台	4	
17	履带吊车		台	2	
18	空压机	24m^3	台	8	
19	空压机	3L－10/8	台	6	
20	水泵	6DA－8×4	台	10	
21	水泵	D25－30×8	台	8	
22	水泵	IS50－32－125	台	8	
23	变压器	400kVA	台	26	
24	柴油发电机	480kW	套	6	
25	钢木加工厂		套	3	
26	修配加工企业		套	3	
27	钢模台车		套	12	
28	混凝土搅拌车	12m^3	辆	20	
29	锚杆注浆机		台	5	

2.5　现场施工组织机构

2.5.1　组织机构设置的目的

组织机构设置的目的是要形成施工项目管理的组织保证；形成一定的权力机构以便集中统一指挥；形成责任制和信息沟通体系。

2.5.2　组织机构设置的原则

（1）目的性原则：项目施工组织机构设置的根本目的是通过一定的形式对施工项目进行管理。所以，需严格按项目特点设立机构，按照机构设立岗位，按照岗位拟定编制，按照编制拟定人员，并以岗位职责授予相应权力。

（2）合理性原则：项目施工组织机构设置，力求合理，一方面要覆盖项目施工的方方面面，另一方面要避免分工过细，机构庞大；人员配置力求合理，注意素质上高、中兼顾，年龄上新老搭配，使用和学习锻炼相结合，培养人才。

(3) 精干高效原则：施工项目有其自身的特点，工期、质量、安全的高要求和必须高效运行的机制，要求必须设置一个精干高效的组织机构。要选用高素质人员，力求一专多能。从严控制中、下级管理人员数量，避免机构臃肿、人浮于事。

(4) 人员素质原则：按照项目管理的几个方面，成立专门职能部门，配备合格人员，对相应事务进行对口处理。实行合理分工，团结协作。

2.5.3　施工组织机构的设置

根据组织机构设置的目的和原则，充分考虑本工程的实际情况，结合类似工程的施工经验，按照现代项目法施工原则组建本工程施工项目经理部。

选聘技术水平高、施工管理经验丰富的人员组成经理部决策层和管理层，负责本合同工程的实施；项目部将按管理层和作业层分离的原则组织本合同工程的施工。

2.5.4　现场施工管理人员配置

项目经理部由项目负责人、项目技术负责人等组成现场领导决策层，全面负责本工程的施工组织领导工作。

1. 项目负责人

(1) 组织贯彻实施公司质量体系、质量方针、质量目标。

(2) 负责实现合同质量和工期目标。根据施工任务，统筹安排，注重各工序间的衔接；合理调配机具人员，选择正确的施工方法，掌握施工进度，保证施工按计划正常进行；监督工地的质量、安全和文明施工；支持项目部其他管理人员的工作，做好各工种间的协调，严格抓好内部管理，提高生产效率。

(3) 负责对项目部提出的“工程洽商记录”进行最终签字认可。

(4) 负责组织工程的内部竣工验收及完工工程的交付。

(5) 担任项目的安全、质量、进度和文明施工、环境保护的第一责任人。

2. 项目技术负责人

(1) 主持编制本项目部的实施性施工组织设计和项目质量计划。

(2) 根据本项目施工组织设计，对照已完成的工程进度情况，制订施工月进度计划。

(3) 负责对项目部采购材料的分供方进行评价选择，建立本项目部合格分供方名册。

(4) 组织人员向施工班组进行技术交底。参加隐蔽工程和分部分项工程质量验收，参加单位工程的竣工验收。

(5) 负责对不合格品的处置，负责调查发生不合格或潜在不合格的原因，并组织人员实施纠正和预防措施。

(6) 积极推广应用新技术、新工艺。

2.5.5　项目部管理层

项目负责人部由施工管理部、施工技术部、施工综合部组成现场管理层。

(1) 施工管理部：对分管领导负责，按照《质量管理体系——要求》（ISO 9001：2015）标准要求，负责主控条款的实施工作；负责项目施工组织设计和相关的设计工作；负责施工过程控制和技术管理工作，检查施工组织设计、施工措施的实施情况，开展技术交底活动；处理施工中遇到的技术问题、指导现场施工技术工作以及技术档案管理。

(2) 施工技术部：对分管领导负责，按照 ISO 9001：2015 标准要求，负责主控条款的实施工作；负责制定工程项目顾客满意程度信息收集、分析和利用的制度或办法，并组织实施。负责项目施工质量管理和质量控制；负责施工过程的监视、测量和试验，以及纠正措施和预防措施的制定、实施和检查；负责工程项目保修期相关的工作。

(3) 施工综合部：施工综合部下分计划统计、设备材料、安全环保、财务后勤等部门，对分管领导负责，按照 ISO 9001：2015 标准要求，负责主控条款的实施工作；负责项目的安全生产及文明环保工作；负责项目部机电设备的管理，物资采购、保管及发放；负责项目的统计核算，编制年、季（月）报表；负责做好后勤保障工作等。

2.5.6 项目部作业队

根据本工程的内容，项目部内设土石方明挖施工队、石方洞挖施工队、基础处理施工队、混凝土及灌浆施工队、房建施工队、金属结构机电设备安装施工队、综合施工队 7 个作业队，高峰期人数约 255 人。各专业施工队按工种配齐人员，同时根据不同时段的施工任务，调整各施工队的工种比例和人数，实行动态管理，建立劣汰制度和激励机制，使施工队伍始终保持较高素质和较强的战斗力，确保高效、高质、安全地完成本合同工程施工。

本工程各施工队工作内容见表 2.21。

表 2.21　各施工队主要工作内容

序号	名　称	工　作　内　容
1	土石方明挖施工队	负责本标段所有土石方明挖及回填项目的施工
2	石方洞挖施工队	负责本标段所有隧洞石方洞挖及支护的施工
3	基础处理施工队	负责本标段所有基础处理工程的施工
4	混凝土及灌浆施工队	负责本标段所有混凝土工程及固结、回填灌浆等项目的施工
5	房建施工队	负责本标段所有房建工程的施工
6	金属结构机电设备安装施工队	负责本标段所有金属结构及机电设备安装的施工
7	综合施工队	负责施工风水电、道路维护以及其他零星项目的施工

2.6 施工质量保证体系和措施

2.6.1 质量保证体系

2.6.1.1 质量管理组织机构

根据本工程的施工任务和特点，以质量目标为宗旨，以 GB/T 19001—2008 系列标准为指南，遵循质量保证体系文件和合同文件，建立健全质量保证体系，制定本工程的质量管理办法，明确项目部各级人员质量职责，正确合理地分配质量体系要素，实施全面质量管理。质量管理组织机构如图 2.26 所示。

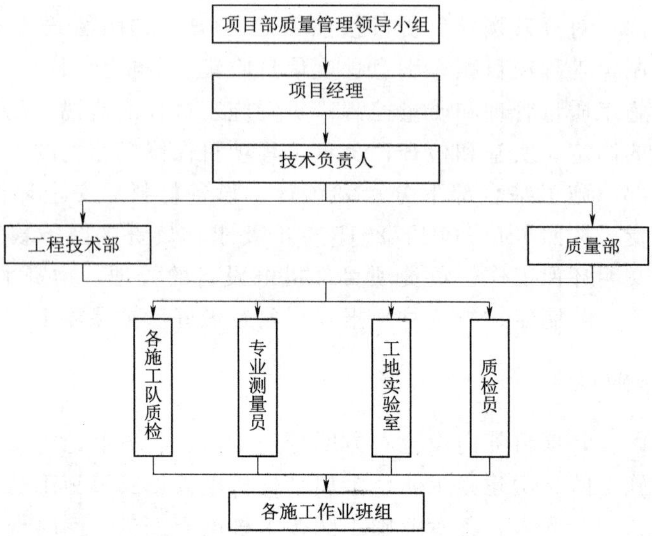

图 2.26　质量管理组织机构表

2.6.1.2　各岗位主要质量职责

各岗位主要质量职责见表 2.22。

表 2.22　各岗位主要质量职责表

序号	职务或部门	职　　责
1	项目经理	①项目经理为工程施工质量第一责任人，对工程施工质量全权负责，对工程质量实施统一领导，对保证施工质量的重大问题进行决策。 ②确保人力、设备、资金等资源到位。 ③对职工进行“百年大计、质量第一、用户至上、诚信为本”的教育，广泛发动群众开展创优质工程活动
2	总工程师	①贯彻技术规范、规程和质量管理措施，并在施工过程中严格检查落实情况，严防工程质量事故发生。 ②协助项目经理召开工程质量事故分析会，提出质量事故的技术处理方案，对质量事故负责并有权追究技术责任，组织编写质量事故报告。 ③对技术问题和质量问题提出改进措施，指导开展创优质工程活动。对竣工工程的质量负有直接技术责任。 ④主持工程项目的质量设计工作、重点工程控制轴线测量的复查、审定和核准工作。 ⑤及时掌握工程质量情况，对质量好的典型及时进行推广。对违反施工程序和操作规程的现象及时制止，严重的责令其停工。 ⑥主持工程质量检查，督促质检部门进行分项分部工程质量的评定，主持验收工作

续表

序号	职务或部门	职　　责
3	工程技术科	①负责施工技术管理和计划管理工作，负责编制施工进度计划；负责施工组织设计和作业指导书的编制；负责施工过程控制；负责施工技术文件和竣工资料的管理工作。 ②负责向各作业队、班组作技术要求和质量标准交底，在施工过程中认真检查落实情况，对违反操作规程的班组和个人有权纠正和制止。 ③督促测量队对测量轴线定位，水准点及高程控制及时进行复核，负直接技术责任。 ④督促试验人员对砂石骨料、水泥、钢筋、混凝土、水泥砂浆等按要求及时进行现场取样和质量检验试验，并按时将有关检验报告上报有关部门和领导。 ⑤督促机电物资部熟悉掌握原材料、成品、半成品的质量标准，严禁供应不合格的材料。 ⑥根据项目施工组织设计和施工技术措施组织施工生产，负责工程施工的组织和协调工作；负责编写施工大事记，负责施工过程和最终产品的防护控制
4	质检科	①认真贯彻执行国家、企业和监理发布的各项规范、规程、质量管理措施和质量奖罚条例，负责工程质量的核定工作，对其工作质量负责，保证其准确率。 ②负责工程质量的定期检查和验收，检查施工班组自检、施工队复检和项目部终检“三检制”落实情况，以及一些重要部位或工序质检人员的落实情况。对违反施工程序和规范的行为坚决制止，必要时下达停工令并及时报主管领导处理。 ③督促测量队对施工项目测量轴线定位、水准点及高程控制及时进行复核。 ④督促试验人员对砂石骨料、水泥、钢筋、混凝土、水泥砂浆等按要求及时进行现场取样和质量检验试验。 ⑤督促机电物资部熟悉掌握原材料、成品、半成品的质量标准，严禁供应不合格的材料
5	物资科	①负责工程施工材料和设备的采购，按照施工进度计划和质量的要求，按时、按质、按量保证主要材料和辅助材料的配套供应，确保经济合理地解决好供需衔接，并对所采购的施工材料和设备的质量负责。 ②负责工程材料设备的入库验收、仓储维护、控制发料、清库盘点等物资的日常管理工作，建立健全机械设备的管理制度，加强对机械设备的维修、保养工作，确保机械设备有效合理的利用
6	工地试验室	①对项目工地的试验、检测和计量工作向项目经理部负责。 ②负责建筑原材料的监督检验和建筑施工的过程试验，及时按施工技术规范要求对水泥、钢筋、混凝土、砂浆、外加剂等进行现场取样和质量检验试验，并将检验成果按时向工程技术部和总工程师汇报。 ③负责项目工地计量仪器设备管理工作，对试验检验设备进行定期校验和率定；参加项目工地有关的质量分析和研究
7	测量队	①采取先进的测量控制手段，提高观测效率、观测质量，确保所获得的观测成果和记录成果的准确性和可靠性。 ②实行测量换手复测制度及内业资料的复核制度，无复核人签字的内业资料按事故处理。 ③测量仪器设备必须检验合格才能使用，对测量仪器定期安排周检

2.6.2 质量保证措施

2.6.2.1 质量管理领导小组

建立项目经理部质量管理领导小组，由项目负责人任组长，项目技术负责人任副组长，成员由各职能部门负责人和相关专业人员组成，其职责如下：

（1）策划本工程的质量管理，针对本工程各施工阶段的重要性，讨论、决策本工程的重大质量关键问题。

(2) 制定本工程的质量管理办法以及检查、奖罚措施。

(3) 研究、解决本工程中可能遇到的新技术、新工艺的使用问题。

(4) 研究、决策工程施工中可能出现的问题。

2.6.2.2　项目部主要领导人员的质量职责

1. 项目负责人

(1) 本工程质量第一负责人，全面负责本工程的质量管理工作，对本工程的施工质量负终身责任。

(2) 建立质量管理机构，组织制定各类人员的《质量责任制》，制定奖罚措施，完善质量管理机制。

(3) 组织施工中所需资源的配置和管理，正确处理进度、质量、安全和效益之间的关系，使工程质量始终处于受控状态。

(4) 定期召开质量领导小组和质量工作会议，针对施工中存在或出现的问题，及时采取纠正和预防措施，确保工程质量受控。

(5) 贯彻执行公司的质量方针和质量目标，确保本工程质量目标的实现。

2. 技术负责人

(1) 全面负责本工程的技术和计量工作，对工程的技术管理和技术保障负直接责任。

(2) 组织落实本工程经批准的质量计划，主管本工程的技术、质量、计量部门的质量管理工作。

(3) 组织编制并审查本工程的施工方案、作业指导书，并进行实施。对施工过程中出现或需要的新技术、新工艺、新材料和新设备，定期召开技术研讨会，攻克技术难关。

(4) 负责技术文件的控制管理，组织内部质量检查和验收工作，以及竣工资料的整理、汇编和移交工作。

2.6.2.3　相关管理部门的主要质量职责

1. 职责规定

各相关科室负责人即为本科室质量管理第一负责人。根据项目经理部制定的《质量责任制》，将与本部门相关的质量职责进行分解，使本科室人员对本科室涉及的质量管理工作负全责，同时建立人员替代制度。

2. 物资材料供应部门

物资材料供应部门是确保质量的第一关，对进场原材料质量和施工进度负直接责任。按规范要求和相关规定对进场原材料进行检验和试验，并按规定的程序进行搬运、标识、贮存和保管。同时做好进场原材料的质保书、产品说明书等相关资料的收集、整理和保管工作。

3. 质量检查（试验）部门

质量检查（试验）部门是把握施工质量的关键部门。按照公司的相关程序严格执行，按规定进行检验、测量和试验，确保不合格的工序在纠正前不能进行下一工序的施工。参与进场材料的检验和试验。对经手出具的检验、测量、试验报告结果和数据负直接责任。本部门被赋予一票否决权。

4. 技术部门

对本部门设计和编制的图纸、技术措施（作业指导书）等技术文件的符合性（符合规范要求、符合实际施工条件）及其质量负直接责任。进行图纸会审、作业指导书编制和技术交底，包括技术、质量、安全等措施与要求的交底。建立测量控制系统，对经手出具的测量报告结果和数据负直接责任。按设计要求进行仪器埋设，并对埋设和观测的结果负责。

5. 调度部门

调度部门是质量控制的重要部门。对施工过程中的施工质量负直接责任。在施工的过程控制中，严格按照相关的《作业指导书》进行控制。进行现场技术交底。并对施工过程中的质量进行检查，若发现偏离状态，立即按《作业指导书》的要求进行纠正。

6. 施工作业班组

各施工作业班组组长为质量第一负责人，对其相应的工作内容的施工过程负全部质量责任。各施工班组设立一名兼职质量检查员，负责班组的施工质量检查。施工班组按照相应规范和作业指导书的要求，对施工过程进行控制，并对其施工的质量负直接责任。

7. 操作者

施工操作者应清楚地知道并掌握自己的工作内容，并对自己施工的工作质量负责，同时接受质量奖罚。

2.6.2.4 落实“三检制”

项目负责人全面负责工程施工的质量管理，并对工程质量负责。项目经理部设置质量负责人 1 名对施工质量全面把控，设置专业质检员 1 名，负责各工序施工质量检查及控制。各施工队设专职质检员，负责本施工区的质量检查和监督。各班组设兼职质检员，负责本班组的质量监督和检查，做到各班组（工作面）质检员负责对各施工工序的自检。施工队专职质检员负责各施工工序的复检，项目部专职质检员负责各施工工序的终检，最后由监理工程师验收签证，从而使工程质量检查达到真正意义上的“三检制”。

2.6.2.5 成立 QC（质量控制）小组

根据现场实际情况，有针对性地成立工地 QC（质量控制）小组，对施工中出现的质量控制关键点进行有目的地攻关活动。QC（质量控制）小组由项目负责人任组长，领导并主持 QC（质量控制）小组的工作；项目技术负责人及专职质量员任副组长，具体负责 QC（质量控制）小组的技术攻关，定期进行 QC（质量控制）小组成果发布，巩固和扩大 QC（质量控制）小组活动成果，使生产的全过程处于稳定的受控状态。

2.6.3 质量控制及检验标准

工程所有材料、设备、施工工艺和工程质量检验和验收均按招标文件技术条款及国家和行业颁发的技术标准、规程规范执行。当技术条款的内容与引用的标准和规程规范的规定有矛盾时，以技术条款的规定和监理指令为准。在合同执行过程中，如国家或部颁标准和规程规范被更新时，执行最新版本。施工中还将遵守业主单位制定的施工测量、质量控制、竣工验收等管理办法和管理规定。

2.6.4　质量保证的资源配备

（1）项目经理部设质检科，设专业质检员岗位，配备专职质检员。

（2）组建一支有丰富实践经验和理论知识、专业水平高的技术队伍，以确保工程项目的顺利实施。

（3）根据工程施工需要，组建工地试验室和测量队。

2.6.5　工程质量控制点的设置

在工程实施过程中，将根据质量保证体系标准和工程师的指令，并针对工程特点设置工程质量控制点，对本工程施工的全过程实施过程全面控制。

凡符合下列情况之一者，均设立质量控制点：

（1）关键部位。

（2）工艺有特殊要求或对工程质量有影响的过程。

（3）质量不稳定，不易一次性通过检查合格的单元工程。

（4）在采用新技术、新工艺、新材料、新设备的情况下的过程或部位。

2.6.6　质量保证措施

2.6.6.1　质量管理措施和办法

（1）健全质量自检制度，加强质量监督检查。配备富有施工及质检经验的专职质检员 1～2 名，每个作业班组设兼职质检员 1 名，组成项目质量三级自检制度。质检员在施工的整个过程中坚持旁站制，在现场进行质量跟踪检查，加强对各道工序特别是关键部位或技术复杂部位的专职检查，严格把关。发现问题及时督促有关人员纠正，对在施工中发现的问题做好记录，达不到质量要求或工艺要求的工序不得进入到下道工序。

（2）建立和完善施工质量管理办法及措施，确保整个施工过程处于受控状态。

（3）对关键和特殊工序制定详细的并落实到人的施工过程控制和操作细则，并对技术人员按专业分工负责，专业技术人员既是该工序技术质量负责人，又是工序施工负责人，有效防止因技术人员和施工人员责任不清而导致的质量缺陷。

（4）开展质量“三检制”和“联检制”。施工过程坚持施工班组自检、施工队质检员复检、项目部质量安全部质检员终检制度，在三检合格的情况下由质检员将检验合格证呈交监理工程师，并在监理工程师指定的时间里，与监理工程师一起，对申请验收的部位进行检查验收。在联检合格后，监理工程师在验收合格证上签字后方可进行下道工序的施工作业。

（5）建立隐蔽工程“专业联检制”。对于隐蔽工程，在覆盖前必须遵循严格的质量检查程序，施工中组织各专业的质检工员对隐蔽工程进行联合检查验收。

（6）实行工程质量岗位责任制，严格执行质量奖惩制度。

（7）施工过程严把“四关”，坚持质量一票否决制。

（8）开展质量教育，增强职工质量服务意识和服务水平。

（9）开展全面质量管理活动。每月开展一次质量评比活动，从而确保质量目标的实现。

2.6.6.2 质量保证技术措施

本合同工程施工技术要求高，因此必须从总体施工程序安排、施工技术方案选择和施工总进度安排上进行优化，合理配置资源，选聘具有丰富施工经验的施工队伍进行施工，并且在施工中不断总结经验，提高施工技术水平和管理水平，以保证优质、高效、按期完成本工程的施工。根据以往的施工经验和技术成果，本合同施工将采取以下技术保证措施：

（1）组织技术人员研究施工详图，及时向监理工程师提交详细的施工专项方案、进度网络图。在工程实施过程中，如有质量缺陷，及时提交整改措施，经监理工程师审批后实施。上述内容将按 GB/T 19001—2016 系列质量体系文件要求，以工程项目质量计划的形式编写。质量计划包括（但不仅限于）以下内容：

1）需达到的质量目标。

2）组织实际运行的各过程的步骤。

3）项目实施的不同阶段，职责、权限和资源的具体分配。

4）采用形成文件的程序和作业指导书。

5）不同阶段适用的检验、试验和审核计划。

6）随工程项目的进展，改变和完善质量计划形成文件的程序。

7）新开工的或发生显著变化的项目，必须编制工程项目质量计划。

8）达到质量目标的评定方法。

9）为达到质量目标必须采取的其他措施。

（2）混凝土工程是本合同的主要关键项目，施工中将合理地进行施工布置，不断优化施工技术方案和资源配置，合理地安排施工，尽可能地保持均衡生产。

（3）对施工全过程的原材料进行检测试验是保证质量不可缺少的重要手段，产品质量的优劣是通过试验检测确定，因此，必须完善检验机构，建立现场试验室，并配备满足工程需要的各项试验检测仪器设备和检测人员，用试验数据指导施工。

（4）积极推广运用新技术、新工艺、新材料和新设备，促进技术进步，提高施工工艺水平，保证质量创优目标的实现。

2.7 施工安全生产保证措施

2.7.1 安全管理目标

2.7.1.1 安全管理目标

坚持“安全第一，预防为主，综合治理”的方针，坚持“安全为了生产，生产必须安全”的原则，做到思想保证、组织保证、技术保证、措施保证，确保人员、设备及工程安全，加强班组管理，夯实安全工作基础，加大反习惯性违章力度，实现公司施工安全要求的“人身伤亡零事故、机械损坏零事故、重大火灾零事故、职业病零事故”的安全管理目标，创建水利部文明工地，争创“大禹杯”。

2.7.1.2　安全管理目标的实施方案

建立严格的经济责任制是实施安全管理目标的中心环节；运用安全系统工程的思想，坚持以人为本、教育为先、预防为主、管理从严，做好安全事故的超前防范工作，是实现安全管理目标的基础；机构健全、措施具体、落实到位、奖罚分明，是实现安全管理目标的关键。

成立项目经理挂帅的安全生产领导小组，各科室、施工班组成立以科长、班组长为组长的安全生产小组，全面落实安全生产的保证措施，实现安全生产目标。

建立健全安全组织保证体系，落实安全责任考核制，实行安全责任“归零”制度，把安全生产情况与每个员工的经济利益挂钩，使安全生产处于良好状态。

开展安全标准化工地建设，全线按安全标准工地进行管理，采用安全易发事故点控制法，确保施工安全。

2.7.2　安全生产管理组织机构

施工现场成立以项目经理领导下的，由总工程师、安全科、质检科、财务科、施工科等负责人组成的施工安全管理领导小组。各施工作业队和科室负责人负责各项安全管理制度的执行及安全监管工作。项目部设专职安全员，各班组设一名兼职安全员，在安全科的监督指导下负责本队及部门的日常安全管理工作。各施工作业班组长为兼职安全员，在项目部专职安全员的指导下开展班组的安全工作，对本班人员在施工过程中的安全和健康全面负责，确保本班人员按照业主的规定和作业指导书及安全施工措施进行施工，不违章作业。

2.7.3　安全管理制度及办法

(1) 本项目实行安全生产三级管理制度，即：一级管理由项目经理领导下的经理室负责，二级管理由安全部门负责，三级管理由班组负责。

(2) 根据本工程的特点及条件制定《安全生产责任制》，并按照颁布的《安全生产责任制》的要求，落实各级管理人员和操作人员的安全生产负责制，人人做好本岗位的安全工作。

(3) 实行逐级安全技术交底制，由项目部组织有关人员进行详细的安全技术交底，凡参加安全技术交底的人员要履行签字手续，并保存资料，安全部门专职安全员对安全技术措施的执行情况进行监督检查，并做好记录。

(4) 加强施工现场安全教育。

1) 针对工程特点，对所有从事管理和生产的人员施工前进行全面的安全教育，重点对专职安全员、班组长和从事特殊作业的操作人员进行培训教育。

2) 未经安全教育的施工管理人员和生产人员，不准上岗，未进行三级教育的新工人不准上岗，变换工作或采用新技术、新工艺、新设备、新材料而没有进行培训的人员不准上岗。

3) 特殊工种的操作人员需进行安全教育、考核及复验，严格按照《特种作业人员安全技术考核管理规定》考核合格获取操作证后方能持证上岗。对已取得上岗证的特种作业人员要进行登记，按期复审，并设专人管理。

4）通过安全教育，增强职工安全意识，树立“安全第一、预防为主”的思想，并提高职工遵守施工安全纪律的自觉性，认真执行安全检查操作规程，做到不违章指挥、不违章操作、不伤害自己、不伤害他人、不被他人伤害，提高职工整体安全防护意识和自我防护能力。

（5）认真执行安全检查制度。项目部要保证安全检查制度的落实，规定检查日期、参加检查人员。安全部门每旬进行一次全面安全检查，安全员每天进行1～2次巡视检查。视工程情况，在施工准备前、施工危险性大、季节性变化、节假日前后等组织专项检查。对检查中发现的安全问题，按照“三不放过”的原则立即制定整改措施，定人限期进行整改和验收。

（6）按照公安部门的有关规定，对易燃、易爆物品，火工产品的采购、运输、加工、保管、使用等工作项目制定一系列规章制度，并接受当地公安部门的审核和检查。炸药必须存放在距工地和生活区有一定安全距离的仓库内，不得在施工现场堆放炸药。

（7）按月进行安全工作的评定，实行重奖重罚的制度。严格执行安全事故报告制度，按要求及时报送安全报表和事故调查报告书。

（8）建立安全事故追究制度，对项目部内部发生的每一起安全事故，都要追究到底，直到所有预防措施全部落实，所有责任人全部得到处理，所有职工都吸取了事故教训。

（9）安全教育培训。安全教育培训的目的是保证各级各类人员具备必要的安全生产知识，熟悉有关安全生产法律法规和企业规章制度，熟悉施工现场的危险危害因素及应对措施，掌握本岗位工作安全注意事项和安全操作规程，防止发生工伤事故，保证人身安全和设备安全。

1）三级安全教育：新进场的作业人员必须进行集团公司、项目部、班组的三级安全教育，经考试合格，方可上岗。

2）公司级安全教育内容主要包括：有关安全生产环境保护的方针、政策、法律、法规、规范、标准、规程和一般安全知识；劳动保护的意义和任务；公司安全规章制度；公司近几年安全形势和典型案例分析；从业人员安全生产权利和义务。

3）项目部级安全教育内容主要包括：现场安全生产纪律和文明生产要求；公司及项目部的安全规章制度及事故教育；安全生产技术操作的一般规定；施工工程项目的基本情况；施工场所存在的危险危害因素和不利环境因素及应对措施；应急救援常识。

4）班组级安全教育的主要内容包括：劳动保护的意义和任务；本人所从事的岗位工作的性质；必要的安全和环保知识、机具设备和安全防护设施的性能和作用；劳保用品的使用要求；本工种的安全操作规程、岗位存在的危险危害因素和不利环境因素及应对措施；班组安全生产文明施工基本要求和劳动纪律；班组相关工种的事故案例分析；相关应急救援常识。

5）岗位安全培训：包括管理人员（尤其是项目负责人、专职安全生产管理人员）的岗位安全培训和特种作业人员的安全培训。

6）新进单位人员，变换工种、变换工地、重新上岗人员的安全教育培训。

7）经常性的安全教育：包括季节性和节假日前后的安全教育等。

8）采用新技术、新工艺、新设备、新材料、新流程等时，项目部应对相关作业人员进行相应的安全教育培训。

2.7.4　安全生产责任制

2.7.4.1　施工项目负责人安全责任制

（1）施工项目负责人为安全第一责任人，负责全面管理本项目范围内的施工安全、交通安全、防火防盗工作。认真贯彻执行“安全第一、预防为主、综合治理”的方针。

（2）负责建立统一的安全生产管理体系，确保安全监察人员的素质和数量。

（3）坚决按规定配发和使用各种劳动保护用品和用具。

（4）建立安全岗位责任制，逐级签订安全生产承包责任书，明确分工，责任到人，奖惩分明。

（5）严格执行“布置生产任务的同时布置安全工作，检查生产工作的同时检查安全情况，总结生产的同时总结安全工作”的“三同时”制度。

2.7.4.2　施工项目技术负责人安全责任制

（1）对项目工程生产经营中的安全生产负技术责任。

（2）贯彻、落实安全生产方针、政策，严格执行安全技术规范、规程、标准。结合项目工程特点，主持项目工程的安全技术交底和开工前的全面安全技术交底。

（3）组织编制施工组织设计，编制、审查施工方案时，要制定、审查安全技术措施，保证其具有可行性与针对性，并随时检查、监督、落实。

（4）主持制定技术措施计划和季节性施工方案的同时，制定相应的安全技术措施应监督执行。及时解决执行中出现的问题。

（5）项目工程应用新材料、新技术、新工艺，要及时上报，经批准后方可实施，同时要组织上岗人员的安全技术培训、教育。认真执行相应的安全技术措施与安全操作工艺、要求，预防施工中因化学物品引起的火灾、中毒或其他新工艺实施中可能造成的事故。

（6）主持安全防护设施和设备的验收。发现设备、设施的不正确情况应及时采取措施。严格控制不合标准要求的防护设备、设施投入使用。

（7）参加每月的安全生产检查，对施工中存在的不安全因素，从技术方面提出整改意见和办法予以消除。

（8）贯彻实施业内资料管理标准，确保各项安全技术措施有针对性。

（9）参加、配合因工伤亡及重大未遂事故的调查，从技术上分析事故原因，提出防范措施、意见。

2.7.4.3　安全员安全责任制

（1）积极贯彻和宣传上级的各项安全规章制度，并监督检查各班组范围内责任制的执行情况。

（2）制订定期安全工作计划和方针目标，并负责贯彻实施。

（3）协助领导组织安全活动和检查。制定或修改安全生产管理制度，负责审查项目内部的安全操作规程，并对执行情况进行监督检查。

（4）对广大职工进行安全教育，参加特种作业人员的培训、考核。

（5）开展危险预知教育活动，逐级建立定期的安全生产检查活动。项目部每周一次、班组每日一次。

（6）参加施工组织设计、会审；参加安全技术措施、文明施工措施、施工方案会审；参加生产会，掌握信息，预测事故发生的可能性。

（7）协助领导监督安全保证体系的正常运转，对削弱安全管理工作的现象，要及时汇报领导，督促解决。

（8）鉴定专控劳动保护用品，并监督其使用。

（9）凡进入现场的单位或个人，安全人员有权监督其符合现场及上级的安全管理规定，发现问题立即改正。

（10）督促班组长按规定及时领取和发放劳动保护用品，并指导工人正确使用。

（11）参加因工伤亡事故的调查，进行伤亡事故统计、分析，并按规定及时上报，对伤亡事故和重大未遂事故的责任者提出处理意见，采纳安全生产的合理化建议，保证安全生产保障体系正常运转。

（12）在事故调查组的指导下，组织伤亡事故的调查、分析及处理中的具体工作。

2.7.4.4 施工员安全责任制

（1）认真执行上级有关安全生产规定，对所管辖班组的安全生产负直接领导责任。

（2）认真执行安全技术措施及安全操作规程，针对生产任务特点，向班组进行书面安全技术交底，履行签认手续，并对规程、措施、交底要求执行情况经常检查，随时纠正作业违章行为。

（3）经常检查所管辖班组作业环境及各种设备、设施的安全状况，发现问题及时纠正解决。对重点、特殊部位施工，必须检查作业人员及安全设备、设施技术状况是否符合安全要求，严格执行安全技术交底，落实安全技术措施，并监督其执行，做到不违章指挥。

（4）每周或不定期组织一次所管辖班组学习安全操作规程，开展安全教育活动，接受安全部门或人员的安全监督检查，及时解决提出的不安全问题。

（5）对分管工程项目应用的符合审批手续的新材料、新工艺、新技术，要组织作业工人进行安全技术培训；若在施工中发现问题，立即停止使用，并上报有关部门或领导。

（6）发现因工伤亡或未遂事故要保护好现场，立即上报。

2.7.4.5 班组长安全责任制

（1）认真执行安全生产规章制度及安全操作规程，合理安排班组人员工作，对本班组人员在生产中的安全和健康负责。

（2）经常组织班组人员学习安全操作规程，监督班组人员正确使用个人劳保用品，不断提高自我保护能力。

（3）认真落实安全技术交底，做好班前讲话，不违章指挥、冒险蛮干，进现场戴好安全帽，高空作业系好安全带。

（4）经常检查班组作业现场安全生产状况，发现问题及时解决并上报有关领导。

（5）认真做好新工人的岗位教育。

（6）发生因工伤亡及未遂事故，保护好现场，立即上报有关领导。

2.7.4.6　作业人员安全责任制

（1）认真学习，严格执行安全技术操作规程，模范遵守安全生产规章制度。

（2）积极参加安全活动，认真执行安全交底，不违章作业，服从安全人员的指导。

（3）发扬团结友爱精神，在安全生产方面做到互相帮助、互相监督，对新工人要积极传授安全生产知识，维护一切安全设施和防护用具，做到正确使用，不准拆改。

（4）对不安全作业要积极提出意见，并有权拒绝违章指令。

（5）发生伤亡和未遂事故，保护现场并立即上报。

（6）进入施工现场要戴好安全帽，高空作业系好安全带。

（7）有权拒绝违章指挥或检查。

2.7.5　施工安全措施

2.7.5.1　一般规定

（1）施工场地应做详细部署和安置，出渣、进料及材料堆放场地应妥善安排。

（2）进洞前应做好洞口工程，稳定好洞口的边坡和仰坡，做好天沟、边沟等排水设施，确保地表水不致危及隧洞的施工安全。

（3）隧洞施工的各班组间，应建立完善的交接班制度，并将施工、安全等情况记载于交接班的记录簿内。

（4）所有进入隧洞工地的人员，必须按规定佩戴安全防护用品，遵守纪律，听从指挥。

（5）遇有不良地质地段施工时，应按照“超物探、预支护、短开挖、快喷锚、勤量测、早衬砌”的原则稳步前进。

2.7.5.2　进洞须知

（1）进入施工现场必须戴安全帽，并按规定正确佩戴各种安全防护用品。

（2）必须遵守各项安全生产制度和项目部制定的规章制度，同时要服从现场管理人员的指挥。

（3）要做到：“我不伤害自己；我不伤害别人；我不被别人伤害”。不得在洞内打闹。

（4）严禁穿高跟鞋、木屐、拖鞋或赤脚进入隧洞。

（5）严禁酒后、闲杂人员以及带小孩进入隧洞。

（6）严禁在通风管上、管口边放置或悬挂任何物件；通风机停止运转时，不得靠近通风软管行走以及在软管旁停留。

（7）无论通风机运转与否，严禁在风管的进出口附近停留。

（8）不得随意搭乘各种工程行走机械；遇有车辆进出时，应主动回避，让车辆先行。

（9）不得随意移动或玩弄各种机械设备和电力设施。

（10）不准任意拆除或移动安全防护设施及安全警示标志。

2.7.5.3　开挖、钻孔安全

（1）开挖人员到达工作地点时，应首先检查工作面是否处于安全状态，并检查支护是否牢固，顶板和两帮是否稳定，如有松动的石、土块或裂缝应先予以清除或支护。

(2) 人工开挖土质隧洞时，操作人员必须互相配合，并保持必要的安全距离。

(3) 机械凿岩时，宜采用湿式凿岩机或带有捕尘器的凿岩机。

(4) 使用手持风钻在渣堆上钻眼时，应注意石渣的稳定，防止在施工操作中渣堆塌方伤人。

(5) 使用带支架的风钻钻眼时，应将支架安置稳妥。

(6) 严禁在残眼中继续钻眼。

2.7.5.4 洞内运输安全

(1) 装渣前和装渣过程中应观察围岩状况，发现松动危石或塌方征兆应通知领班人员，处理过后再行装渣。确保支护结构处于安全状态。

(2) 装渣机械在操作中其回转范围内不得有人通过。辅助人员应随时留意机械运转，防止挤伤碰伤。

(3) 严禁超量装载，车厢边的危石应立即除掉，避免途中落石伤人。

(4) 装渣时若发现渣堆中有残留炸药雷管，应立即处理。

(5) 非值班司机不得驾驶机车，司机不得擅离工作岗位。

(6) 在机动车辆行驶频繁的地段不得行驶非机动车辆。

(7) 通过较大坡度地段、洞口以及前面有障碍物时，必须减速鸣笛。

(8) 设置安全标志。在洞口、横通道口、狭窄的施工地段、道路危险地段、弃渣场边缘应设置明显的安全警示，突出“减速”“小心”警示，必要时有专人指挥。

(9) 洞内交通严禁超车。会车时，两车间的安全间距应大于50cm；同方向行驶的车辆，两车间的安全距离应大于20m，洞内能见度较低时应予以加大。

(10) 保证车况良好。在进洞前应对电路系统、刹车系统、照明系统进行检查，发现故障立即修理排除。同时每一辆车应携带适量的灭火器。

(11) 严禁混装。洞内所有运输车辆严禁人员和料具、人员和渣混装。

(12) 所有进出隧洞的人员必须走人行道，严禁扒车、搭车和与司机攀谈嬉闹。

(13) 卸渣应有专人指挥，在指定的地点卸渣，不得随意倾倒。车辆卸完渣以后，司机和指挥人员应检查车斗是否放下，确认放下后再行驶，防止车斗撞坏电线等建筑物。

2.7.5.5 支护安全

(1) 隧洞各部（包括竖井、斜井、横洞及平行导洞）开挖后，除围岩完整坚硬，以及设计文件中规定的不需支护者外，都必须根据围岩情况、施工方法采取有效的支护。

(2) 不得将支护放在虚渣或活动的石头上，软弱围岩地段的立柱面应加设垫板式垫梁，并加木楔塞紧。

(3) 安装钢架支撑，应遵守起重和高处作业等有关安全规则。

(4) 当发现锚区段的围岩有较大变形或锚杆失效时，应立即在该区段增设加强锚杆，其长度不小于原锚杆长度的1.5倍。当喷射混凝土未达到强度或喷锚后变形量超过设计容许值以及发生突变的围岩，宜用钢架支撑。

(5) 将喷射混凝土层的异常裂缝作为主要安全检查内容之一，经常进行检查，作为施工危险信号引起警惕。

2.7.5.6　衬砌安全

(1) 随着隧洞各部开挖工作的推进，应及时进行衬砌或压浆，特别是洞门建筑的衬砌必须尽早施工，地质不良地段的洞口必须首先完成。

(2) 衬砌使用的脚手架、工作平台、跳板、梯子等应安装牢固，不得有露头的钉子和突出的尖角。靠近通道的一侧应有足够的净空，以保证车辆、行人的安全通过。

(3) 脚手架及工作平台的铺板，应钉铺结实；木板的端头，必须搭于支点上；高于 2m 的工作平台上应设置不低于 1.2m 的栏杆；跳板应设防滑条。

(4) 脚手架及工作平台所站人数及堆置的建筑材料，不得超过其计算载重量。

(5) 在洞内作业地段倾卸衬砌材料时，人员和车辆不得穿行。

(6) 机械转动部分应设置防护罩，电动机必须有接地装置，移动或修理机器及管线路时，应先停电，并切断电源、风源。

(7) 安装、拆除模板、拱架时，工作地段应有专人监护；拆下的模板不得堆放在通道上。

2.7.5.7　通风及防尘安全

(1) 隧洞作业环境标准：

1) 粉尘允许浓度：每立方米空气中，含有 10%以上游离二氧化硅的粉尘必须在 2mg 以下。

2) 氧气不得低于 20%（按体积计，下同）。

3) 一氧化碳浓度不得超过 $30mg/m^3$。

4) 瓦斯（沼气）或二氧化碳不得超过 0.5%。

5) 氮氧化物（换算成二氧化氮）浓度应在 $5mg/m^3$ 以下。

6) 二氧化硫浓度不得超过 $15mg/m^3$。

7) 硫化氢浓度不得超过 $10mg/m^3$。

8) 氨的浓度不得超过 $30mg/m^3$。

9) 隧洞内的气温不宜超过 280℃。

(2) 隧洞内空气成分每月应至少取样分析一次；风速、含尘量每月至少检测一次。

(3) 隧洞施工时的通风，应设专人管理，应保证每人每分钟供给新鲜空气 $1.5\sim3m^3$。

(4) 无论通风机运转与否，严禁人员在风管的进出口附近停留，通风机停止运转时任何人员不得靠近通风软管行走和在软管旁停留，不得将任何物品放在通风管或管口上。

(5) 施工时采用湿式凿岩机钻孔，用水炮泥进行水封爆破以及湿喷混凝土喷射等有利减少粉尘浓度的施工工艺。

(6) 在凿岩和装渣工作面上，放炮前应进行喷雾与洒水、出渣前应用水淋透渣堆并喷湿岩壁、在吹入式的出风口宜放置喷雾器。

(7) 防尘用水的固体质含量不应超过 50mg/L，大肠杆菌不得超过 3 个/L，水池应保持清洁，并有沉淀及过滤设施。

2.7.5.8　施工用电安全

(1) 所有电气设备的绝缘状况必须良好，各项绝缘指标应达到规定值，凡有裸露带电部位的电气设备和易发生电击危险的区域，都应有符合要求的防护，如围栏、护网、箱、匣等屏护设施。

(2) 电气设备及其相连机械设备的金属部分，可能由于绝缘损坏而带电的，必须根据供电系统的特点采取保护性接零或接地措施；手持式电动工具和符合安装条件的电气设备和线路，必须安装触电保安器。

(3) 严禁将电线路搭靠或固定在机械、栏杆、钢筋、管子、扒钉等金属件上。

(4) 各种机床、金属设备上所有局部照明及其他易发生电击危险场所的照明和行灯应使用36V及以下的安全电压。在金属容器内或特别潮湿的环境中工作时，行灯电压不得超过12V。安全电压的电源应用双线圈变压器，手持行灯应有绝缘良好的手柄和护罩。

(5) 对电气设备、绝缘用具必须定期检查、测试，防雷设施每年在雷雨季节之前应检测，手持电动工具应由专人管理，每月检查1次，绝缘用具每三个月测试1次。高压绝缘用具，每半年测试1次，凡不合要求的机具，严禁使用。

(6) 隧洞内的用电线路和照明设备必须设专人负责检修管理，检修电路与照明设备时应切断电源。

(7) 隧洞作业地段必须有足够的照明，照明光线要充足均匀。

1) 采用白炽灯时，施工地段每平方米不小于15W，不安全因素较大地段应适当增加。

2) 运输通道在未成洞段每隔6m、成洞地段每隔10m装设100W灯一盏；在主要交通道等重要处所应有安全照明，如台车内通道应有轮廓灯。

3) 施工作业地段照明应采用不超过36V的低压电源，输电线路长度不大于100m。漏水地段照明应采用防水灯头和灯罩，瓦斯地段照明应采用防爆灯头和灯罩。

4) 照明线路及灯头的架设高度不得小于2.5m。

2.7.5.9 消防安全

消防工作坚持“预防为主、以消为辅”的指导思想，保证本工程建设的安全。

(1) 隧洞施工现场必须配备消防器材（干粉灭火器），洞口配备2套，每个模板台车处配备不少于2套，防水板铺设台架配备不少于2套，大型机械设备、配电柜、其他重点部位和作业工序等根据现场实际情况进行配备。

(2) 每个隧洞施工员均为隧洞防火主要责任人，负责隧洞施工防火工作的具体管理和落实。

(3) 工区相关部门不定期对隧洞防火情况进行专项检查，每月不少于1次。

(4) 隧洞内的电器线路应悬挂设置，接头应牢固可靠，线路设计符合规范要求和现场实际需要，严禁超负荷运行。

(5) 隧洞内的值班电工应经常检查隧洞施工用电情况，发现问题及时处理并报告，做好维修和检查记录。

(6) 隧洞施工用电线缆、通风管宜使用阻燃材料，减少火灾发生的概率。

(7) 隧洞内加工爆破器材时不得使用碘钨灯照明，若必须使用碘钨灯，距离应在5m以上，用其他灯具照明距离应在3m以上。

(8) 隧洞内动火必须进行严格监控，若需要进行明火、电气焊作业时必须严格遵守操作规程，作业四周 10m 内严禁有易燃易爆物品，并设专人进行防护。

(9) 隧洞内维修设备时，照明灯具与油盆的距离应在 3m 以上，严禁带电维修电气设备。

(10) 不断完善应急救援预案，经常对作业人员进行培训，提高火灾预防和自救能力。

(11) 若隧洞内发生火灾必须及时采取措施进行处理并报告，情况危急、重大时，必须立即启动应急救援预案。

2.7.5.10　安全事故隐患排查

(1) 项目部应建立健全事故隐患排查制度，逐级建立并落实从主要负责人到每个从业人员的事故隐患排查责任制。

(2) 项目部制定项目事故隐患排查制度，主要内容包括隐患排查目的、内容、方法、频次和要求等；根据项目法人事故隐患排查制度，制定本单位的事故隐患排查制度。

(3) 主要负责人对本单位的事故隐患排查治理工作全面负责。任何单位和个人发现重大事故隐患均有权向项目主管部门和安全生产监督机构报告。

(4) 应根据事故隐患排查制度开展事故隐患排查，排查前应制定排查方案，明确排查的目的、范围和方法；应采用定期综合检查、专项检查、季节性检查、节假日检查和日常检查等方式，开展隐患排查；对排查出的事故隐患，组织单位应及时书面通知有关单位，定人、定时、定措施进行整改，并按照事故隐患的等级建立事故隐患信息台账。

(5) 施工单位应至少每两月自行组织一次安全生产综合检查。

(6) 建立事故隐患报告和举报奖励制度，鼓励、发动职工发现和排除事故隐患，鼓励社会公众举报。对发现、排除和举报事故隐患的有功人员，应给予物质奖励和表彰。

(7) 对于重大事故隐患，应及时向项目主管部门、安全监管监察部门和有关部门报告。重大事故隐患报告应包括下列内容：

1) 隐患的现状及其产生原因。

2) 隐患的危害程度和整改难易程度分析。

3) 隐患的治理方案等。

2.7.5.11　安全事故隐患治理

(1) 建立健全事故隐患治理和建档监控等制度，逐级建立并落实隐患治理和监控责任制。

(2) 对于危害和整改难度较小，发现后能够立即整改排除的一般事故隐患，应立即组织整改。

(3) 重大事故隐患治理方案应由施工单位主要负责人组织制定，经监理单位审核，报项目法人同意后实施。

(4) 重大事故隐患治理方案应包括下列内容：

1) 重大事故隐患描述。

2) 治理的目标和任务。

3) 采取的方法和措施。

4) 经费和物资的落实。

5）负责治理的机构和人员。

6）治理的时限和要求。

7）安全措施和应急预案等。

（5）施工项目部在事故隐患治理过程中，应采取相应的安全防范措施，防止事故发生。事故隐患排除前或者排除过程中无法保证安全的，应从危险区域内撤出作业人员，并疏散可能危及的其他人员，设置警戒标志，暂时停止施工或者停止使用。对暂时难以停止施工或者停止使用的储存装置、设施、设备，应加强维护和保养，防止事故发生。

（6）施工项目部应按月、季、年对隐患排查治理情况进行统计分析，形成书面报告，经单位主要负责人签字后，报总承包单位。

（7）应加强对自然灾害的预防。对于因自然灾害可能导致的事故隐患，应按照有关法律、法规、规章、制度和标准的要求排查治理，采取可靠的预防措施，制定应急预案。在接到有关自然灾害预报时，应及时发出预警通知；发生可能危及参建单位和人员安全的情况时，应采取撤离人员、停止作业、加强监测等安全措施，并及时向项目主管部门和安全生产监督机构报告。

2.7.6 爆破指挥部

根据《爆破安全规程》（GB 6722—2014）第 6.2 款，特成立爆破指挥组，下设设计施工组、起爆组、物资供应组、安全保卫组、警戒组、安全监测组、爆后检查组及后勤保障组，各工区负责人为安全第一责任人。

据爆破工程的特点及爆破规模，成立爆破指挥部，其组织机构如图 2.27 所示。

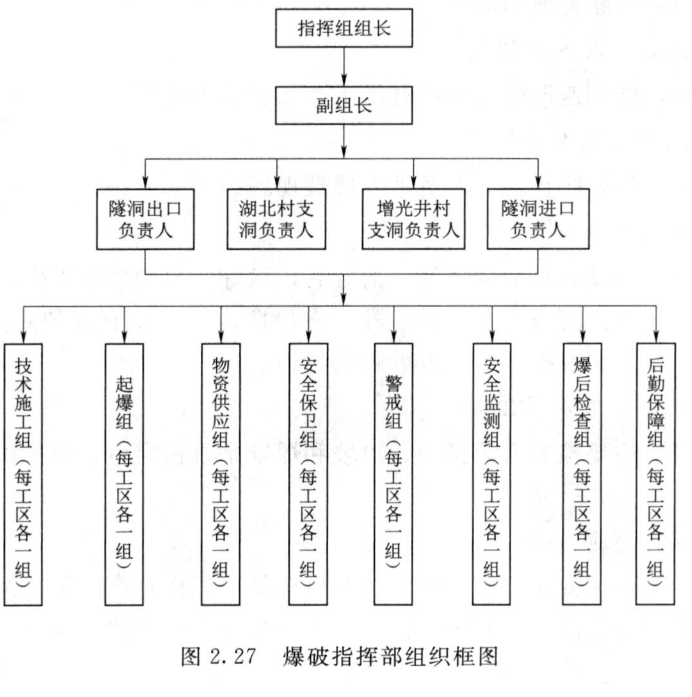

图 2.27 爆破指挥部组织框图

1. 指挥部的职责及人员组成

（1）职责：负责爆破安全警戒统筹安排、统一指挥，确定爆破具体实施时间，总指挥根据爆破施工及安全警戒工作进展情况，下达预警信号、起爆信号及解除信号。由指挥长负总责，副指挥长协助指挥长工作。

（2）指挥长：对本项目的爆破作业全面工作负总的领导责任，并对副指挥长进行分工。贯彻国家和本公司有关安全生产的方针、政策和规章制度；组织制定本项目安全管理制度，研究解决安全生产中的问题，组织安全生产检查。

（3）副指挥长：对项目安全生产和劳动保护方面的技术工作负全面的领导责任。在组织编制施工组织设计时，同时编制相应的安全技术措施；认真解决施工生产中安全技术问题，对职工进行安全技术教育。

（4）技术负责人：对项目施工技术工作负全面的责任，协助副指挥长的技术工作。在负责组织编制施工组织设计时，认真解决施工生产中安全技术问题，对职工进行安全技术交底。

（5）安全负责人：对本项目的现场安全生产工作负责。在施工时认真执行安全生产的规章制度和上级的有关规定；不违章作业，不得强令工人冒险作业。发现违章作业现象坚决制止；在施工中认真实施安全生产制度并根据现场情况制定实施细则，经常检查施工现场，及时消除事故隐患，经常对职工进行安全技术、安全纪律教育；发生事故要及时上报，认真分析事故原因，提出改进措施并加以落实。

2. 起爆组职责及人员组成

做好爆破起爆网络设置，起爆器性能检查，并对起爆网进行检查，做到准爆。准备就绪后，向指挥汇报可以起爆的信息，等指挥部下达起爆命令后方可起爆，爆后检查无盲炮后，向指挥部汇报可解除警戒的信息。

3. 物资供应组职责及人员组成

做好物资供应，能迅速调配物资器材供生产和安全警戒用。

4. 安全保卫组职责及人员组成

做好安全保卫工作，防止无关人员进入爆破现场。

5. 警戒组职责及人员组成

对总指挥部负责，接到总指挥部警戒指令后，做好封道的准备工作，等安全警戒范围内的人员、设备和车辆撤离至安全警戒线外，在场区内外进行有效的隔离工作。起爆后，等接到总指部下达解除警戒指令后，方可解除封锁。

6. 爆后检查组职责及人员组成

做好爆后检查，主要检查有无盲炮、边坡和爆堆是否稳定后，向指挥部汇报可解除警戒的信息。

7. 后勤组职责及人员组成

对总指挥部负责，在安全警戒期间，做好后勤保障工作及伤病员送医工作。提供和检查生产人员的装备和安全防护；及时提供生产的抢险物资；若情况紧急，应迅速组织后勤必须供给的物品，并及时输送后勤物品到抢险人员手中。

2.7.7 爆破施工安全管理控制措施

2.7.7.1 爆破安全控制

1. 实行爆破签证制度

建立爆破签证制度，加强对隧洞爆破的管理，规范施工是保证隧洞施工安全、提高爆破质量和效果的制度保障。

在隧洞钻爆施工中，每一循环钻爆实施前，先由爆破工程师根据隧洞围岩条件提出钻爆设计，规定炮孔布置、炮孔深度、孔径、装药方法和装药量等，以及详细钻爆要求及施工控制措施，并签署《断面爆破要求卡》交给钻爆工班。

钻爆工严格根据钻爆设计施钻，完成后报爆破工程师检查，并填报《爆破钻孔检查卡》，详细说明每一炮孔的方向、深度、孔径等实际情况，并根据炮孔编号登记操作手的姓名。

每一循环爆破后，爆破工程师必须亲到现场检查爆破效果，测量并记录隧洞超欠挖量、炮孔残眼率、残孔深度及围岩松动、裂缝分布等情况，分析影响钻爆质量的主要原因，并根据上一循环的爆破效果优化更新爆破参数，不断提高隧洞爆破质量。

2. 爆破振动控制

由爆破引起的振动，常常会造成爆源附近的地面以及地面上的一些物体产生颠簸和摇晃，甚至产生破坏。为了避免或减少这种震动的破坏性，确保附近民房及其他构造物的安全就必须采取爆破震动的控制措施，最大限度地控制好爆破震动带来的危害效应。

(1) 控制最大单段起爆装药量，以降低爆破的瞬间能量过大带来的爆破震动危害效应。

根据《爆破安全规程》(GB 6722—2014) 规定，爆破振动速度的计算采用萨道夫斯基计算公式：

$$V=K\left(\frac{\sqrt[3]{Q}}{R}\right)^{\alpha}$$

式中 Q——最大单段药量，kg；

R——爆破振动安全允许距离，m；

V——保护对象所在地质点振动安全允许速度，cm/s；为了保守安全，根据“爆破振动安全允许标准表”，一般砖房取 $V=2.0$cm/s；

K——与爆破点至计算保护对象间的地形、地质条件有关的系数，取 $K=250$；

α——与地质地形条件有关的衰减系数，按中硬岩石取值，取 $\alpha=1.5$。

K、α 值根据表 2.23K、α 值与岩性对应表取值。

表 2.23　　K、α 值与岩性对应表

岩性	K	α	岩性	K	α
坚硬岩石	50～150	1.3～1.5	软岩石	250～350	1.8～2.0
中硬岩石	150～250	1.5～1.8			

查表知，根据《平阳县南湖分洪工程初设勘察报告》，中硬岩石取 $K=150\sim250$、$\alpha=1.5\sim1.8$，K 值取 200，α 值取 1.8。

本工程隧洞爆破 $f>50$Hz，铁塔基础为大体积混凝土，期龄大于 28d，本次按地面质点垂直振动安全允许速度 V 取 5.0cm/s。

一次齐爆的最大药量 Q，Ⅲ、Ⅳ级围岩段 32kg；Ⅴ级围岩段 10kg。

因铁塔位置桩号为 SD0＋72.2，位于Ⅲ级围岩段，该段采取三台阶爆破（单炮掘进 2.5m）施工方法，Q 值取 32kg；铁塔与南线隧洞垂直距离为 37.5m。

经计算得振速 $V=2.3$cm/s。小于质点安全允许振速（5.0cm/s），因此最大单段药量取 32kg 时，爆破施工时爆破振动对高压线铁塔无影响。

在工程实施过程中，根据民房及其他构造物与爆破点的实际距离，结合本工程爆破振动试验、监测结果和爆破振动衰减规律，不断优化和调整爆破参数，控制最大单段起爆装药量，严格执行《爆破安全规程》(GB 6722—2014)，控制好爆破振动带来的危害效应。

(2) 严格按爆破点至民房及其他构造物的最小距离来控制每次（段）起爆的最大装药量。

(3) 爆破施工中，合理设置和人为开创自由面来减少岩体过大的夹制作用，减少造成地面的振动和飞石。采用空气间隔装药结构，利用间隔的空气来缓和爆破初始能量的瞬间释放以减轻爆破振动效应。

(4) 采用毫秒微差技术施工爆破，采用微差网络技术，利用先爆孔爆破后造成附近岩体破碎和松裂为后爆孔开创内部自由面来达到降振的目的。

(5) 严格控制钻孔超深，过大的超深会增加爆破的振动。

(6) 加强爆破振动测试和监测工作，根据监测的实际效果对爆破参数进行调整，以确定合理的爆破参数，指导后续爆破施工。

(7) 严格控制爆破规模，避免因爆破网路复杂产生“重段、窜段”现象。综合考虑安全、进度、环境、扰民等多种因素影响，合理控制爆破规模。

(8) 在条件允许的情况下，采用低威力、低爆速的炸药，以降低爆破振动的影响。

(9) 为了取得当地村民的理解和谅解。在村口张贴安民告示，内容包括：工程概况、安全警戒范围、警戒标志等。

3. 爆破冲击波的控制

(1) 爆破冲击波安全允许距离。爆破作用指数 $n<3$ 的爆破作业，对人员和其他保护对象的防护，应首先考虑个别飞散物和爆破振动安全允许距离。爆炸空气冲击会波引起爆破噪声，采取以下措施予以控制。

1) 严格控制单位耗药量、单孔药量和一次起爆药量；减少爆破产生冲击波的能量，降低空气冲击波的强度。

2) 优化爆破参数，充分利用爆破能；合理确定爆破参数，选择合理的微差网络和微差间隔时间，实施毫秒爆破；保证岩石能充分松动，消除夹制爆破。

3) 保证堵塞长度和堵塞质量。

(2) 爆破飞石的控制措施。

1) 飞石的飞散距离。飞石的飞散距离按下式计算：

$$RF=20n^2WK_F$$

式中 W——最大一个药包的最小抵抗线，$W=1$m；

n——爆破作用指数，松动爆破取 0.75；

RF——飞石对人的安全距离，m；

K_F——安全系数，一般采用 1.5～2.0，大风时取 1.5～2.0，本工程取 2.0。

经计算 $RF=43.6$m，洞口附近民房、道路及高压线均大于 50m，大于飞石飞散距离，满足安全要求；通过加强炮孔堵塞，能够有效地控制飞石距离和方向，可确保人员、设备及建筑物的安全。

2）对爆破飞石控制采取如下防护措施。精心设计与施工是预防个别飞散物事故的基础工作。要做到设计合理、药室、炮孔测量准确；大规模爆破施工前，进行生产性爆破试验，根据试爆结果，优化和调整爆破参数，特别是选择合理的最小抵抗线和确定炸药单耗。

施工过程中要加强对各炮孔的检查和验收，尤其要加强对第一排炮孔最小抵抗线的测量和验收，使炮孔的最小抵抗线方向不正对建筑物，爆破飞石方向不指向建筑物。装药前注意检查，对不符合设计方案的实际爆破参数要采取补救措施，修正装药量以控制飞石现象的发生。

为了控制爆破飞石的危害，装药前应认真校核各药包的最小抵抗线，如有变化，必须修正装药量，不准超量装药。

施工中注意地质岩性的变化，避免药包位于软弱夹层，以免从薄弱处冲出飞散物。慎重对待断层、软弱带、张开裂隙、成组发育的节理、覆盖层等地质构造，采取间隔填塞、调整药量的措施，避免过量装药，根据现场需要采取刚性与柔性相结合的覆盖防护措施。

确保足够的填塞长度和良好的堵塞质量，填塞长度不小于底盘抵抗线与装药顶部抵抗线平均值的 1.2 倍。

确定合理的起爆方式和毫秒延时时间是控制爆破飞石的重要手段之一。多排孔爆破时，要选择合理的延期时间，防止因前排带炮（后冲），造成后排最小抵抗线大小与方向失控。

2.7.7.2 爆破作业安全技术措施

1. 优选爆破方案

在隧洞开挖前必须做好爆破设计，以便确定炮眼的密度、角度、深度和炸药的用量及装药的方法。在施工爆破设计过程中，要严格执行国家法律、法规和当地省市政府及有关部门规定，坚持安全、可靠、有效的原则。

做好爆破设计，反复论证评估，必要时进行小规模试验和检测，用电脑模拟，以此获得最佳参数和方案。在施工过程中根据地质变化情况不断修正，减少对围岩的扰动和对敏感物的影响。

要通过试验爆破筛选最佳爆破图，确定爆破方案。这样可以确认每个炮眼用药量、炸药类型、钻孔布置、装药方法、分段距离和延时爆破的编号及顺序。

采用两阶段试验，试验爆破初级阶段规定炸药最小量，然后分段增加，直至达到可接受及合理的振动标准和最佳效果。第二阶段再选择雷管类型。

采取降低爆破振动措施，根据国家和当地政府的规定，积极采取技术措施，将爆破期间产生的振动降低到最低程度。

炸药的选择遵守两条原则：一是应根据当地政府法规和地质状况实际来选用炸药；二是不允许使用高敏度烈性炸药，以避免在传爆的过程中发生危险。

爆破方案报告。爆破设计完成后，将爆破结果报告质量监理批准。报告要根据质量监理的要求格式填报，并详细说明全部爆破设计和试验情况。

2. 安全组织起爆

隧洞施工爆破是一项严谨而又危险的系统组织工作，在炸药雷管的运进、装药和起爆、检查、瞎炮处理一条龙工作中必须确定一名合格的、经验丰富的人员统一组织指挥，确保每次爆破的安全。

（1）安全加工爆破器材。爆破器材加工必须在专用加工房里进行，加工房要在远离洞口不少于 50m 以外适合的地方，严禁在加工房以外任何地方加工爆破器材。

（2）确保爆破安全距离。实施爆破前，所有人员必须撤离起爆现场，其安全距离为：独头巷道撤离不少于 200m；相邻的上下坑道撤离不少于 100m；相邻的平行隧洞、横通道及洞与洞之间撤离不小于 50m。

（3）严禁穿化纤衣物。装药人员、爆破作业人员、爆破器材加工人员和向洞内运送爆破器材的人员，严禁穿戴化纤衣物以及携带火柴、打火机等危险品。

（4）确定爆破时间。爆破时间的安排确定是爆破工的责任，严禁非爆破工和其他人员任意确定。

（5）突出警告信号。爆破区的警告信号要求明亮突出显示。在距爆破掌子面安全距离以外设立移动或固定的警戒，禁止任何人通过。

（6）悬挂警告标志。起爆前在明显处悬挂都能读懂的可视警告标志，使每位人员都能清楚知道正在装药，爆破即将发生。

（7）旗手阻断交通。在通往爆破危险点的道路上设旗手，阻止爆破作业期间的交通。在爆破前和爆破结束时都要发出声响警告信号。

（8）熟知标志信号。通过安全教育和班组活动，解读安全警告标志和声响警告信号，使全体员工都能听懂、看懂、熟知、记牢、遵守。

（9）规范安全警告信号。

爆破前 20min：挂黄旗，同时持续鸣响长笛 60s，间歇 10s 的警笛。

爆破前 5min：挂红旗，同时鸣响一次 60s 的警笛。

全部解除：挂绿旗，同时鸣响一次 30s 的警笛。

（10）熟记信号。

警告信号：全部停止工作，立即撤离禁区。爆破监督员打电话通知警戒区安全警卫人员，禁止任何人员进入爆破禁区。

解除信号：重新开始通风，进行安全检查。爆破监督员打电话通知警戒区安全警卫人员，允许人员进入洞内。

（11）使用解除信号时限。只有在爆破监督员已经调查并确认爆破掌子面没有瞎炮后，方能发出全部解除信号。如果怀疑或确认有瞎炮时，禁区内仍然应处于红色状态，直到重新起爆或者使其安全为止，按照爆破监督员指令时间，才能发出绿色状态信号。

（12）爆破后的工作。爆破后首先做好以下工作：

1）立即把起爆线与起爆器断开。

2）用一定的时间进行排烟，然后再检查有无瞎炮和可疑点；有无残余的炸药雷管；顶板两帮有无松动的危石；支护有无损坏和变形。

3）在爆破工检查确认没有异常情况下，允许人员返回掌子面洒水降尘。

4）进行全面清理，敲帮问顶，处理松动的危石，保证人员在安全状态下工作。

（13）贯通安全。同一隧洞的两个工作面接近贯通时，与对面单位加强联系，服从统一协调指挥。两工作面距离接近预留的8倍循环进尺时，应马上报告业主，由业主协调，决定隧洞一端停止掘进，将隧洞内的人员、设备撤走。并在安全距离处设置警示，禁止人员入内，直至全面贯通。

3. 瞎炮的安全处理

（1）全面搜索现场。起爆结束后应全面搜索、清理现场，对未起爆的炸药进行全部线路搜寻，如有瞎炮立即做好标识，通知爆破安全监督人员。

（2）专人处理瞎炮。发现瞎炮存在，指派爆破工专人处理，必要的人员协助。其他工作一律停止，人员、设备撤离现场。

（3）讲究处理方法。严禁从未起爆的炮眼中拉扯导火索或炸药雷管，严禁用铁钩、铁丝、钢筋或其他刚性物件掏取炸药雷管，向孔里放一支新的起爆药包重新引爆。如果感到危险，可以用水冲出炸药雷管。

（4）严肃处理纪律。在所有瞎炮未重新起爆前，未经授权人的批准，任何人不准进入瞎炮处理现场，瞎炮处理区不允许进行任何工作。

2.7.7.3 爆破安全规定

1. 一般规定

（1）从事爆破作业的人员（指从事爆破设计、管理、操作、运输、押运的人员）必须由经过专门培训、考试合格、取得公安部门颁发的相关有效证件的人员担任，严禁无证上岗。

（2）爆破器材的申购、运输、储存保管和使用，严格按照《中华人民共和国民用爆炸物品管理条例》执行。

（3）承担爆破作业任务的爆破队必须建立爆破器材领发制度、清退制度、工作人员岗位责任制、培训制度以及爆破技术措施的审批制度。

2. 爆破器材的管理

（1）爆破器材的申购和领用。工程技术部根据施工进度计划，编制每月的爆破器材需用量计划，交给物资设备部办理申购手续。爆破队负责到火工材料仓库领取所需爆破器材，领用时必须坚持用多少领多少的原则。

（2）爆破器材的装卸与安全要求。

1）装卸：由民爆公司负责爆破器材的配送环节装卸，项目部负责各工点的爆破器材装卸。

2）安全要求：

a. 装卸作业只准在白天进行，炎热季节安排在清晨。

b. 搬运时，禁止冲击、拉拖、翻滚和投掷装有爆破材料的容器；堆放时不准在上面踩、踏；雷管与炸药不准在同一车厢或同一地点装卸。

c. 人力装卸和搬运爆破器材时，限定每人一次负重 25～30kg，搬运者间距不得少于 3m。

d. 在雷雨期间禁止装卸和运输爆破器材。

（3）爆破器材的运输与安全要求。

1）运输：由爆破队负责实施。

2）安全要求：

a. 运输爆破器材时必须有押运人员押送，并按指定的路线行驶，严禁吸烟和携带发火物品。

b. 运送爆破器材禁止使用翻斗车、自卸汽车、拖车、机动三轮车、人力三轮车、摩托车和自行车。

c. 运送炸药雷管时，装车高度要低于车厢 10cm，车厢底部应铺设软垫，同一车上也不得混装两类不同性质的爆破器材。

d. 装有爆破器材的车辆严禁在运输途中加油或修理，非押运人员严禁搭乘装有爆破器材的车辆。

（4）爆破器材的储存和清退。

1）储存：施工现场不允许设库房储存爆破器材。爆破器材存放管理按以下规定：

a. 装硝化甘油类炸药、各种雷管和继爆管的箱（袋）必须放在货架上；装其他爆破器材的箱（袋）应堆码在垫木上；架、堆相互之间的通道宽度不应小于 6.1m。

b. 在货架上堆放硝化甘油类炸药和雷管时，禁止叠放。

c. 爆破器材箱（袋）距上层架板间的距离不得小于 4cm；架宽不得超过两箱（袋）的宽度；货架（堆）与墙壁的距离不得小于 20cm。

d. 堆放导爆索货架（堆）的高度不得超过 1.6m。

e. 库房内必须整洁、防潮和通风良好，要杜绝鼠害。

f. 库房内严禁烟火；严禁用灯泡烘烤爆破器材；严禁存放与管理工作无关的工具和杂物。

g. 库区应选派 3 名以上的看守员担任守库任务，保证 24h 有人在岗值班、巡守。看守员应配备必要的自卫防护器械，加强巡逻，严禁无关人员进入库区。

h. 库区的消防、通信设施，报警和防雷装置，应每季度检查（测试）一次，并认真做好检查（测试）记录。

i. 爆破器材的发放应在单独的发放间里进行，严禁在库房内开箱、发放。

j. 严禁穿铁钉鞋和易产生静电的化纤衣服进入库房和发放间；开箱应使用不产生火花的工具，在专设的发放间内进行。

k. 必须经常测定库房的湿度和温度，经常检查库房的情况，发现爆破器材有异常现象时，应及时上报处理。

2）清退：过期失效、变质或每次爆破作业后剩余的爆破器材均由爆破队负责到项目部火工材料仓库办理清退手续。

a. 对新进的爆破器材，应逐箱（袋）检查包装情况，并按规定做性能检测。

b. 应建立爆破器材收发账册、三联式领料单和退料单制度，定期核对账目，做到账物相符。

c. 失效、变质和性能不详的爆破器材，不准随意丢弃或掩埋。应认真清点登记，由物资部门提出报废申请，连同报废清单、实施方案一起上报，经单位主管领导审核后，报公安部门批准备案后方可实施。销毁时，应有施工单位和公安等部门人员在场监督，并做好现场销毁记录。

3. 爆破施工安全管理

（1）安全管理原则。

1）坚持“谁施工、谁负责，谁装药、谁负责”的原则。

2）贯彻“安全一票否决”的工作制度。

（2）作业原则。由爆破队班组质检员对所需爆破部位的钻孔质量进行实测验收，队质检员进行复检、质保部质检员进行抽查检验，符合审批后的爆破设计时，共同在质检记录上签字。不符合作业书时，不予签字，由爆破队作返工处理直至达到设计要求。

（3）爆破区域管理。爆破队、施工处现场值班人员负责现场人员、设备的撤离，内容包括爆破区内设施、设备的撤离。

1）起爆方向：大型设备须撤离炮区 120m 以外，其他设备撤离 200m，重要设备、设施至少撤离至 250m 以外。

2）其他方向：大型设备须撤离炮区 50m 以外，其他设备撤离 150m，重要设备、设施至少撤离至 200m 以外。

3）施工处负责协调爆破作业区内其他作业单位的人员、设备的撤离工作。

4）高边坡及其他危险部位实施爆破作业时，必须设置安全哨，以防高边坡滚石，混装车司机必须了解道路状况后方能行驶；安全哨由爆破队负责落实。

（4）装药管理。爆破作业时，由爆破队现场负责人担任爆破现场指挥员，在场指挥装药作业。

1）装药前应对隧洞掌子面、桩基底和炮孔进行清理和验收。

2）大爆破装药量应根据实测资料校核修正，经爆破工作领导人批准。

3）使用木质炮棍装药。

4）装起爆药柱时，严禁投掷或冲击。

5）深孔装药出现堵塞时，在未装入雷管、起爆药柱等敏感爆破器材前，应采用铜或木制长杆处理。

6）禁止烟火。

7）禁止用明火照明。

8）堵塞工作必须遵守下列规定：

a. 装药后必须保证堵塞质量，硐室、深孔或浅眼爆破禁止使用无填塞爆破（扩壶爆破除外）。

b. 禁止使用石块和易燃材料填塞炮孔。

c. 填塞要十分小心，不得破坏起爆线路。

d. 禁止捣固直接接触药包的填塞材料或用填塞材料冲击起爆药包。

e. 禁止在深孔装入起爆药包后直接用木楔填塞。

2.8 文明施工与环境保护措施

2.8.1 文明施工的目标

（1）文明施工改变施工现场面貌，改善职工劳动条件，提高工作效率，使施工队伍始终保持良好的精神状态。

（2）文明施工不仅可以促质量、保安全，而且能够提高经济效益；文明施工注重规范，各项目施工管理工作严谨，减少了工、料、机无效投入的浪费；文明施工讲究工艺，减少了大量原材料的消耗。

（3）文明施工可以提高工程项目管理水平，促进企业施工水平提高，增强企业竞争能力，逐步和国际接轨，尽快实现企业管理现代化。

2.8.2 环境保护的目标

认真贯彻落实国家有关环境保护的法律、法规和规章及有关规定，做好施工区域的环境保护工作，对施工区域外的植物、树木尽量维持原状，防止由于工程施工造成施工区附近地区的环境污染。加强开挖边坡、渣场治理，防止冲刷和水土流失。积极开展尘、毒、噪声治理，合理排放废渣、生活污水和施工废水，最大限度地减少施工活动给周围环境造成的不利影响。

2.8.3 文明施工的组织机构和实施方案

2.8.3.1 文明施工组织机构

工程开工的同时，组建由项目经理亲自抓的安全生产、文明施工管理和监督机构，负责组织和监督本工程文明施工措施的落实。对现场文明施工的直接管理由工程技术部负责，安全环保部负责监督检查。各施工作业队、厂及生产班组安全员同时兼文明施工监督员，负责本科室及班组的文明施工监督。

2.8.3.2 文明施工的实施方案

（1）建立创建安全文明工程领导小组，全面开展创建文明工程活动，做到“两通三无五必须”：

1）“两通”：施工现场人行道畅通，施工现场排水畅通。

2）“三无”：施工中无管线高放，施工现场无积水，施工道路平整无坑塘。

3）“五必须”：施工区域与非施工区域必须严格分离，施工现场必须挂牌施工，施工人员必须佩卡上岗，现场材料必须堆放整齐，工地生活设施必须文明。

（2）加强宣传教育，提高全体施工人员对文明施工重要性的认识，不断增强文明施工意识，使文明施工逐步成为全体施工人员的自觉行为，讲职业道德，扬行业新风。

(3) 在制定安全、质量管理文件时，一并考虑文明施工的要求，将文明施工的精神融汇于安全、质量的管理工作中去。

(4) 由项目经理组织各科室制定文明施工的管理实施细则，每周由管理监督机构按实施细则进行检查，并把文明施工检查情况在生产会上向各有关单位通报，提出进一步的整改措施，限期落实。

(5) 注重施工现场的整体形象，科学组织施工。对现场的各种生产要素进行及时整理、清理和保养，保证现场施工的规范化、秩序化。

2.8.4 文明施工实施措施

(1) 每个隧洞设置一个洞外施工场地，两侧设置两幅安全生产标语，横批注明“（隧洞名称）欢迎你”等语句；隧洞左右洞上方设“南线隧洞”“北线隧洞”标示牌。

(2) 设置施工铭牌。

1) 工程简介牌：对工程的主要构造、地质情况、施工计划、分阶段工期计划等作简要介绍。标牌规格：1.5m×2m，白底蓝字。

2) 安全质量保证牌：明确对该工程的安全质量保证措施。标牌规格：1.5m×3m，白底蓝字。

3) 施工场地布置牌：采用电脑绘制，对施工现场的布置采用图示方式表达，注明位置、面积、功能。标牌规格：1.5m×2m，白底蓝字。

4) 安全生产操作规程牌：主要明确施工各工序的安全生产操作规程。标牌规格：0.6m×0.8m，白底黑字。

5) 工程责任人标识牌：明确建设单位、设计单位、监理单位、施工单位、施工单位负责人及施工单位的项目总工、质检工程师、单位工程负责人、质检员、现场监理工程师、监理员。标牌规格：1.5m×2m，白底蓝字。

6) 施工进度牌：主要反映隧洞掘进、初支、铺底、二衬施工进度。标牌规格：1.5m×2m，白底蓝字。

7) 现场各种防火、防高空坠落、安全帽等安全标识牌：按照国家有关规定统一制作，悬挂于工地醒目位置。

8) 现场各种材料、半成品材料的堆放严格按照有关材料堆放规定进行。标牌规格化：0.4m×0.25m，白底黑字，牌面标明材料规格、计量单位、材料来源、批号、质量状况等五项内容。

9) 在洞口处设置值班亭并布设隧洞作业动态管理牌：及时反映隧洞内各工种人员的数量、姓名及负责人等。标牌规格：1.5m×2m，白底蓝字。

10) 百米整桩号标识牌：隧洞按每百米整桩号进行标识，以便迅速掌握施工进度。标牌规格：0.4m×0.25m，白底黑字，采用反光材料制作。

11) 围岩类别标识牌：暗洞内按不同的围岩类别进行标识，注明桩号、主要施工参数等。标牌规格：0.4m×0.6m，白底黑字，采用反光材料制作。

(3) 进洞口设置岗亭，值班人员三班制，管理进出车辆和人员，同时执行门禁功能，洞内施工人员必须通过登记的电子芯片，在 LED 屏幕上公示才能入洞，严格把控出入洞人员。

(4) 自洞口至掌子面，全程监控，时时关注洞内外施工情况。

(5) 电力线路采用 220V/380V 三相五线系统，供电线路设置在上，照明线路设置在下，电线间距 150mm。为了避免施工人员触电，电力线路采用胶皮绝缘导线，每隔 15m 用横担和绝缘子固定。设置在隧洞二衬边墙上，高度不小于 2.5m。

(6) 洞内道路实行“人车分流”，中间设置安全防护栏杆。

(7) 高压风管、水管及排水管安装在通风管同侧。红白相间涂刷并贴上各自标识牌，用醒目的颜色提醒施工人员的注意。

2.8.5 洞内环境控制措施

1. 洞内环境控制目标

坚持做到“少破坏、多保护，少扰动、多防护，少污染、多防治”，使环境保护和水土保持监控项目与监控结果达到设计文件及有关规定，使环境保护管理工作贯穿隧洞项目的全过程，确保环保工程与主体工程同时设计、同时施工、同时竣工。

(1) 采取一切合理措施保护现场内外的环境，避免由于施工操作引起的粉尘、有害气体、噪声等环境污染，或其他由于环境污染的原因造成的人身伤害或财产损失，保证饮用水源免受因施工活动造成污染。

(2) 确保因施工产生的气体排放、地面排水、水土流失及污染等，不超过规定数值，也不超过适用法律规定的数值。

(3) 采取可靠措施保证原有交通的正常通行，维持沿线村镇的居民饮水、农田灌溉、生产生活用电及通信管线等的正常使用。

(4) 严格按批准的弃渣规划有序地堆放，防止因任意堆放弃渣而降低河道的行洪能力和影响其他单位的施工以及危及下游居民的安全。

(5) 保护饮用水源免受因施工活动造成污染。

(6) 洞内施工时选用合适的施工方法，减少粉尘污染。

2. 水土保持措施

为了保护环境和洞外水源不受污染，设污水处理系统，采用隔油沉淀池、气浮设备和二级生化处理设施对施工废水进行处理。设专人管理，对沉淀池打捞浮油，并对施工污水进行处理，直到符合国家规定标准再排放。

生活、生产区设污水处理系统，生活、生产污水经严格净化处理并经检验，符合国家环保标准后，再排出。

控制施工注浆使用的水泥浆体泄漏，并对进入排水系统中的注浆废液做净化达标处理，避免浆液污染临近居民的生活、生产用水。

施工期间生产场地和生活区修建必要的临时排水渠道，经废水池处理后，与永久性排水设施相接，不至于引起淤积冲刷。

隧洞洞口仰坡、路堤刷坡及路堑边坡做好防雨水冲刷的工作，制定相应的措施。

3. 大气污染及粉尘污染防治

对施工现场和运输便道等易产生粉尘的地段定时进行洒水降尘，勤洗施工机械车辆，使产生的粉尘危害减至最低程度。

对易松散和易飞扬的各种建筑材料用彩条布、篷布等严密覆盖，并放于居住区的下风处。

在开挖钻孔和装渣工作面上做好下列防尘工作：放炮前后进行通风与洒水；出渣前用水淋透渣堆和喷湿岩壁；在吹入式的出风口，放置喷雾器。

4. 噪声污染防治

合理安排工作人员轮流操作机械。穿插安排低噪声工作，减少接触高噪声工作时间，并配有耳塞，采用新工艺、降噪措施，同时注重机械保养，降低噪声。

合理安排施工作业时间，在人口聚集区尽量减少夜间车辆出入频率，在夜间不安排爆破及噪声大的机械施工设备。

货场料库、生产房屋和振动设备等位置远离居住地。

机械运输车辆途径居住地时减速慢行，不鸣喇叭。控制机械动力布置的密度，拉开一定空间，减少噪声叠加。

5. 固体废弃物处理

隧洞弃渣和垃圾等运到指定地点弃置，不乱弃乱倒。在弃渣场顶外缘设环形截水沟，喷播植草。

对有害物质（如染料、油料、废旧材料和生产垃圾等）经处理后运至当地环保部门所指定的地点进行掩埋，防止泄露、腐蚀造成对生态资源的破坏。

2.9 应急预案

2.9.1 危险源辨识

项目部成立由项目经理任组长的危险源辨识评价小组，在工程开工前由危险源辨识评价小组对施工现场的主要和关键工序中的危险因素进行辨识。经分析、评价，最后确定隧洞施工重大危险源见表 2.24。

2.9.2 应急预案

根据工程的特点及施工工艺的实际情况，认真组织对危险源和环境因素的识别和评价，制定本项目发生紧急情况或事故的应急措施，开展应急知识教育和应急演练，提高现场操作人员的应急能力，减少突发事件造成的损害和不良环境影响。

应急预案工作程序如图 2.28 所示。

2.9.3 组织机构及职责

2.9.3.1 应急救援应急预案

项目部应成立应急领导小组，落实职能组（通信联络组、抢险抢修组、救护组、安全保卫组、事故调查组、后勤保障组、义务救援队等）职责。

表 2.24　　隧洞施工重大危险源

序号	类别	项目	重大危险源	可能导致的事故类型	控制措施
1	施工作业类	洞挖施工	大于 $20m^2$ 或单洞长度大于 50m 以及地质缺陷部位开挖；地应力大于 20MPa 或大于岩石强度的 1/5 或埋深大于 500m 部位的作业；洞室临近相互贯通的作业；当某一作业面爆破作业时，相邻洞室的施工作业	冒顶片帮、物体打击、机械伤害	制定方案，爆破员持证上岗
2			不能及时支护的部位	冒顶片帮、物体打击、机械伤害	制定支护方案，专人负责
3			隧洞进出口及交叉洞作业	冒顶片帮、物体打击、机械伤害	制定支护方案，专人负责
4			地下水活动强烈地段开挖	透水、物体打击、机械伤害	制定支护方案，专人负责
5		建筑物拆除工程	围堰拆除作业	坍塌	抢险物资准备，加强巡查
6		降排水	将排水工程	淹溺	抢险物资准备，加强巡查
7	设施场所类	材料设备仓库	炸药、木料存放	爆炸	设专人分类存放，控制存量
8		供电系统	临时用电工程	触电	制定方案、专业电工定期巡检
9		围堰	围堰工程	淹溺	抢险物资准备，加强巡查
10	作业环境类	超标准洪水、粉尘	超标准洪水	淹溺、火药爆炸	关注外江水位，提早撤离人员设备、加强通风
11		有毒、有害气体及有毒化学品泄漏	二氧化氮、硫化氢等有毒有害气体	中毒或其他伤害	通风排烟、尘、气

2.9.3.2　应急救援领导小组职责

1. 指挥组职责

项目部值班人员接到事故信息后第一时间上报事故应急救援组组长。由救援组组长立即发出启动应急救援预案指令，同时立即赶往事故现场。项目部调度负责传达指令，通知救援组副组长和各专业组长接到指令后第一时间到达事故现场，亲自指挥。迅速制定抢险措施，对伤员积极进行抢救。同时组织协调好应急救援人员、应急车辆以及应急所需物资设备开展救援工作，把事故损失降低到最小。

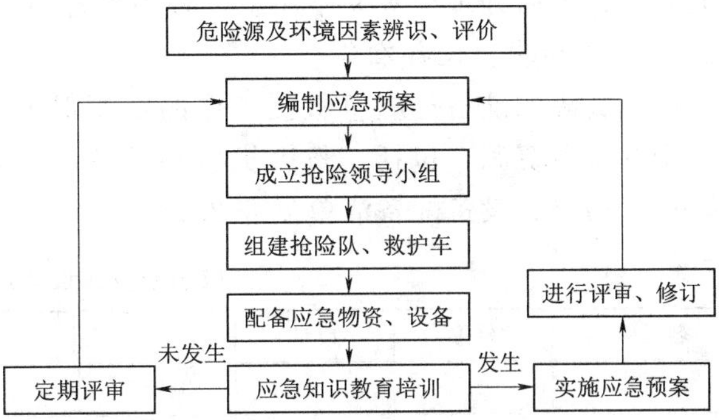

图 2.28 应急预案工作程序图

2. 通信联络组职责

接信息报告后，应获取事故的简要概况及性质，通信组组长立即向指挥组组长报告并接受指令，启用各种通信工具，向 120 急救中心和其他需求助的单位和部门发出信息。同时做好收、发记录。

3. 抢险抢修组职责

收到信息或指令后，迅速到达事故现场，在指挥组组长的统一指挥下，根据事故地点、危险程度、事故性质，有效地开展抢修工作，调集人员清理危险品，排除危险源，做好防护。

4. 技术支持组职责

制定具体可操作性的施工应急响应方案，为事故现场提供有效的技术储备、图纸。应急预案启动后，根据事故现场的特点，及时向应急总指挥提供科学的工程技术方案和技术支持文件。

5. 医疗救护组职责

对救出的伤员进行应急处理，并负责送往就近医院抢救，对及时救护伤员、送往医院的全过程负责。

6. 后勤保障组职责

按照指挥组组长指令或出事现场实际需求，对抢修抢救组所需物资设备，必须迅速组织人力及时送到事故地点，不得延误时间。

7. 安全保卫组职责

负责损失控制，人员、物资抢救，对事故现场划定警戒区，阻止与工程无关人员进入现场，保护事故现场不遭破坏。负责现场车辆疏导，为救援工作创造第一时间抢救的条件。

8. 事故调查组职责

根据事故报告程序逐级上报，保护好事故现场，对出事地点设专人看管，不许任何人移动或破坏事故现场，并及时获取事故发生的第一手资料，根据事故性质（死亡）通知业主、监理部门和当地公安部门。

9. 善后处理组职责

负责处理事故善后工作，并且应对媒体，发布事故救援信息情况。各组人员都要统一听从指挥组组长指挥，密切协作，为把事故损失降到最少而团结合作。

2.9.4 应急准备

1. 成立抢险领导小组，明确责任分工

项目部应急预案领导小组由项目经理任组长，副经理、总工任副组长，下设事故指挥组、通信联络组、抢险抢修组、技术支持组、医疗救护组、后勤保障组、安全保卫组、事故调查组、善后处理组等 9 个小组，各小组各司其职、通力配合。

2. 应急物资、设备准备

应急资源的准备是应急救援工作的重要保障，项目部根据潜在的事故性质和后果分析，配备应急资源，包括：救援机械和设备、交通工具、医疗设备和必备的生活保障物资。应急物资、设备配备清单见表 2.25。

表 2.25　　应急物资、设备清单表

名　称	单位	数量	存放地点	名　称	单位	数量	存放地点
指挥车	台	2	项目部	草包	个	1000	施工现场
发电机	台	1	施工现场	自卸车	辆	3	施工现场
灭火器	台	20	施工现场	急救包	个	20	施工现场
救生绳	条	10	施工现场	急救箱	个	2	施工现场
挖掘机	台	2	施工现场	脚手片	张	100	施工现场
装载机	台	2	施工现场	手电筒	个	30	施工现场
水泵	台	3	施工现场	体温表	支	5	施工现场
泥浆泵	台	2	施工现场	绷带	卷	20	施工现场
担架	副	2	施工现场	应急车	辆	1	施工现场

3. 组建抢险队，进行应急知识教育培训

项目部组建抢险队，发现危险时首先由抢险队进行抢险，需用较多人员时可由各施工队及时进行汇集。对抢险队和项目部所有人员均进行有针对性的应急知识培训。

4. 进行应急演练，提高应急救援能力

为了在出现险情时处理迅速，不至于手忙脚乱，需对预设险情进行实地演练。演练由综合部负责组织安排，时间安排在施工相对空闲的时间，使所有人员均参与其中，并填写应急演练记录表，记录演练内容、人员分工、方案、处理程序等。

5. 互助协议

应先与地方医院、宾馆建立正式的互助协议，以便在事故发生后及时得到外部救援力量和资源的援助。

2.9.5　应急事故发生处理流程

应急事故发生处理流程如图 2.29 所示。

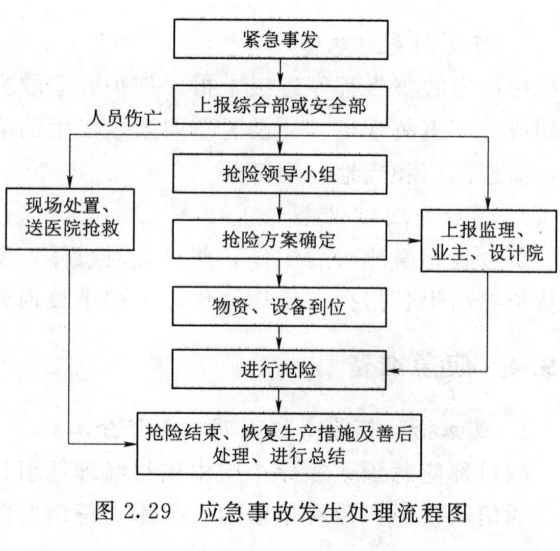

图 2.29　应急事故发生处理流程图

2.9.6　应急响应

施工过程中施工现场或驻地发生无法预料的需要紧急抢救处理的危险时，应迅速逐级上报，次序为现场、办公室、抢险领导小组、上级主管部门。由综合部收集、记录、整理紧急情况信息并向小组及时传递，由小组组长或副组长主持紧急情况处理会议，协调、派遣和统一指挥所有车辆、设备、人员、物资等实施紧急抢救和向上级汇报。事故处理根据事故大小情况来确定，如果事故特别小，根据上级指示可由施工单位自行直接进行处理。如果事故较大或施工单位处理不了，则由施工单位向建设单位主管部门进行请示，请求启动建设单位的救援预案。若建设单位的救援预案仍不能进行处理，则由建设单位的质安室向政府部门请示启动上一级救援预案。

（1）实行昼夜值班制。

（2）紧急情况发生后，现场要做好警戒和疏散工作，保护现场，及时抢救伤员和财产，并由在现场的项目部最高级别负责人指挥，在3min内电话通报到值班室，主要说明紧急情况性质、地点、发生时间、有无伤亡、是否需要派救护车或警力支援到现场实施抢救，如需要可直接拨打120、110等求救电话。

（3）值班人员在接到紧急情况报告后，必须在2min内将情况报告到紧急情况领导小组组长和副组长。小组组长组织讨论后，在最短的时间内发出如何进行现场处置的指令。分派人员车辆等到现场进行抢救、警戒、疏散和保护现场等。由综合部在30min内以小组名义打电话向上一级有关部门报告。

（4）遇到紧急情况，全体职工应特事特办、急事急办，主动积极地投身到紧急情况的处理中去。各种设备、车辆、器材、物资等应统一调遣，各类人员必须坚决无条件服从组长或副组长的命令和安排，不得拖延、推诿、阻碍紧急情况的处理。

2.9.7 突发事件应急救援措施

项目部提前制定重大事故应急措施方案，组织和配备救援所需的装备、器材，以便在重大事故发生后，能及时按预定方案进行实施，在较短时间内使事故得到控制，防止事故扩大，造成不必要的损失。应急事故发生后，现场人员应立即报告事故应急救援领导小组，并采取必要的应急救援措施。应急救援领导小组接到事故报告后立即启动应急救援程序，第一时间赶赴现场，指挥救援行动。

2.9.7.1 隧洞塌方应急措施

（1）人员疏散是减少人员伤亡扩大的关键，一旦发生安全事故，现场疏散组负责组织现场人员首先撤离至安全区域，撤离危险场所后，立即清点现场施工人员数量。

（2）抢险前，应首先检查、修复损坏的电线路、通风设施，避免触电伤害，确保洞内通风良好。发生透水和突发大量涌水、涌泥事故，应首先切断透水区域36V以上电源。

（3）对被困人员施救前，抢险队应首先按照初步方案进行抢险，待专家组研究制定出详细方案后，再按详细方案组织实施。专家组应根据现场的实际情况，在尽可能短的时间内研究、制定出具体抢险方案。

（4）一般情况下可采取以下救援措施：

1）塌方、冒顶事故抢险前，应先检查事故地点是否已经安全，当确认无危险后，方可实施抢救，否则应先采取撑、顶、喷射速凝混凝土等可靠的加固支护措施，确保抢险人员的安全。

2）如有施工人员被困在洞内，而抢救需要较长时间时，在可能条件下，必须尽快予以通风、排水、供给水和食物，避免被困人员因缺氧、缺水、淹溺而危及生命安全。

3）抢救被土体掩埋的伤员，不得使用机械、工具，应人工清除，避免对伤员造成二次伤害。

4）应急抢险救援工作需地方部门配合时，各级应急指挥机构应在应急领导小组的统一领导下，与“110”应急联动中心、公安、卫生、消防、民政等政府有关部门及时联系，密切合作，共同开展应急抢险救援工作。

2.9.7.2　隧洞涌水应急措施

（1）发生围堰渗漏引起隧洞涌水时，应立即切断电源，撤离洞内施工人员。

（2）迅速组织大功率污水泵、泥浆泵等抽水设备进行抽水，同时组织潜水员进入深水区进行搜救，发现遇难人员及时救出。

（3）联系交通部门，阻断改道道路通行，进行交通疏导，调配挖机对渗漏水处进行封堵。

（4）待渗水量减少或消退，根据现场实际情况进行注浆处理。

2.9.7.3　隧洞炮烟中毒应急措施

（1）发现有人炮烟中毒时，应采取以下应急措施：

1）先进行通风。可利用现场高压风管供给高压风，同时启动局部通风机。

2）迅速帮助中毒人员脱离中毒现场，至通风良好处。当有人中毒较深，不能自主撤离时，其他人员应尽力帮助其撤离。

3）松开中毒者的衣领，注意保暖，密切观察意识状态。

（2）进入现场的救援人员应判断炮烟情况、通风效果。最好是佩戴氧气呼吸器、防毒面罩后再进入现场救人。不可盲目进入，以免抢救人员也发生中毒，造成二次、三次中毒。

（3）现场具备条件的，利用氧气袋给予中毒者吸氧。呼吸停止的，应立即就地进行人工呼吸。

（4）对中毒严重致神志不清的病员，应侧卧位，防止气道梗阻；有条件的，对缺氧者给予氧气吸入，并迅速送往医院抢救。

（5）中、重度中毒病人在进行其他措施的急救后，及早送到有条件的医院做高压氧舱治疗，以挽救生命，防止严重并发症和后遗症的发生。

（6）呼吸停止者，立即实施人工呼吸抢救；心跳停止者，立即施行胸外心脏按压。在现场或送往医院过程中，不能停止急救（供氧和人工呼吸）。

2.9.7.4　基坑塌方应急措施

1. 对人员的抢救

（1）挖掘被掩埋伤员，及时脱离危险区。

（2）清除伤员口、鼻内泥沙、凝血块、呕吐物等，对昏迷伤员将舌拉出以防窒息。

（3）进行简易的包扎、止血或简易固定骨折。

（4）对呼吸、心跳停止的伤员予以心脏复苏。

（5）尽快与120急救中心取得联系，详细说明事故地点、严重程度，并派人到路口接应。

2. 对基坑塌方的施救

(1) 塌方施救。

1) 加强排水、降水措施。

2) 加强支护，如支持、加桩板等，对边坡薄弱环节进行加固处理。

3) 如塌方由坑（槽）边弃土、堆料或其他机械设备作用所致，则应迅速运走弃土、材料或机械设备。

4) 减缓边坡坡度。

(2) 滑坡施救。

1) 排水、降水，特别是要有效地降低地下水位。

2) 加强支挡措施，如增加支持、打桩等。

3) 为滑坡体减重，如削去部分坡体，运走堆置的土方材料或设备。

4) 加强护坡措施，减缓坡度。

5) 流沙施救措施。

6) 抛大石块等重物使流沙及时控制。

7) 降低地下水水位，减少动水压力。

2.9.7.5 高空坠落应急措施

1. 应急措施

(1) 迅速将伤员脱离危险场地，移至安全地带。

(2) 保持伤员呼吸道通畅，若发现窒息者，应及时解除其呼吸道梗阻和呼吸机能障碍，解开伤员衣领，清除伤员口鼻、咽、喉部的异物、血块、分泌物、呕吐物等。

(3) 有效止血，包扎伤口。

(4) 若伤员有骨折、关节伤、肢体挤压伤、大块软组织伤等，都要对其固定。

(5) 若伤员有断肢等，应尽量用干净的干布（灭菌敷料）包裹并装入塑料袋内，随伤员一起转送。

(6) 预防感染、止痛，可以给伤员用抗生素和止痛剂。

(7) 记录伤情，现场救护人员应边抢救边记录伤员的受伤机制、受伤部位、受伤程度等第一手资料。

(8) 立即拨打120急救中心与医院取得联系，并详细说明事故地点、严重程度、本部门的联系电话，并派人到路口接应。

2. 注意事项

重伤员运送用担架。有腹部创伤及背柱损伤者，应用卧位运送；胸部伤者一般取半卧位；颅脑损伤者一般取仰卧偏头或侧卧位，以免误吸呕吐物。

2.9.7.6 超标准洪水应急措施

隧洞出洞口采用土石围堰挡水，汛期暴雨较多，且在上游水库开闸放水时，外侧鳌江水流湍急，冲刷较为严重，对围堰边坡构成严峻考验。若发生超标准洪水，将直接危害施工现场人身财产安全。为确保施工安全，防止上述情况发生，应采用如下应急措施：

(1) 按照防汛方案要求，安排专门人员对边坡进行24h巡视检查，对险情进行及时准确地通报。

（2）发现有大面积渗漏或者滑坡等现象，应立即撤离施工人员及机械设备。

（3）增加排水设施，对渗漏水处进行封堵，封堵方案根据现场实际情况确定，尽量减少基坑及隧洞积水量。

（4）当洪水水位将超过度汛标准或温州市发布台风影响三级以上，项目部应启动应急响应，立即将人员转移至安全场所，尽可能撤离机械设备，待汛情过后再予返回。

2.9.7.7　触电事故应急措施

触电伤害突发事件发生后，工区长应立即向应急救援指挥部汇报，并采取临时处置措施。

（1）截断电源，关上插座上的开关或拔除插头。如果够不着插座开关，就关上总开关。切勿试图关上事故电器用具的开关，因为可能正是该开关漏电。

（2）若无法关上开关，可站在绝缘物上，如一叠厚报纸、塑料布、木板之类，用扫帚或木椅等将伤者拨离电源，或用绳子、裤子或任何干布条绕过伤者腋下或腿部，把伤者拖离电源。切勿用手触及伤者，也不要用潮湿的工具或金属物质将伤者拨开，也不要使用潮湿的物件拖动伤者。

（3）如果患者心跳停止，则开始人工呼吸和胸外心脏按压。若伤者昏迷，则将其身体放置成卧式。

（4）若伤者曾经昏迷、身体遭烧伤或感到不适，必须打电话叫救护车或立即送伤者到医院急救。

（5）高空出现触电事故时，应立即截断电源，把伤者抬到附近平坦的地方，立即对伤者进行急救。

（6）现场抢救触电者的原则是：迅速、就地、准确、坚持。

1）迅速——争分夺秒将触电者脱离电源。

2）就地——必须在现场附近就地抢救，病人有意识后再就近送医院抢救。

3）准确——人工呼吸的动作必须准确。

4）坚持——只要有百分之一的希望就要尽百分之百的努力。

2.9.7.8　物体打击应急措施

物体打击事故发生后，现场人员立即采取应急处置并向工区长报告，工区长迅速向应急救援指挥部汇报，救援指挥部宣布启动处置方案，应急处置组成员接到通知后，立即赶赴现场进行应急处理。具体流程如图 2.30 所示。

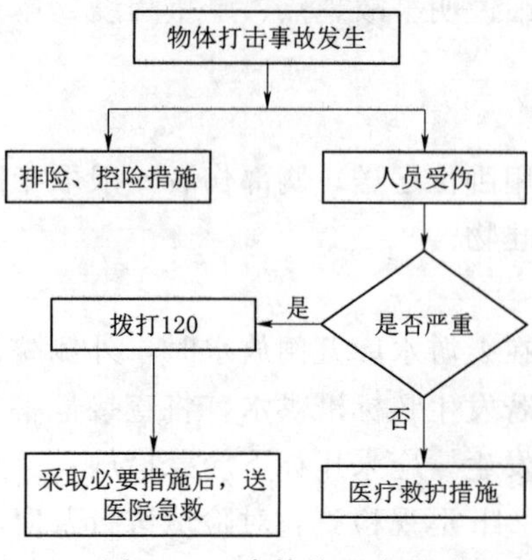

图 2.30　事故处理流程

事故处理措施：

（1）当发生物体打击事故后，现场人员应立即向周围人员呼救并将受伤人员脱离危险区域，根据现场实际情况对受伤者进行现场急救。

（2）对于较浅的伤口，可用干净衣物或纱布包扎止血。若动脉创伤出血，还应在出血位置的上方动脉搏动处用手指压迫或用止血胶管（或布带）在伤口近心端进行绑扎。

(3) 对较深创伤大出血，在现场做好应急止血加压包扎后，应立即准备救护车，送往医院进行救治。在止血的同时，还应密切注视伤员的神志、脉搏、呼吸等体征情况。

(4) 对怀疑或确认有骨折的人员，应询问其自我感觉情况及疼痛部位，对于昏迷者要注意观察其体位有无改变，切勿随意搬动伤员，应先在骨折部位用木板条或竹板片于骨折位置的上、下关节处作临时固定，使断端不再移位或刺伤肌肉、神经或血管，然后呼叫120等待救援。如有骨折断端外露在皮肤外的，用干净的纱布复盖好伤口，固定好骨折上、下关节部位，然后呼叫120等待救援。

(5) 对于怀疑有脊椎骨折的伤员，搬运时应用夹板或硬纸皮垫在伤员的身下，以免受伤的脊椎移位、断裂造成截瘫，如伤员不在危险区域，暂无生命危险的，最好等待120医疗急救人员进行搬运。

(6) 如怀疑有颅脑损伤的，首先必须维持呼吸道通畅，昏迷伤员应侧卧位或仰卧偏头，以防舌根下坠或分泌物、呕吐物吸入气管，发生气道阻塞；对烦躁不安者可因地制宜地予以手足约束，以防止伤及开放伤口，积极组织送往医院救治。

(7) 如受伤人员呼吸和心跳均停止时，应立即按心肺复苏法支持生命的三项基本措施，进行就地抢救。步骤为：通畅气道→口对口（鼻）人工呼吸→胸外接压。在抢救过程中，要每隔数分钟判定一次，每次判定时间5～7s；在医务人员未接替抢救前，现场抢救人员不得放弃现场抢救。

2.9.7.9 溺水事故应急措施

发生溺水事故时，迅速有序地开展事故的应急救援工作，抢救伤员，减少事故损失，防止事故扩大，提高救援效率。

1. 有条不紊地将坠落溺水者从水中救起

(1) 营救人员向坠落溺水者抛投救生物品（如救生衣、救生圈等）。

(2) 如溺水者距离作业点不远，营救人员可向坠落溺水者抛投结实的绳索将其拉起。

(3) 水性较好的人员应携带救生物品（营救人员必须确认自身处在安全状态下）下水营救。营救时营救人员必须注意从溺水者背后靠近，抱住溺水者将其头部托出水面游至岸边。

2. 溺水者上岸后的应急处理

(1) 求助于附近的医生、护士或打120电话，通知救护车尽快送医院治疗。

(2) 注意受伤者全身受伤情况，有无休克及其他颅脑、内脏等合并伤。急救时应根据伤情抓住主要矛盾，首先抢救生命，着重预防和治疗休克。

(3) 等待医护人员时，应对不能自主呼吸、出血或休克的伤者先进行急救，如在将溺水吸入的水控出后及时进行人工呼吸同时进行止血包扎等。

(4) 当怀疑有骨折时，不要轻易移动伤者。骨折部位可以用夹板或方便器材做临时包扎固定。

(5) 搬运伤员时如果搬运不当，可使伤情加重，方法视伤情而定。

1) 如果伤员伤势不重，可采用掮、背、抱扶的方法将伤员运走。

2) 如果伤员有大出血或休克等情况，一定要把伤员小心地放在担架上抬送。

3) 如果伤员有骨折情况，一定要用木板做的硬担架抬运。让其平卧，腰部垫以衣物，再用四根皮带将其固定在担架上，以免在搬运中滚动或跌落。

第3章　隧洞洞脸边坡开挖支护方案

3.1　编制依据

（1）相关规范标准。①《建筑施工土石方工程安全技术规范》（JGJ 180—2009）；②《水利水电工程单元工程施工质量验收评定标准——土石方工程》（SL 631—2012）。

（2）招标文件、设计图纸及资料、《施工组织设计》，发包人单位、设计单位、监理单位的相关文件要求。

3.2　资源配置

考虑边坡开挖高度，采用分阶段分阶梯开挖，每层开挖深度控制在2.5～3m，严禁超挖，以确保边坡的安全。支护施工须控制在预定的时间内，确保边坡及时封闭。施工中动态坡度控制在1∶1.35以上，以保证边坡稳定。

土方开挖顺序：从一端头开挖，减少边坡土体的暴露时间。开挖应保持均匀、平衡，以使土体开挖过程中和开挖后应力释放均匀，保证边坡的安全。科学地利用土体自身控制位移的潜力，尽量减少每步开挖无支护的暴露时间，降低边坡的位移和变形。为减少开挖过程中的土体扰动范围，最大限度减少边坡周边土体位移量和差异位移量，在临近隧洞顶部时，挖机移至隧洞口另一侧，反向向坡面方向施工，开挖时应注意土体的稳定情况，随时调整开挖的区域。

3.2.1　机械配备

边坡土方开挖施工机械设备配置表见表3.1。

表3.1　施工机械设备配置表

序号	机械设备名称	型号规格	数量	额定功率	生产能力
1					
2					

3.2.2　施工人员配备

根据施工情况要求，并结合工程实际施工状况和特点，对劳动力进行合理配置，以保证施工各个阶段的人员充足，又不造成劳动力闲置。人员计划表见表3.2。

表 3.2 人员计划表

序号	工种	人数	备注

3.2.3 技术准备

(1) 施工前组织有关人员熟悉工程图纸和工程地质资料，参加设计交底。对施工现场情况以及对周围道路等情况进行调查，掌握第一手资料。

(2) 边坡开挖的施工方案根据现场地质条件、施工方法、周围环境保护要求、工期等有关资料编制，内容包括挖土工艺、环境保护措施、监测、风险防范等方案，施工方案具有针对性和可行性。

(3) 施工方案确定后对施工班组进行施工安全技术交底。

3.2.4 现场准备

(1) 开挖前利用现施工区域的供水、供电、排水系统、施工道路，做好挖土临时坡道、施工设施、材料堆场及生活设施等的布置安排。

(2) 开挖前对原始地形进行测量，并记录下原始数据备案，便于后期的工程计量。

(3) 开挖前应对边坡周边情况先进行调查。

(4) 根据工程所处环境特点、土质情况，合理选择、配置挖土及运输机械。

3.3 开挖原则

边坡开挖施工以保证施工和周围环境安全为原则。土方开挖的顺序和方法必须与设计工况相一致，严格按照时空效应理论，按自上而下分层开挖，开挖到设计标高后及时喷射混凝土，在确保工程安全质量前提下快速施工，减少土体开挖后的暴露时间。

(1) 边坡开挖施工时，应先进行截水沟施工，再进行边坡开挖，最后施工马道排水沟。挖土方前对周围环境认真检查，不能在危险岩石或建筑物下面进行作业。

(2) 开挖时严格按“先坡顶，后坡脚”自上而下的开挖顺序施工，分级开挖，分级支护，严禁一挖到底、先挖坡脚的危险作业，每层开挖后适时支护。

(3) 边坡开挖及支护过程中加强观测，特别加强雨后及雨天检测，并对各种可能危及支护稳定安全因素予以充分考虑，观测中如出现异常情况，需增加观测次数，并及时通知建设、设计、监理单位，如遇险情，及时预警并疏散危险区内人员。

3.4 边坡开挖方法

3.4.1 开挖准备

(1) 开挖前弃土场地、后续支护工作已规划落实好。

(2) 交通运输措施已经得到落实。

（3）边坡周围排水沟已施工完成，不会对开挖区域造成影响。

（4）根据边坡开挖进展情况，在开挖区域做好警戒工作，避免滑落的块石带来安全隐患。

3.4.2　施工工艺

根据现场地形可采用挖掘机从高至低一层一层往下开挖，每层开挖深度控制在 2.5～3.0m 为佳。每开挖一层后再用机械修坡，开挖坡比控制在 1∶1.35 以上，修坡完成后立即进行坡面支护处理，支护完成后方能进行下一层的开挖施工。

边坡开挖支护施工工艺：边坡开挖→人工清坡→放线→坡面锚杆施工→挂钢筋网→喷 10cm 厚混凝土→15cm 厚边坡绿化防护（CBS）→覆盖无纺布→养护。

3.4.3　开挖顺序及开挖步骤

（1）边坡开挖分段开挖，每段根据具体区段从隧洞左侧向右侧开挖。

（2）边坡从上而下分层开挖，每一层开挖后及时进行喷锚支护。

（3）按照设计图纸描述，开挖土层为碎石土，应严格控制开挖坡比，施工中充分利用“时空效应”以加强土体的稳定。

3.4.4　开挖及出土方法

土方开挖的顺序、方法必须与设计工况相一致，并遵循“分层开挖、严禁超挖、随挖随支护”的原则。

开挖过程主要采取层挖法施工。安排一台挖机在边坡坡面上采用退挖法自左向右开挖，挖土向下游方向抛弃，每挖完一层立即喷锚支护，直至挖完。严格控制最后一层开挖，避免开挖时土体坍塌带来安全事故。

土方开挖过程因土层中含有大量大块石，需破碎机进行破碎后用挖掘机挖装，由自卸汽车运至弃渣场。

3.5　洞口土石方开挖

3.5.1　洞口土方开挖

施工步骤为“植被清除→土方开挖→边坡支护→石方开挖→边坡支护”，未完成上一层支护，严禁下一层开挖。严格按设计边坡开挖，开挖遵循边开挖边支护原则。

土方采用 1m^3 挖掘机开挖，由 25t 自卸汽车运至临时堆场作为土方回填料。

土方开挖先清除表皮及表土，土方的开挖自上而下进行，施工时以机械为主，人工为辅。在进行开挖时，注意边坡与设计边坡一致，不超挖。自卸汽车运至临时堆场后，堆土场要堆置整齐、稳定并保证排水畅通，以免对周围的环境产生破坏。

边坡开挖前，做好边坡外的防水工作，对边坡外的地面水，采用沿边坡上游方向 0.8m 设置排水沟排水。

在施工开挖区域 50m 外做好安全警示标识，并安排专人负责指挥挖机和现场安全督查工作。

3.5.2 洞口石方开挖

针对隧洞口岩石开挖时周边环境的复杂性，拟采用“控制爆破”方案。减少爆破震动对周边房屋建筑的影响。

洞口石方开挖采用台阶法浅孔松动爆破。底部和边坡角预留保护层松动爆破，减弱爆破对底板和边坡的影响。爆破参考参数大致如下：

按设计边坡预留保护层 0.6～0.8m，炮孔直径 ϕ42mm，孔距 1.0m，眼深 2.0m，采用乳化炸药，预留保护层爆破采用 ϕ25×300mm 光爆小药卷。特别注意，在靠近洞脸处的岩石开挖和起始洞身的开挖要放小炮并减少装药量，以避免洞脸边坡由于爆破而发生岩石震裂、松动和塌方。

爆破工艺流程如图 3.1 所示。

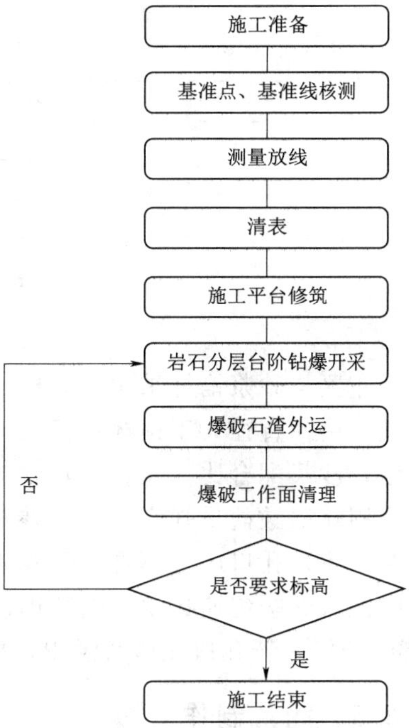

图 3.1 爆破工艺流程图

石方开挖采用移动式空压机配 YT-28 型气腿式凿岩机钻孔。施工时设立标志牌，必须做好爆破安全警戒工作，确保施工安全和行人安全，爆破后及时清理道路上的石渣。

石方采用 $1m^3$ 挖掘机挖装，25t 自卸汽车运至临时堆场。

3.6 洞口边坡支护

3.6.1 洞口边坡支护方式

按边坡开挖坡比控制，采用 ϕ25 系统砂浆锚杆（L=4.5m/6m，间排距 2.0m，梅花型长短间隔布置）+ϕ8@20×20cm 钢筋网+喷 10cm 厚混凝土支护方式。坡面采用 CBS（厚 15cm）进行护坡和绿化。为解决边坡内部排水问题设置有 D50PVC 排水管，间排距 3.0m，梅花形布置，上仰角为 10°。为解决降雨期坡面排水问题，除了在马道设置排水沟外，还在边坡开挖边界线外 2m 位置布置一圈梯形截水沟，排水沟与截水沟连为一体，形成完整的排水体系，把进洞口边坡水流排至地面排水渠道。

3.6.2 砂浆锚杆施工

3.6.2.1 锚杆施工工艺流程

普通砂浆锚杆施工工艺流程图如图 3.2 所示。

3.6.2.2 工艺要点及注意事项

普通砂浆锚杆采用螺纹钢筋现场制作，长度根据围岩状况及设计确定，系统锚杆呈梅

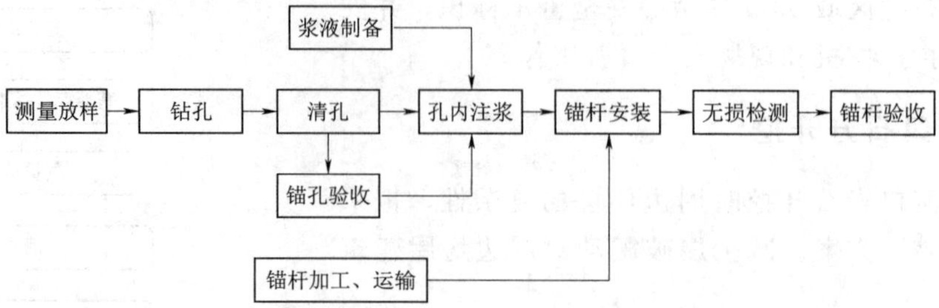

图 3.2　普通砂浆锚杆施工工艺流程图

花形布置。砂浆锚杆采用凿岩机钻孔，人工配合机械安装锚杆，水泥砂浆终凝后安设孔口垫板。钻孔直径大于锚杆直径 15mm，然后采用砂浆锚杆专用注浆泵往钻孔内压注早强水泥浆，砂浆配合比（质量比）砂灰比宜为 1∶1～1∶2，水灰比宜为 0.38～0.45），早强水泥采用硫铝酸盐早强水泥，并掺早强剂。注浆开始或中途超过 30min 时应用水润滑注浆管路；注浆孔口压力不得大于 0.4MPa；注浆时注浆管要插至距孔底 5～10cm 处，随水泥浆的注入缓缓匀速拔出，随即迅速将杆体插入，锚杆杆体插入孔内的长度不得短于设计长度的 95%。若孔口无砂浆溢出，要将杆体拔出重新注浆。

3.6.3　网片制作安装

网片采用 ϕ8 钢筋网，钢筋搭接长度为 300mm，网格间距 20×20cm。埋设控制喷射混凝土厚度的标志，铺设 ϕ8 钢筋网。钢筋网与锚杆连结牢固，其与坡面的间隙按设计图纸规定施工作业。

钢筋现场绑扎操作工艺有下列几步：

(1) 将预留钢筋调直理顺，并将表面砂浆等杂物清理干净。先立 2～4 根纵向筋，并划好横筋分档标志，然后于下部及齐胸处绑两根定位水平筋，并在横筋上划好分档标志，然后绑其余纵向筋，最后绑其余横筋。

(2) 钢筋绑扎完后，把垫块或垫圈固定好确保钢筋保护层的厚度。

(3) 钢筋网绑扎。全部钢筋的相交点都要扎牢，绑扎时相邻绑扎点的铁丝扣成八字形，以免网片歪斜变形。

(4) 水平分布钢筋的搭接长度不应小于 300mm。同排水平分布钢筋的搭接接头之间及上、下相邻水平分布钢筋的搭接接头之间沿水平方向的净间距不宜小于 500mm。

(5) 竖向分布钢筋可在同一高度搭接，搭接长度不应小于 300mm。

(6) 分布钢筋的锚固：水平分布钢筋应伸至墙端，并向内水平弯折 10d 后截断，其中 d 为水平分布钢筋直径。

3.6.4　喷射混凝土及挂网施工

混凝土采用隧洞口自拌混凝土，骨料来源可外购，由 12m^3 混凝土搅拌车运至工作面附近。

3.6.4.1　喷射施工

采用湿式喷射机喷射混凝土，移动式电动空压机供风，施作前先对机械进行技术检查，对水、风、电路进行检查，合格后方可运转。喷射混凝土分段、分片由下而上进行。作业开始时，先送风，后开机，再给料；结束时，待料喷完后，再关机。向喷射机供料时要连续均匀，机器正常运转时，料斗内保持足够的存料。喷层厚度均匀，符合设计图纸要求；混合料宜随拌随用。不掺速凝剂时，存放时间不超过 2h；掺速凝剂时，存放时间不应超过 20min；混合料的拌和时间按规范操作；混合料在运输、存放过程中，严格防雨淋、滴水及大块石等杂物混入，在装入喷射机前过筛；喷射后，当采用普通硅酸盐水泥时，养护应不少于 10d；当采用矿渣硅酸盐水泥或火山灰硅酸盐水泥，养护不得小于 14d，喷层周边与未防护坡面的衔接处作好封闭处理；喷射混凝土的回弹料，不能收集起来放入下批配料中，以免影响喷射混凝土质量。

3.6.4.2 喷射质量检查

（1）按规范检查喷射表面，是否有松动、开裂、下坠、滑移等现象，如有及时清除重喷。

（2）喷体达一定强度后可用锤击听声，对空鼓脱壳处进行处理。

（3）钻眼量测，厚度不够处补喷。

（4）及时测定回弹率，以指导下步施工。

（5）制作喷体试件进行力学试验。

3.6.4.3 施工注意事项

（1）雨天冲刷新喷面上的水泥，造成混凝土脱落时，不得施工。

（2）气温低于 5℃时，不得施工。

（3）大风妨碍喷射手进行工作时，不得施工。

3.6.5 CBS 植被混凝土生态护坡施工工艺

CBS 植被混凝土生态护坡施工工艺：人工清坡→放线→挂镀锌防护网→挂 SNS 主动防护网→坡面锚杆施工→锚钉整理→绑扎固定网片→喷射 CBS 植被混凝土基材层→喷播种子面层→覆盖无纺布→养护系统安装→养护。

3.6.5.1 坡面整治

将坡面对施工有碍的一切障碍物清理干净。包括：清除植被结合部，清理坡面开口线以上原始边坡的接触面，清理宽度 1.0～1.5m，铲除原始边坡上植物枝干，对地下根茎无必要进行挖除，此部分作为工程与原坡面的过渡即植被结合部；清除坡表面的杂草、落叶枯枝、浮土浮石等；坡面修整处理。对于明显存在危岩的凸出易脱落部位，进行击落。

3.6.5.2 主动防护网及镀锌网的铺设安装

主动防护网通过钢丝绳锚杆和支撑绳固定方式，将作为系统特征构成的柔性网覆盖在有潜在地质危害的坡面上，采用钢丝绳锚杆或钢筋锚杆和支撑绳固定方法将金属柔性网覆盖在具有潜在地质灾害的坡面上，从而实现坡面加固，对网片进行缝合、张拉，锚杆进行加固，从而实现防护目的。

3.6.5.3 CBS 植被混凝土喷植

完成坡面整治、网和锚钉铺设，并做好植被基材混合料的配制，即可进行喷射施工。所用设备为一般混凝土喷射机，分基层和表层分别进行。从坡面由上至下进行喷护，先基层后表层，每次喷护单宽 4～6m，高度 3～5m。

喷播采用 $12m^3$ 的空压机送风，采用干式喷浆法施工。

1. 基层喷植

方法：在喷浆之前再次检查坡面上的浮土、草皮、树根及其他杂物是否清理干净，确认后用水进行坡面喷淋，以促使喷射植被基材混合料与基面连接紧密，然后进行试喷试验，以调节水灰比，再进行喷射施工；基层的喷护厚度为 8～9cm；喷射作业开始时，应先送风，后开机，再给料，喷射结束时应待喷射料喷完后，再关风。

控制措施：基层喷射混合料可一次喷至设计厚度，不需分层喷植；喷射过程中，喷嘴距坡面的距离控制在 0.6～1.0m，一般应垂直于坡面，最大倾斜角度不能超过 10°；喷浆中，喷射头输出压力不能小于 0.1MPa；喷射采用自上而下的方法进行，先喷凹陷部分，再喷凸出部分；喷射移动可采用 S 形或螺旋形移动前进。

2. 表层喷植

基层施工结束 8h 以内进行表层喷护，一般控制在 3～4h；表层的喷护厚度为 1～2cm；表层喷护之前在坡面上喷一次水，保证基层和表层的黏结；近距离实施喷播，以保证草籽播撒的均匀性；喷播采用自上而下的方式进行，单块宽度按 4～6m 进行控制。

3. 养护与管理

在喷播施工结束后 2d 内，在表面加盖无纺布。一是起到保护、控温的作用，提高植物种子出芽速度；二是防止植物种子被风吹走和被飞禽啄食，提高植物种子出芽率和成活率。安装喷（浇）灌系统，实行每天的均匀洒水养护。喷（浇）灌系统由蓄水池（如果有现存的水池、水塘、自来水供水管道，可以不建新的蓄水池）、主供水管道、供水支管、摇臂喷头、水龙头和控制阀组成。

养护期间还应注意植物种子的出芽均匀度和出芽率，对局部出芽不齐和没有出芽的坡面要进行补植，当然也包括对栽培植物的成活率进行监测，及时更换或补种没有成活的苗木。

养护中需要防治苗木病虫害的发生，对可能出现的病虫害要进行病理分析，有针对性地采取治理措施。

3.6.6　排水孔施工

边坡排水孔在相应部位的锚杆灌浆完工后方可施工，主要采用手风钻造孔。排水孔孔深为 4m，孔径为 ϕ50mm，仰角 10°，间、排距 3.0m。

3.6.7　管棚施工

管棚超前支护采用外径 ϕ108mm，壁厚 8mm 的热轧无缝钢尖管，钢管前端呈尖锥状，尾部焊接 ϕ16mm 加劲箍，管壁四周钻 ϕ16mm 压浆孔，钢管加长时应保证同一截面安装接头不超过 50%，L 的长度根据钢花管长度及管棚长度确定；注浆材料采用 1∶1 水泥浆，注浆压力暂定 0.5～1.0MPa，终压暂定 2MPa，可根据现场试验进行适当调整，注浆前应根据现场地质情况估算单孔注浆量，当注浆压力达至设计终压 20min 后，进浆量仍达不到估算注浆量时，也可结束注浆；另外，当注浆压力达到终压的80%时，出现较大的跑浆，应加大水泥浆浓度，经间歇注浆后，也可结束注浆；注浆结束后用M10水泥砂浆充填钢管，以增强管棚强度。注浆过程中要随时观察注浆压力及注浆泵排浆量的变化，分析注浆情况，防止堵管、跑浆、漏浆。

3.6.8 钢拱架施工

钢拱架采用工字钢，采用冷弯法制作成型，加工完成后应进行试拼装，周边拼装及焊接应满足相关规范要求；钢拱架间用ϕ22钢筋相连，连接位置为上翼缘内侧；钢拱架连接钢板应采用机械钻孔严禁采用气割、冲孔，孔口应采用砂轮机清除毛刺和钢渣；连接钢板与工字钢间采用双面焊，焊脚高度不小于8mm。

3.7 质量保证措施

3.7.1 质量保证管理措施

(1) 配备防护人员，特别是施工队必须有防护施工经验。

(2) 严格执行质检工程师制度。项目部设专职质检工程师，保证施工作业始终在质检员的严格监督下进行。质检工程师有质量否决权，发现违背施工程序，不按设计图、规则、规范及技术交底施工，使用材料半成品及设备不符合质量要求者，有权制止，必要时下停工令，限期整改并有权进行处罚。

(3) 进行施工前岗位培训和质量意识教育，实行二级逐级技术交底制度，开工前，工程技术人员应进行现场示范性交底。

(4) 坚持质量检查制度，按制度进行日常、定期、不定期检查，发现问题及时纠正，并对结果进行验证。项目总工、工程部长对所管项目质量进行日常巡检，发现和解决问题，指导现场施工。质检员对所管区段内各工序施工质量逐一进行检查验收，质量负责人监督质量现场落实。

(5) 认真执行质量管理制。把施工图审签制，技术交底制，测量复核制，质量自检、互检、专检“三检制”，隐蔽工程检查签证制，质量检查评比奖罚制，验工计量质量签证制，单元工程质量评定制，质量事故（隐患）报告处理制等行之有效的质量管理制度，贯穿到施工全过程，并落实到工班，严格质量控制。

(6) 做好生产班组自检、互检、交接检工作，施工前对原材料严格检验，报请监理审批后方可使用。施工中实行工序交接单制度，上道工序验收合格后才能交接进入下道工序施工；否则质量问题由下道工序的班组负责。对工艺流程的每一步工作内容认真进行检查，使施工作业标准化。

(7) 在施工中，对每道工序、每个工种、每个操作工人，做到质量工作“三个落实”，即：施工前，每个施工操作人员明确操作要点及质量要求；施工过程中，施工管理人员必须随时检查指导施工，制定工序流程图，确定关键工序和特殊工序的关键点，进行连续监控，对比分析质量偏差，及时纠正质量问题，把质量隐患消灭在施工过程中；每道工序施工结束后，严格执行质量自检制度，自检合格后，按质量管理程序报检。

(8) 完善质量经济责任制，质量优劣与奖金挂钩，责任制逐级落实到工班，责任到人。

(9) 施工人员全过程监视施工现场制度，只要有施工现场，就要有施工员。

(10) 实行挂牌上岗，对工程施工现场实行标志牌管理。

(11) 严格遵守监理程序。充分做好质量自检工作的同时，由专职质检工程师积极配合监理工程师和业主对工程进行质量监督检查。自检合格后，及时通知监理工程师检查签证，隐蔽工程覆盖前必须经监理工程师签证认可。

3.7.2　土石方开挖质量控制措施

(1) 表土清除后，应对地面线进行复测，确定坡度开挖边线及马道位置。

(2) 每开挖至一级台阶后，及时复测，及时修整，施工过程中及时测量检查，避免超欠挖，边挖边修整边坡，以防坍塌。

(3) 边坡在开挖中和防护过程中，随时以塑料布覆盖，防雨水冲刷。

(4) 提前、充分做好机具和器材的准备。

3.7.3　锚杆质量保证措施

(1) 锚杆材质检查：确保每批锚杆材料均附有生产厂商的质量证明书，并按施工图纸规定的材质标准以及监理人指示抽检锚杆性能。

(2) 注浆密实度试验：选取与现场锚杆的锚杆直径和长度、锚孔孔径和倾斜度相同的锚杆，采用与现场注浆相同的材料和配合比拌制的砂浆，并按与现场施工相同的注浆工艺进行注浆，养护 7d 后剖管检查其密实度。

(3) 拉拔力试验：按设计要求对边坡支护锚杆，按作业分区在每 300 根锚杆中抽查 3 根进行拉拔力试验；如锚杆抗拔力达不到设计值，采用扩大钻孔直径，增大早强砂浆与围岩接触面积加以解决。

(4) 施工过程中，对锚杆孔的钻孔规格（孔位、孔径、孔深和倾斜度）进行自检，做好记录，并配合监理人员进行抽验。

(5) 同发包人、监理人员现场参加各项试验和检查，并将各项试验记录和成果以及验收报告经监理人员验收，在签认合格后作为支护工程完工验收的资料。

3.7.4　喷混凝土保证措施

3.7.4.1　原材料质量的控制

(1) 每批材料到达工地后，应进行质量检查，合格后方可使用。

(2) 拌和用水：尽量采用饮用水作为拌和用水，不能使用 pH 值小于 4 的酸性水和含硫酸盐量超过水量 1%的水，也不能使用含有影响水泥正常凝结与硬化的有害物质的水。

(3) 水泥：水泥强度等级不应低于 42.5，应优先选用普通硅酸盐水泥。

(4) 粗骨料：应优先选用坚硬耐久的碎石，且粒径不大于 15mm。

(5) 细骨料：应选用硬质洁净的中砂或粗砂，细度模数宜大于 2.5，含水率一般为

7%左右。

（6）外加剂：掺加速凝剂之前，应做速凝剂与水的相溶性实验及水泥净浆速凝效果实验，初凝时间不应大于5min，终凝时间不应大于10min。

3.7.4.2 喷射混凝土强度保证措施

（1）喷射混凝土配合比既要兼顾强度指标的要求，又要兼顾施工工艺的要求。

（2）施工过程中按照规范规定取样，试样强度不低于设计值。

3.7.4.3 喷射混凝土厚度保证措施

（1）在施工过程中，喷射时可插入长度比设计厚度长约5cm的铁丝，用于施工时控制喷层厚度。

（2）喷射混凝土施工完成后，用凿孔检查喷层厚度。400m^2至少检测一个点。

（3）厚度质量标准。平均厚度不小于设计厚度；全部检查点的60%以上不小于设计厚度；最小厚度不小于设计厚度的60%。

（4）喷层与土层（岩石）黏结情况保证措施：用锤敲击，如有空响应凿除喷层，洗净重喷。

（5）喷层外观质量检查。当发现喷射混凝土表面有裂缝、脱落、露筋、渗水等情况时，应予修补，凿除喷层重喷或进行整治。

（6）混凝土养护。

1）喷射混凝土终凝2h后，应喷水养护，养护时间一般不得少于7d。

2）在养护过程中如果发现剥落、外鼓、裂纹、局部潮湿、色泽不均等不良现象，应分析原因、采取措施进行修补，以防后患。

3.8 安全保证措施

3.8.1 组织保障

安全保证体系严格按发包人批复的本标段实施性组织设计中的安全保证体系的机构、程序和方法进行。

建立健全安全生产管理机构，成立以项目经理为组长的安全生产领导小组，全面负责并领导本项目的安全生产工作。

本项目实行安全生产组织机构分三级管理，即：一级管理由施工项目负责人负责，成立安全生产领导小组，施工项目负责人是组长，项目技术负责人、安全负责人为副组长。二级管理由专职安全员负责。三级管理由施工班组长负责，各作业点设安全监督员。

3.8.2 安全保证管理措施

（1）安全生产管理必须坚持安全第一、预防为主的方针，建立健全安全生产责任制度和群防群治制度。

（2）机械操作人员应严格执行操作规程。

（3）所有车辆操作人员应持证上岗。

(4) 所有进场参与施工的机械及设备的使用应由施工员统一指挥，协调安排。

(5) 现场应设专职安全检查员，在施工前和施工中应进行认真检查；发现问题及时处理，待消除隐患后再进行作业；对违章作业有权制止。

(6) 夜间不进行边坡防护施工。

(7) 支护施工前应对所有参与该项目施工的人员进行必要的岗前培训，只有经培训合格的人员才能持证上岗作业。

(8) 作业人员应严格遵守劳动纪律，服从领导和安全检查人员的指挥，工作时思想集中，坚守岗位，未经许可不得从事本工种之外的工作。严禁酒后上班，不得在禁烟地方吸烟、动火。

(9) 进入施工现场必须按照作业要求正确穿戴个人防护用品，严禁赤脚或穿高跟鞋、硬底鞋、带钉易滑的鞋和拖鞋进入施工现场。

(10) 在施工现场行走应注意安全，不得在边坡下方休息或停留。

(11) 遇有影响施工安全的恶劣气候时，禁止进行边坡作业。

3.8.3　边坡开挖安全措施

(1) 土、石方开挖应严格按照自上而下，先清除危石、滑坡体，后开挖的程序施工，严禁将坡面挖成反坡。

(2) 滑坡地段的开挖应从滑坡体两侧向中间、自上而下分层开挖，严禁全面抽槽开挖，弃土不得堆在主滑区。施工中应有专人观察，严防塌方。

(3) 在靠近其他建筑物边沿或电杆、电缆、电线、水管等附近开挖时，安排专人到现场监控、指导作业。

(4) 对边坡上出现的断层、裂隙、破碎带等不良地质构造，要及时处理，避免形成边坡后再进行处理。

(5) 边坡在实施梯段开挖时，应在临时施工平台或马道上设置拦渣墙等防护措施。

(6) 要严格按设计边坡坡度施工，削坡要随进度进行，严禁在形成较大高差后再削坡的施工方法。

(7) 削坡、危石挖掘人员必须掌握安全施工方法。严禁站在易滑坡落石块下方橇挖、严禁同一断面上下同时挖掘。挖掘作业应在白天进行。

(8) 在开挖工作面的下方严禁人员、机械进入，除设有明显的安全警示外，还应派专人在现场监护。

(9) 随着开挖边坡的进行，一定要跟进形成边坡排水系统，防止施工用水、雨水及地下水的破坏，造成边坡失稳。做到边开挖边防护，禁止挖完第三层，再防护第一层。

(10) 边坡开挖现场周围及工作面的危险部位、出土路口设置安全标志和必要的安全防护措施。需要设安全警戒哨卡的，必须确保班班落实到位。

(11) 施工中要对边坡的稳定性进行严密监测，发现有异常变化，要立即报告处理。

(12) 严禁在危险的边坡、峭壁处休息。

3.8.4 边坡防护安全措施

(1) 边坡支护应紧跟开挖进度进行，以确保施工安全和边坡稳定。即挖完一层，必须进行相关防护后才能挖下一层。

(2) 施工前，应认真检查支护作业区及周边边坡的稳定情况。排除危石及障碍物，确保在安全的状态下进行边坡支护施工。

(3) 作业人员在进行混凝土喷护作业时，必须正确佩戴劳保用品。

(4) 向锚杆孔注浆时，注浆罐内保持一定数量的砂浆，以防罐体放空，砂浆喷出伤人。注浆管前方严禁站人。

3.8.5 边坡施工机械安全措施

(1) 进入边坡部位施工的机械，必须全面检查其技术性能，确保安全运行。

(2) 施工机械进入施工部位，必须检查行走路线，确认道路宽度、坡度、弯度等能满足安全条件后方可行进。

(3) 施工机械工作时，严禁一切人员在回转半径内停留。配合机械作业进行清理、平整、修坡等人员，应在机械的回转半径外工作，如必须在回转半径内工作时，必须停止机械并制动好以后方可工作。机上机下人员随时取得联系。

(4) 挖掘机工作位置要平坦，工作前履带要制动，回转时不得从汽车的驾驶室顶部通过，汽车未停稳不许装车。

(5) 机械在靠近边坡作业时，距边沿应保持必要的安全距离，确保轮胎（履带）压在坚实的基础上。大型设备进入工作面，必须保证道路有足够的承载力。

(6) 装载机行走时，驾驶室两侧和铲斗内严禁站人。

(7) 喷射机、注浆器等带压力工作的设备，均安装压力表和安全阀，并确保其灵敏可靠。

(8) 施工机械停止作业，必须停放在安全可靠、基础牢固的地方。斜坡上停车，必须用三角木等对车轮阻滑，严禁在大于15°的斜坡上停放，夜间有专人看管。

(9) 施工设备要坚持班班检查，加强现场维护保养，严禁"带病"运行；禁止在斜坡上或危险地段进行设备的维修保养工作。

(10) 机械运转中不得上、下人。施工机械（运输车辆）驾驶室内严禁超载，严禁人、物混载。

3.8.6 边坡施工检查和监测

(1) 必须执行日常和定期安全检查制度。项目部专职安全员坚持每日的安全巡视检查，对违反各种安全规定的行为人进行教育和处罚，对安全隐患进行排查，发现问题责令施工队进行整改。组织定期的安全检查，指导和督促施工队搞好安全管理工作。定期进行边坡的巡视检查工作，检查内容包括边坡是否出现裂缝，以及裂缝的变化情况（裂缝的深度及宽度）、是否出现掉渣或掉块现象，坡表有无隆起或下陷，排、截水沟是否通畅，渗水量及水质是否正常等，并做好巡视记录。特别是每天开挖后，次日再次开挖前对已开挖坡体地表进行观察，检查有无坡体开裂失稳现象，确保施工时人员安全。每次大雨过程时和过程后，专职安全员对坡体进行安全监控并进行地表全面查看。

(2) 为了确保施工期的安全施工，应进行安全监测。工程采用地表变形监测，在平台上设监测桩，通过人工巡视检查和对观测数据进行整理、分析，掌握边坡变形情况，评估和判断边坡的稳定状况。在坡体周围设固定测量观测点，每日检查各测量观察点的位置变化，若发生较大的变化，则停止施工，立即采取措施。

(3) 边坡外部变形监测。在边坡重点部位，布置变形观测桩，施工期的变形观测应结合永久观测进行。包括平面变形测量和高程变形测量。

(4) 应做好边坡施工安全监测成果的整理、反馈工作，以指导施工，边坡的变形数据的处理分析，是边坡监测数据管理系统中一个重要内容，用于对边坡未来的状况进行预报、预警，并对边坡的稳定现状进行科学的评价，预测可能出现的边坡破坏，应做好边坡施工安全监测成果的整理、反馈工作，以指导施工。

(5) 做好坡体截、排水工作，并对坡体周边原地表裂隙进行黏土回填封堵，对坡体周围易松动物体预先清除排险。

3.9　环境保护措施

3.9.1　环境保护管理措施

(1) 开工前组织环保教育，做好环保交底，提高环保意识。

(2) 施工中加强环保水保检查和监督，对下属施工员和施工队进行环保奖罚。

3.9.2　环境保护技术措施

3.9.2.1　生态环境保护

(1) 现场设置集中场地堆渣、排污。

(2) 边坡处是林场，预防林地火灾，教育职工不在林地附近生火吸烟，在施工区周围山上竖立防火警示牌。

(3) 水泥、砂、土石方和石灰等易洒落散装物料的运输，应采取防风遮盖措施，尤其在干旱大风天气，以减少扬尘。

(4) 配备洒水车，对施工便道等在无雨日、大风条件下极易起尘的地段，根据天气情况做好洒水工作，缩短扬尘污染的时段和污染范围，最大限度地减少起尘量。同时对施工便道进行定期养护、清扫，保证良好的路况。

3.9.2.2　防止噪音污染

(1) 边坡一般不进行夜间施工，因工程技术、质量的需要，必须连续施工至夜间时，夜间施工尽量采用噪声较小的电动设备，力求将施工噪声控制在规定允许的范围值以内，禁止高噪声机械夜间（22：00 至次日 6：00）施工作业。

(2) 所有施工机械和车辆都进行适当维护和保养，确保其始终处于良好运行状态，降低可能发出的噪声。

(3) 对大型车辆的运行速度进行限定，以降低其噪声。

3.10 文明施工

3.10.1 文明施工管理措施

（1）施工前进行文明施工教育，强化文明施工意识，明确文明施工责任，制订文明施工奖罚制度。

（2）施工现场立“工程概况牌”和“安全警示牌”，拌和场立“配合比标识牌”，所有人员均佩戴上岗牌，以更好地落实岗位责任制激发岗位人员的责任心，并有利于群众监督。

（3）施工现场应合理利用各种色彩（如彩旗）、安全色、安全标志、标语牌等，并实行标准化管理，有利于生产顺利进行和员工安全。

（4）机械停工时应摆放整齐，空压机和风钻等机具设备定机、定人保养，并保持运行正常，机容整洁。保持机械运行正常。所有机具设备在明显位置安装操作规程牌。

（5）料场按材料种类、规格分类堆放整齐并悬挂标识牌。

（6）各类资料齐全，数据真实，及时汇编各种原始资料与现场施工同步。

（7）施工现场做到工完料清，垃圾、杂物集中堆放整齐，及时处理；坚持做到场地整洁、道路平顺畅。

（8）施工人员统一着装，配戴安全防护用品，佩戴胸卡。严禁穿拖鞋、高跟鞋、赤脚、赤膊上岗，特种作业人员持证上岗。

（9）爱护工地环境卫生，不乱扔垃圾，不乱放剩余材料，保持场地整洁，举止文明、谈吐文雅，积极配合上级检查。

（10）行走机械应文明行驶，严禁超速，其他作业人员应注意观察避让，防止伤人。

（11）工地、住宿区严禁用明火取暖照明，严禁火灾事故发生。

（12）应做好施工现场安全保卫工作，采取稳妥的防盗防火措施，遵守法律法规，协调与当地群众和政府的关系，采取各种措施，防止员工发生任何违法或妨碍治安的行为。

（13）对当地群众礼貌相让，尊重当地群众的俗习惯，保护当地群众的利益，不损坏群众的庄稼、树木和财产，避免对环境造成破坏，保证原有的交通正常通行，维护村镇的居民饮用水、农田灌溉、生产生活用电及通信管线的正常使用。不影响邻近建筑物、构筑物的安全与正常使用。不影响、不干扰群众的通行方便。

（14）施工完后，在一个月内拆除工地围栏、安全防护设施和其他临时设施，并将工地及四周环境清理整洁，做到工完、料净、场地清。

3.10.2 文明施工技术措施

（1）施工围挡。在施工期间，与既有道路相交处的施工边线设置围栏，围栏高度不小于1.8m。施工围栏和交通路口，夜间挂红灯，并保证施工在夜间有足够的照明设施；施工期间，根据监理工程师、业主或当地政府要求的时间和地点，提供和维持所有的照明灯光、护板、围墙、棚栏、警示信号标志，对工程实施保护和提供安全和方便。在施工现场设警示灯、限速标志和注意安全的提示牌。

（2）机具、材料管理。

1）材料仓库用砖砌结构，材料进场后进行分类堆放，并进行标识。工地一切材料和设施不得堆放在围栏外，在场内离开围栏分类堆放整齐，保证施工现场道路畅通，场地整洁。材料堆放及半成品加工场地应与周边环境有明确的边界隔离，场内进行有效硬化，场区排水系统完善，进出道路畅通。

2）施工机具统一在确定场所内摆放，并用标识牌标明每一类施工机具摆放地点。

3）所有施工机具保持整洁机容，每天进行例行保养。

4）在运输和储存施工材料时，采取可靠措施防止漏失。

5）钢筋、袋装水泥存放应采取架空和覆盖等措施防潮，钢筋加工要搭防雨篷。

6）大中型用电装置如配电箱、变压器等，应有专人负责，并设警告标志。

3.11　应急处置措施

边坡施工安全事故应急预案是为了预防和控制潜在的边坡施工时发生的安全事故，做出应急抢救，最大限度地减少事故后果。本预案主要是针对突发性边坡塌方、触电事故、机械设备伤害、火灾、防洪等事故，制订相应的应急处理方案，尽可能减少人员伤亡和财产损失。

3.11.1　组织机构

建立边坡安全事故应急救援领导小组，明确管理体系中各管理人员的职责和权限。

（1）应急领导小组是处理突发事件的决策机构，负责应急过程中的重要决策，负责应急救援预案的组织，实施和应急过程中的指挥，协调各应急小组的救援工作。

（2）负责分析处理现场报送来的信息，向上级有关部门报送应急动态信息。

（3）各领导小组成员负责工作范围内的应急管理作用，组织实施相关专项应急预案，督促落实公司领导指示及有关决定，指导和协调各部门做好相关类别突发事件的预防、应急处置和调查处理等工作。

（4）边坡施工安全事故应急办公室设在安全环境部。信息联络组由综合协调办公室负责，技术支持组与善后处理组由工程管理部负责，医疗救护组由劳资财务部负责，后勤保障组与救援抢险组由设备物资部负责。

3.11.2　应急响应程序

在边坡施工过程中发生安全事故时，迅速启动应急预案。同时根据事故等级向相应应急指挥部报告。报告的内容包括：所在单位、时间、级别、准确地点、人员伤亡和财产损失状况，已采取了哪些措施，目前现场情况如何，仍需哪些帮助，现场负责指挥及其电话等。

3.11.3　各类事故应急预案

3.11.3.1　塌方应急预案

塌方出现后，当班人员、工班长立即向队长或现场管理人员报告，队长或现场管理人员向项目经理汇报，项目经理向驻地监理和业主代表汇报，应急抢险领导小组立即到达现场，防止塌方进一步扩大，同时由项目经理、总工程师同监理工程师进行原因分析，确定塌方等级，立即启动相应预备方案。

根据工程具体情况，塌方划分为一般塌方和重大塌方。

1. 一般塌方

一般塌方出现后当班人员、班长立即向队长或现场管理人员报告，队长或现场管理人员向项目经理汇报，项目经理向驻地监理及业主代表汇报，应急抢险领导小组立即到达现场，采取应急措施；非抢险人员立即撤离施工现场，地面进行警戒，严禁人员从塌方地段通过，抢险物资迅速到位。总工程师会同监理工程师进行原因分析，确定处理方案。

当塌方段有渗水时，采用塑料管对渗水进行引流处理，防止渗水软化塌方土体，引起连续塌方事故。

用方木、工字钢支撑，及时挂网喷射100mm厚C20混凝土封闭塌方土体。

塌方处理后分次进行回填注浆，确保塌方段支护密实。并加强监测，每天观测频率2次以上并及时上报量测情况，指导现场施工。

2. 重大塌方

塌方出现后当班人员、班长立即向队长或现场管理人员报告，队长或现场管理人员向项目经理汇报，项目经理向驻地监理和业主代表汇报，应急抢险领导小组立即到达现场，会同项目经理采取应急措施，防止事态进一步扩大。

涉及管线、建筑物时立即向相关产权单位报告，塌方段涉及的管线、建筑物等相关产权单位在接到事故报告后，尽快组织专业队伍在30min内到达出事现场进行原因分析，共同组织抢修。

塌方处理全过程，抢险人员随时观察塌方情况，防止塌方伤人。必须确保通信信息畅通，并对处理情况、围岩变化情况、人员及机械设备状况等及时上报，在抢险有困难或需要救援时，以便领导决策，及时提供救援。

在报告的同时，立即组织向事故现场调配所备用的抢险机械设备、抢险物资及人员，以配合专业队伍进行抢险工作。当险情危及重大设备及人身安全时，人员、设备尽快撤离危险区。

当出现人员伤亡时应立即对伤员进行现场急救，同时送往就近医院抢救。

在向有关部门通知的同时，对轻伤人员在现场采取可行的应急抢救如现场包扎止血等措施。防止受伤人员流血过多造成死亡事故发生。

发生塌方事故后，现场抢险组组织有关人员进行清理土方或杂物，如有人员被埋，应首先按部位抢救人员，其他组员根据指挥部指令，采取插打钢板桩、木桩等有效措施，防止事故发展扩大，指定专人负责监护边坡状况。

及时清理塌方影响范围内堆放的材料，防止造成次生事故的发生，当塌方段有渗水时，采用塑料管对渗水进行引流处理，防止渗水软化塌方土体，引起连续塌方事故。

当险情完全控制和排除后，项目部应组织相关人员进行现场验收和善后处理。

3.11.3.2 伤员现场急救应急预案

（1）项目部接到报告后，立即组织救助队进行救助工作，并组织医务人员赶赴现场随时听候调遣，尽可能将损失降低到最低程度。

(2) 挖掘被掩埋伤员及时脱离危险区。清除伤员口、鼻内泥块、凝血块、呕吐物等，将昏迷伤员舌头拉出，以防窒息。进行简易包扎、止血或简易骨折固定。对呼吸、心跳停止的伤员予以心脏复苏。组织人员尽快解除重物压迫，减少伤员挤压综合征的发生，并将其转移至安全地方。

(3) 尽快与 120 急救中心取得联系，详细说明事故地点、事故情况，并派人到路口接应。若有骨折时应及时用夹板等简易固定后立即送往医院。

3.11.3.3　触电事故应急预案

(1) 发生触电事故后，现场人员立即帮助触电者脱离电源，对触电者立刻进行抢救，或者立即送往医院救护。

(2) 高压触电脱离方法：触电者触及高压带电设备，救护人员应迅速切断使触电者带电的开关、刀闸或其他断路设备，或用该电压等级的绝缘工具等方法，将触电者与带电设备脱离。触电者未脱离带电设备前，现场救护人员不得直接用手触及带电者。救护人员在抢救过程中注意保持自身与周围带电部分必要的安全距离，保证自己免受电击。

(3) 低压触电脱离方法：低压设备触电，救护人员应立即切断电源如拉开关、刀闸、拔除插头等方法，或用绝缘工具、干燥的木棒、木板、绝缘绳子等绝缘材料解脱触电者。也可抓住触电者干燥而不贴身的衣服，将其拖开，也可用绝缘手套或将手用干燥衣服等包起绝缘后解脱触电者，救护人员也可站在绝缘垫或木板上，绝缘自己进行救护。为使触电者迅速脱离导电体，最好用一只手进行。

(4) 当伤员脱离电源后，应立即检查伤员全身情况，特别是呼吸和心跳，发现呼吸、心跳停止时，应立即就地抢救。

(5) 轻症，即神志清醒，呼吸心跳均自主者，伤员就地平卧，严密观察，暂时不要站立或走动，防止继发休克或心衰。

(6) 呼吸停止但心搏存在者，就地平卧解松衣扣，通畅气道，立即进行口对口人工呼吸，有条件的可气管插管，加压氧气人工呼吸。

(7) 心搏停止但呼吸存在者，应立即作胸外心脏按压。

(8) 呼吸心跳均停止者，则应在人工呼吸的同时施行胸外心脏按压，以建立呼吸和循环，恢复全身器官的氧供应。

(9) 现场抢救最好能两人分别施行口对口人工呼吸及胸外心脏按压，以 1∶5 的比例进行，即人工呼吸 1 次，心脏按压 5 次。如现场抢救仅有 1 人，用 15∶2 的比例进行胸外心脏按压和人工呼吸，即先作胸外心脏按压 15 次，再口对口人工呼吸 2 次，如此交替进行，抢救一定要坚持到底。

(10) 处理电击伤时，应注意有无其他损伤。如触电后弹离电源或自高空跌下，常并发颅脑外伤、血气胸、内脏破裂、四肢和骨盆骨折等；如有外伤、灼伤均需同时处理。

(11) 现场抢救中，不要随意移动伤员，若确需移动时，抢救中断时间不应超过 30s；移动伤员或将其送医院，除应使伤员平躺在担架上并在背部垫以木板外，应继续抢救，心跳呼吸停止者要继续人工呼吸和胸外心脏按压，直到医院医务人员接替救治。

3.11.3.4 机械设备伤害事故应急预案

(1) 事故发生后，应第一时间切断动力电源，同时操作者开展力所能及的事故自救。

(2) 第一到达现场的负责人应承担指挥责任或立即向值班领导或相关部门汇报，使救援的人力、物力等资源在第一时间配送到事故现场。

(3) 项目部应配足有效的消防灭火器材，以防机电事故诱发火灾。

(4) 根据伤情对伤员抢救，处理的原则是先重后轻、先急后缓，先近后远。

(5) 对呼吸困难、窒息和心跳停止的伤病员，从速置头于后仰位，托起下颚，使呼吸道畅通，同时施行人工呼吸、胸外心脏按压等复苏操作，原地呼救。

(6) 对伤情稳定，估计转运途中不会加重伤情的伤病员，迅速组织人力，利用各种交通工具分别转运到附近的医疗单位急救。

3.11.3.5 火灾事故应急预案

(1) 施工现场一旦发生火灾事故，事故现场应急救援小组根据当时的情况立即采取相应的处置措施或进行现场抢救，同时以最快的速度报警。应急领导小组接到报告后，要立即赶赴事故现场，组织指挥抢救排险，并根据规定向上级有关部门报告，尽量把事故控制在最小的范围内，并最大限度地减少人员伤亡和财产损失。

(2) 发生火灾时，迅速切断电源，以免事态扩大，切断电源时应戴绝缘手套，使用有绝缘柄的工具。扑灭火灾时，按照“先控制后消灭的灭火战术。当火场离开关较远，需要剪断电线时，火线和零线应分开错位剪断，以免在钳口处造成短路，并防止电源线掉在地上造成短路。

(3) 当电源线因其他原因不能及时切断时，一方面派人去供电端拉闸，一方面灭火，人体的各部位与带电体保持充分的距离，抢险人员必须穿戴绝缘用品。

(4) 扑灭电气火灾时要用绝缘性能较好的灭火器如干粉灭火器、二氧化碳灭火器，干燥的沙子，严禁使用导电灭火剂扑救。

(5) 气焊中，氧气软管着火时，不得折弯软管断气，应迅速关闭阀门停止供氧。

(6) 一般情况发生火灾，工地先用灭火器将火扑灭，情况严重及时拨打119报警，讲清火险地点、情况、报告人及单位等。

(7) 如果火势较大而无法扑灭时，各级领导要迅速组织人员逃生，原则是先救人，后救物。无关人员要远离火场和固定消火栓，以便于消防车辆驶入。

(8) 火灾时，由于有烟气，能见度差，现场指挥人员应保持镇静，稳定好人员情绪，维持好现场秩序，组织有序疏散，防止惊慌造成挤伤，踩伤等事故。

(9) 利用现场有利条件，快速疏散。有条件的可用湿毛巾堵住嘴、鼻，用湿毯子披围从烟火中冲过去。

(10) 火灾中，一旦人体身上着火，应尽快把衣服撕碎脱掉，切忌不能奔跑，那样会使火越烧越旺，还会把火种带到其他地方，如旁边有水，立即用水浇洒全身，或用湿毯子等压灭火焰，着火人也可就地打滚，把身上的火焰压灭。

(11) 迅速疏通消防通道，便于消防车顺利到达现场。在消防车到来之前，以安全消防成员为主，其余人员均有义务参加扑救。

(12) 初起火灾最容易扑灭，在消防人员到来之前，如能集中合力扑救，常能化险为夷，转危为安。根据不同的起火原因，可以采取隔离法、冷却法、窒息法，火灾现场指挥人员要在第一时间内指挥相关人员拿起邻近所有灭火器，不要零打碎散，集中对准火点，尽量抓住战机把火消灭，或者控制火势的发展，最后由消防人员彻底将火扑灭。

(13) 消防车到来之后，施工人员配合消防专业人员扑救或辅助工作。配合消防部门调查事故原因，维持秩序。使用的器具有灭火器、水桶、脸盆、铁锨、水浸的棉被等。

(14) 扑灭固体物品火灾，如木制品，棉织品等，可使用各类灭火器具；扑灭液体类物品火灾，如汽油、柴油、食用油等，只能使用灭火器、沙土、浸湿的棉被、绝对不能用水扑救。

(15) 火场上的物资疏散，目的是为了最大限度地减少损失，防止火势蔓延和扩大。

首先疏散的物资是那些可能扩大火灾或有爆炸危险的物资，例如起火点附近的油桶、液化气罐等，以及堵塞通道使灭火行动受阻的物资。

(16) 划出警戒范围，严禁其他车辆和无关人员进入着火现场，以免发生不必要的伤亡，同时也为火灾消灭后的调查起火原因提供有力的证据。如果在火灾调查人员未到之前已经扑灭，失火单位应向调查人员详细说明情况，并将火灾现场保护工作移交火灾调查组，并配合调查组提供当事人或见证人的相关信息。当火灾发生时要充分发挥应急救援小组的作用，做好受伤人员的护理工作，医务室应准备好止血药、绷带等必须药品，同时组织人员和车辆将受伤人员送医院或联系医院对受伤人员的抢救。

(17) 按照事故、事件调查处理程序规定，火灾发生情况报告要及时按“四不放过”原则进行查处。事故后分析原因，编写调查报告，采取纠正和预防措施，负责对预案进行评价并改善预案。火灾发生情况报告应急准备与响应指挥小组要及时上报。

3.11.3.6　防洪应急预案

进入雨洪季节，制定雨季施工方案、防汛制度及值班计划，进行防汛培训、防汛演练，每天由办公室公示天气情况，遇到大雨或暴雨提前采取措施应对；在施工现场配备充足的抽水设备和覆盖、遮蔽物资；并提前规划好排水通道，征得市排水管理处的认可、同意，定期组织抗洪抢险应急演练。

当汛情发生但较小，通过基坑周边截水沟截流和排水设施疏排，或者即使雨水漫入基坑，但通过抽排设备抽排不影响基坑正常施工时，加强现场巡查和排水管路的疏通，确保正常施工。

当汛情较严重，雨水灌入基坑影响正常施工时，立即启动抗洪抢险应急预案，按以下指挥调度程序和抢险步骤组织抗洪抢险救灾工作：

(1) 组织现场非抢险人员立即撤离到安全地区，维持好秩序，稳定现场人员情绪，如有人员受伤，立即送往医院进行治疗。

(2) 由项目经理迅速组织领导小组各成员到达抢险地点，判明汛情情况并及时报告项目管理处防汛指挥部。

(3) 组织物资、机电等部门调集抢险物资和设备，同时通知项目抢险队员火速到达现场，进行抢险施工。

(4) 经理部防汛抢险领导小组现场指挥，防止汛情进一步扩大，减少损失。

第 4 章　开挖作业台架施工方案

4.1　编制依据

根据《隧道施工机械简明手册》第一册、《弹性和塑形力学中的单元法》《材料力学》《机械设计手册》进行编制。

4.2　施工计划

开挖作业全断面台架及台阶台架的施工进度以满足现场实际开挖为准，确保各开挖法施工前所使用台架投入使用。因台架所使用材料均采用钢拱架制作材料，无需单独计划材料筹备计划清单，以现场台架制作实际使用量为准。

4.3　施工工艺技术

开挖作业台架主要由工字钢门架、侧翼“翅膀”、底纵梁、钢筋网片、伸缩钢管、风水管道系统、索引钢丝绳等组成。

4.3.1　工字钢门架

门架采用型钢焊接而成的门字型台架，共 4 排，排与排间距 2.16m，立柱、纵梁、横梁、斜撑均采用 I20a 工字钢。

4.3.2　侧翼“翅膀”

全断面台车由 1.42m 长的 4 根 20a 工字钢作为 3 架、由 2.95m 长的 4 根 20a 工字钢作为 1 架、2 架，分别再配以斜撑。

台阶法开挖台车由 1.67m 长的 4 根 20a 工字钢作为 2 架、由 2.95m 长的 4 根 20a 工字钢作为 1 架，分别再配以斜撑。

4.3.3　底纵梁

有两根 6.5m 长的 20a 工字钢并焊作为纵梁。

4.3.4　钢筋网片

由 ϕ25 钢筋纵向搭接在横梁上作为纵向链接和工作平台的骨架，在纵向和横向上分

别用 $\phi 8$ 的圆钢焊接铺设，间排距 12cm。

4.3.5　伸缩钢管

在 20a 工字钢上焊一个 80mm 的钢管，其中套 50mm 钢管，在横向上通过活动插销实现伸缩功能。

4.3.6　行走轮胎

由 8 个普通汽车轮胎和 4 个车轴，加工成 4 个行走轮通过连接钢板焊接在底纵梁上即可。

4.4　工作原理

由装载机前斗挂拉台车上的钢丝绳，通过装载机前后移动牵引台车前后行走，台车到达掌子面后，使用伸缩钢管和钢筋网片使整个工作平台与掌子面围岩相接，工人利用台车上的照明和风水管系统可以较快的作好开挖前准备并开始凿岩作业。

4.5　工作程序

开挖作业台架工作程序为：装载机就位→挂牢钢丝绳→牵引行走→台车就位→测量放样→调整伸缩钢管→钻工就位→开始钻孔作业。

4.6　材料

所有使用材料均有材料合格证书及检测报告。

4.7　施工控制要点

(1) 保证焊接质量。

(2) 保证车辆通行净空。

(3) 行走轮车轴定期维护防止生锈。

(4) 爆破时台车远离掌子面 60m 以上距离。

4.8　施工质量保证措施

(1) 经理部成立全面质量管理领导小组，建立质量自检体系。完善以施工负责人，现场负责人结合施工班组为一体的质量控制体系，实行岗位责任制，每道工序，每个施工环节实行定人、定岗、定责并有明确的奖惩措施。以指导工程施工者负责质量、施工操作者保证质量、检查质量者评定质量为宗旨。

（2）启动项目部质量保证体系，落实各岗位责任制，认真进行工序的施工安全技术交底，组织各岗位人员学习施工技术规范和安全操作规程，熟悉本职工作的工艺要求和技术指标，使人员组织、机械设备、施工技术、质量处于有效控制状态。

（3）施工开始前，由项目部技术负责人、质检员、安全员对全体施工人员进行技术交底，交底内容包括技术、质量、安全等各个方面，交底详细、具体。

（4）加强工序间的质量控制检查，强化施工测量检验，技术人员跟班作业，随时督促检查测量、试验人员的工作结果，用数据正确指导施工。

（5）严格按检查程序，每一道工序检验合格后方可进行下一道工序，施工中严格执行三检（自检、互检、交接检）制度，坚持质量一票否决制。

（6）加强与监理配合，出现问题及时反馈，及时处理并做好记录。

（7）严把材料和试验关，施工中使用的原材料必须以制定方案时监理工程师批准选用的材料为准。工地试验机构必须加强试验检测，杜绝不合格的材料用于工程，对每道工序，包括材料的性能，各种混合料的配合比、试件的强度等符合设计、规范、标准要求，其试验检测频率均须满足技术规范要求，并且要用数据说话，试验结果必须真实准确。

4.9 施工安全保证措施

4.9.1 施工安全管理目标

坚持“安全第一，预防为主，综合治理”的方针，坚持“安全为了生产，生产必须安全”的原则，做到思想保证、组织保证、技术保证、措施保证、确保人员、设备及工程安全，加强班组管理，夯实安全工作基础，加大反习惯性违章力度，实现公司施工安全要求的人身伤亡零事故、机械损坏零事故、重大火灾零事故、职业病零事故的安全管理目标。

4.9.2 安全管理制度

（1）建立健全安全管理体系和质量保证措施，严格安全生产经济责任制，加强安全意识和技术培训，坚持“以人为本、教育为先、预防为主、管理从严”的原则，做好安全事故的超前防范工作，做到措施具体、落实到位、奖罚分明。

（2）配备专职安全员监督检查安全措施的落实情况；保证安全必要的投入。施工现场的布置应符合防火规定和文明施工要求，现场道路平整、坚实，保持畅通，并设置警示标识牌。

（3）所有机械操作人员等均持证上岗，做到定人定机，保持设备完好率，严格遵守施工技术规范和施工程序，杜绝违章施工、野蛮施工和强行施工。

（4）现场划分安全施工区域，设立安全标志，禁止现场闲杂人员进入施工现场。

（5）对开挖作业区采取防尘措施，洒水降尘，注意保护环境。

（6）各区域材料做好分类堆放，做到规则成方、不散不乱。

4.9.3　安全保障措施

（1）安全保障措施。

1）建立健全安全保证体系，贯彻国家有关安全生产和劳动保护方面的法律法规，定期召开安全生产会议，研究项目安全生产工作，发现问题及时处理解决。逐级签订安全责任书，使各级明确自己的安全目标，制定好各自的安全规划，达到全员参与安全管理的目的，充分体现"安全生产，人人有责"。

2）对新进场工人做好三级安全教育、安全技术交底及班前教育，提高挖掘机驾驶员、自卸汽车驾驶员的安全意识。加强对驾驶员的现场监管，要求其严格执行各自安全操作规程。

（2）安全保证体系如图 4.1 所示。

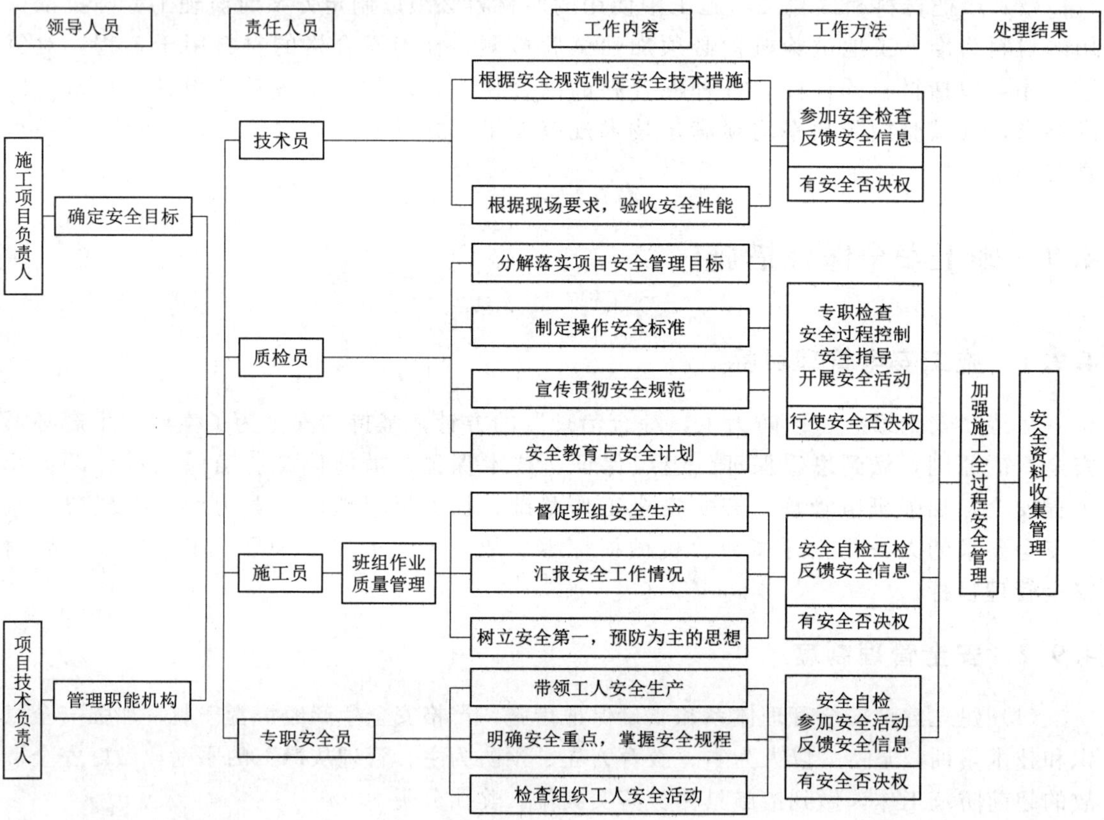

图 4.1　安全保证体系

4.10　应急救援

4.10.1　危险源辨识

开挖作业台架制作施工过程中存在高空作业、触电、机械伤害及物体打击等危险因素，针对施工过程中容易出现的安全事故成立事故救援小组并制定应急救援预案。

4.10.2 组织机构

以项目经理为应急救援指挥长，项目技术负责人、安全负责人为副指挥长，指挥部下设应急抢险组、技术组、医疗组、通信组，抢救组，其中应急组下设两南、北线隧洞施工班组组长的抢险队。

4.10.3 应急救援原则与流程

（1）应急救援原则。

1）先确认是否会发生二次险情，再施救人员和抢救财产。

2）先救人，后抢救财产。

3）先救命后治伤，先治重伤员后治轻伤。

4）抢救伤员要快速及时，力争早医、快速送医，对大出血、严重创伤、窒息者，应在医疗监护下送进附近医院治疗。

（2）救援流程如图 4.2 所示。

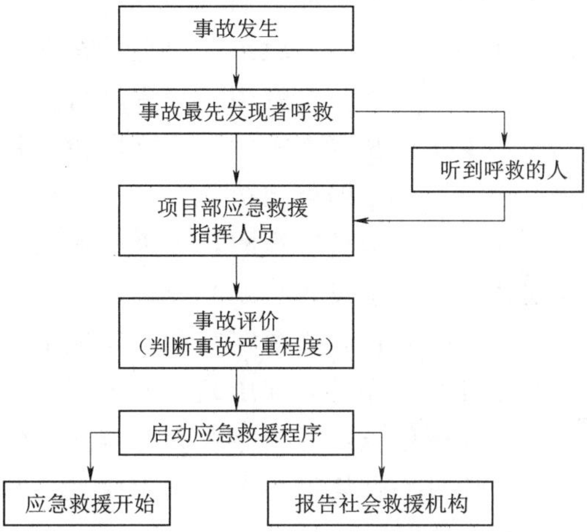

图 4.2 应急救援流程

4.10.4 施工应急救援措施

4.10.4.1 高空坠落应急措施

（1）迅速将伤员脱离危险场地，移至安全地带。

（2）保持呼吸道通畅，若发现窒息者，应及时解除其呼吸道梗阻和呼吸机能障碍，解开伤员衣领，消除伤员口鼻、咽、喉部的异物、血块、分泌物、呕吐物等。

（3）有效止血，包扎伤口。

（4）若伤员有骨折，关节伤、肢体挤压伤，大块软组织伤都要固定。

（5）若伤员有断肢等应尽量用干净的干布（灭菌敷料）包裹装入塑料袋内，随伤员一起转送。

（6）预防感染、止痛，可以给伤员用抗生素和止痛剂。

（7）记录伤情，现场救护人员应边抢救边记录伤员的受伤机制，受伤部位，受伤程度等第一手资料。

（8）立即拨打 120 急救中心与医院取得联系，并详细说明事故地点、严重程度、本部门的联系电话，并派人到路口接应。

（9）注意事项：重伤员运送地用担架，有腹部创伤及背柱损伤者，应用卧位运送；胸部伤者一般取半卧位，颅脑损伤者一般取仰卧偏头或侧卧位，以免呕吐误吸。

4.10.4.2 触电事故应急措施

（1）发生触电事故后，现场人员立即帮助触电者脱离电源，对触电者立刻进行抢救，或者立即送往医院救护。

(2) 高压触电脱离方法：触电者触及高压带电设备，救护人员应迅速切断使触电者带电的开关、刀闸或其他断路设备，或用该电压等级的绝缘工具等方法，将触电者与带电设备脱离。触电者未脱离带电设备前，现场救护人员不得直接用手触及带电者。救护人员在抢救过程中注意保持自身与周围带电部分必要的安全距离，保证自己免受电击。

(3) 低压触电脱离方法：低压设备触电，救护人员应立即切断电源如拉开关、刀闸、拔除插头等方法，或用绝缘工具、干燥的木棒、木板、绝缘绳子等绝缘材料解脱触电者。也可抓住触电者干燥而不贴身的衣服，将其拖开，也可用绝缘手套或将手用干燥衣服等包起绝缘后解脱触电者，救护人员也可站在绝缘垫或木板上，绝缘自己进行救护。为使触电者迅速脱离导电体，最好用一只手进行。

(4) 当伤员脱离电源后，应立即检查伤员全身情况，特别是呼吸和心跳，发现呼吸、心跳停止时，应立即就地抢救。

(5) 轻症：即神志清醒，呼吸心跳均自主者，伤员就地平卧，严密观察，暂时不要站立或走动，防止继发休克或心衰。

(6) 呼吸停止，心搏存在者，就地平卧解松衣扣，通畅气道，立即口对口人工呼吸，有条件的可气管插管，加压氧气人工呼吸。

(7) 心搏停止，呼吸存在者，应立即作胸外心脏按压。

(8) 呼吸心跳均停止者，则应在人工呼吸的同时施行胸外心脏按压，以建立呼吸和循环，恢复全身器官的氧供应。

(9) 现场抢救最好能两人分别施行口对口人工呼吸及胸外心脏按压，以 1∶5 的比例进行，即人工呼吸 1 次，心脏按压 5 次。如现场抢救仅有 1 人，用 15∶2 的比例进行胸外心脏按压和人工呼吸，即先作胸外心脏按压 15 次，再口对口人工呼吸 2 次，如此交替进行，抢救一定要坚持到底。

(10) 处理电击伤时，应注意有无其他损伤。如触电后弹离电源或自高空跌下，常并发颅脑外伤、血气胸、内脏破裂、四肢和骨盆骨折等；如有外伤、灼伤均需同时处理。

(11) 现场抢救中，不要随意移动伤员，若确需移动时，抢救中断时间不应超过 30 秒；移动伤员或将其送医院，除应使伤员平躺在担架上并在背部垫以平硬阔木板外，应继续抢救，心跳呼吸停止者要继续人工呼吸和胸外心脏按压，在医院医务人员未接替前救治。

4.10.4.3　机械设备伤害事故应急措施

(1) 事故发生后，应第一时间切断动力电源，同时操作者开展力所能及的事故自救。

(2) 第一到达现场的负责人应承担指挥责任或立即向值班领导或相关部门汇报，使救援的人力、物力等资源在第一时间配送到事故现场。

(3) 同时项目部应配足有效的消防灭火器材，以防机电事故诱发火灾。

(4) 根据伤情对伤员抢救，处理的原则是先重后轻、先急后缓，先近后远。

(5) 对呼吸困难、窒息和心跳停止的伤病员，从速置头于后仰位，托起下颚，使呼吸道畅通，同时施行人工呼吸、胸外心脏按压等操作，原地呼救。

(6) 对伤情稳定，估计转运途中不会加重伤情的伤病员，迅速组织人力，利用各种交通工具分别转运到附近的医疗单位急救。

4.10.4.4 物体打击应急措施

（1）当发生物体打击事故后，现场人员应立即向周围人员呼救并将受伤人员脱离危险区域，根据现场实际情况对受伤者进行现场急救。

（2）对于较浅的伤口，可用干净衣物或纱布包扎止血，动脉创伤出血，还应在出血位置的上方动脉搏动处用手指压迫或用止血胶管（或布带）在伤口近心端进行绑扎。

（3）较深创伤大出血，在现场做好应急止血加压包扎后，应立即准备救护车，送往医院进行救治，在止血的同时，还应密切注视伤员的神志、脉搏、呼吸等体征情况。

（4）对怀疑或确认有骨折的人员应询问其自我感觉情况及疼痛部位，对于昏迷者要注意观察其体位有无改变，切勿随意搬动伤员，应先在骨折部位用木板条或竹板片于骨折位置的上、下关节处作临时固定，使断端不再移位或刺伤肌肉、神经或血管，然后呼叫120等待救援。如有骨折断端外露在皮肤外的，用干净的砂布复盖好伤口，固定好骨折上下关节部位，然后呼叫120等待救援。

（5）对于怀疑有脊椎骨折的伤员搬运时应用夹板或硬纸皮垫在伤员的身下，以免受伤的脊椎移位、断裂造成截瘫，如伤员不在危险区域，暂无生命危险的，最好等待120医疗急救人员进行搬运。

（6）如怀疑有颅脑损伤的，首先必须维持呼吸道通畅，昏迷伤员应侧卧位或仰卧偏头，以防舌根下坠或分泌物、呕吐物吸入气管，发生气道阻塞；对烦躁不安者可因地制宜的予以手足约束，以防止伤及开放伤口，积极组织送往医院救治。

（7）如受伤人员呼吸和心跳均停止时，应立即按心肺复苏法支持生命的三项基本措施，进行就地抢救。步骤为：通畅气道→口对口（鼻）人工呼吸→胸外接压；在抢救过程中，要每隔数分钟判定一次，每次判定时间均不得超过5～7s；在医务人员未接替抢救前，现场抢救人员不得放弃现场抢救。

4.11 职业病危害与预防

4.11.1 职业危害告知

4.11.1.1 金属烟尘的危害

电焊烟尘的成分因使用焊条的不同而有所差异。焊条由焊芯和药皮组成。焊芯除含有大量的铁外，还有碳、锰、硅、铬、镍、硫和磷等；药皮内材料主要由大理石、萤石、金红石、纯咸、水玻璃、锰铁等组成。焊接时，电弧放电产生4000～6000℃高温，在熔化焊条和焊件的同时，产生了大量的烟尘，其成分主要为氧化铁、氧化锰、二氧化硅、硅酸盐等，烟尘粒弥漫于作业环境中，极易被吸入肺内。长期吸入则会造成肺组织纤维性病变，即称为电焊工尘肺，而且常伴随锰中毒、氟中毒和金属烟雾热等并发病。患者主要表现为胸闷、胸痛、气短、咳嗽等呼吸系统症状，并伴有头痛、全身无力等病症，肺通过气功能也有一定程度的损伤。

4.11.1.2 有毒气体的危害

在焊接电弧所产生的高温和强紫外线作用下，弧区周围会产生大量的有毒气体，如一氧化碳、氮氧化物等。

（1）臭氧，为无色、有特殊的刺激性气味的有害气体，它对呼吸道黏膜及肺有强烈的刺激作用。短时间吸入低浓度（0.4mg/m³）的臭氧时，可引起咳嗽、咽喉干燥、胸闷、食欲减退、疲劳无力等症状，长期吸入低浓度臭氧时，则可引发支气管炎、肺气肿、肺硬化等。

（2）一氧化碳，为无色、无味、无刺激性气体，它极易与人体中运输氧的血红蛋白相结合，而且极难分离，因而，当大量的血红蛋白与一氧化碳结合以后，氧便失去了与血红蛋白结合的机会，使人体输送和利用氧的功能发生障碍，造成人体组织因缺氧而坏死。

（3）氮氧化物，是有刺激性气味的有毒气体，其中常接触到的氮氧化物主要是二氧化氮。它为红褐色气体，有特殊臭味，当被人吸入时，经过上呼吸道进入肺泡内，逐渐与水起作用，形成硝酸及亚硝酸，对肺组织产生剧烈的刺激与腐蚀作用，引起肺水肿。

4.11.1.3　电弧光辐射的危害

焊接产生的电弧光主要包括红外线、可见光和紫外线。其中紫外线主要通过光化学作用对人体产生危害，它损伤眼睛及裸露的皮肤，引起角膜结膜炎（电光性眼炎）和皮肤胆红斑症。主要表现为患者眼痛、畏光、流泪、眼睑红肿痉挛，受紫外线照射后皮肤可出现界限明显的水肿性红斑，严重时可出现水泡、渗出液和浮肿，并有明显的烧灼感。

4.11.2　防治与预防措施

4.11.2.1　提高焊接技术，改进焊接工艺和材料

通过提高焊接技术，使焊接操作实现机械化、自动化、人与焊接环境相隔离，从根本上消除电焊作业对人体的危害。通过改进焊接工艺，如合理设计焊接容器的结构，采用单面焊、双面成型新工艺，避免焊工在通风极差的容器内进行焊接，从而大大地改善焊工的作业条件；再如选用具有电焊烟尘离子荷电就地抑制技术的一氧化碳。保护电焊工艺，可使80%～90%的电焊烟尘被抑制在工作表面，实现就地净化烟尘，减少电焊烟尘污染。由于电焊产生的危害大多与焊条药皮成分有关，所以通过改进焊条材料，选择无毒或低毒的电焊条，也是降低焊接危害的有效措施之一。

4.11.2.2　改善作业场所的通风状况

通风方式可分为自然通风和机械通风，其中机械通风是依靠风机产生的压力来换气，除尘、排毒效果较好，因而在自然通风较差的室内，封闭的容器内进行焊接时，必须有机械通风措施。

4.11.2.3　加强个人防护措施

加强个人防护，可以防止焊接时产生的有毒气体和粉尘的危害。作业人员必须使用相应的防护眼镜、面罩、口罩、手套，穿白色防护服、绝缘鞋，绝不能穿短袖衣或卷起袖子，若在通风条件差的封闭容器内工作，还要佩戴使用有送风性能的防护头盔。

4.11.2.4　强化劳动保护宣传教育及现场跟踪监测工作

对电焊作业人员应进行必要的职业安全卫生知识教育，提高其自我防范意识，降低职业病的发病率。同时，还应加强电焊作业场所的尘毒危害的监测工作以及电焊工的体检工作，及时发现和解决问题。

4.12 隧道开挖台架结构验算资料

4.12.1 开挖台架组成

以最不利工况全断面法开挖台车计算受力分析，如全断面台车满足受力要求，台阶法开挖台车即可满足受力要求。

全断面台车门架采用型钢焊接而成的门字型台架，共 4 排，排与排间距 2.16m，立柱、纵梁、横梁、斜撑均采用 I20a 工字钢。

4.12.2 门架横梁检算

台车顶部钢管每区格面积 $S_1=0.75\times2.16=1.62\text{m}^2$，人、小型机具、材料等荷载按 2.5kN/m^2 计算，每根立杆承受的荷载为 $F_1=1.65\times2.5=4.05\text{kN}$。门架横梁受力可简化为受集中荷载的三跨等跨连续梁计算，跨度取最大值 $L=5.6\text{m}$，集中力为每根立杆承受的荷载 $F_1=4.05\text{kN}$。

4.12.2.1 抗弯强度检算

(1) 最大弯矩 $M_{max}=K_M FL$，K_M 为弯矩系数，查表得 0.311。

即得出 $M_{max}=0.311\times 4.05\times 2.16=2.72\text{kN}\cdot\text{m}$。

(2) 横梁截面强度 $\sigma=M_{max}/W=2.72\times106/(237\times103)=11.48\text{N/mm}^2<[f]=215\text{N/mm}^2$，抗弯强度满足要求。

4.12.2.2 抗剪强度检算

(1) 最大剪力 $V_{max}=K_V F$，查表得 $K_V=6.111$。

即 $$V_{max}=K_V F\ 9=6.1.11\times4.05=5.31(\text{kN})$$

(2) 横梁截面抗剪强度 $\tau=V_{max}\times S_x/(I_x\times t_w)=5.31\times103\times136.1\times10^3/(2370\times104\times7)=4.36\text{N/mm}^2<[f_v]=125\text{N/mm}^2$，抗剪强度满足要求。

4.12.2.3 挠度变形检算

$$\omega=K_W\cdot\text{F}\cdot9\text{L}\cdot\text{s}/(100\times E\times I_x)\text{，查表得 }K_W=2.716$$

即 $\omega=2.716\times4.05\times2.163/(100\times2.06\times108\times2370\times10^{-8})=0.227\times10^{-3}\text{m}=0.227\text{mm}$。

$\omega=0.227\text{mm}<[\omega]=L/400=5600/400=14.00\text{mm}$，$L$ 为跨度；受力挠度变形满足要求。

4.12.2.4 横梁稳定性检算

横梁长细比 $\lambda=h/i_x=6.5/8.17\times10-2=79$，查表得 $\phi=0.722$，$N=\psi\times A\times f$，即 $f=N/(\psi\times A)=F_1/(\psi\times A)\times4.05\times103/(0.722\times35.203\times100)=1.59\text{N/mm}^2<[f]=215\text{N/mm}^2$，门架横梁稳定性满足要求。

4.12.3 门架立柱及斜撑受力检算

顶部钢管每区格面积 $S_1=0.75\times2.16=1.62\text{m}^2$，钢管架总重 $F_2=20.6\text{kN}$。

横梁重 $F_3=(6.5\times27.9\times6\times9.8/1000)\times1.2=10.66\times1.2=12.79(\mathrm{kN})$。

纵梁重 $F_4=(8.3\times27.9\times2\times9.8/1000)\times1.2=4.54\times1.2=5.45(\mathrm{kN})$。每根立柱承受的力 $F_4=(S_1\times6.357\times6.5+F_2+F_3+F_4)/(3\times3)$，$F_4=(1.62\times6.357\times6.5+20.6+12.79+5.45)/(3\times3)=11.75(\mathrm{kN})$，斜撑受的力 $F_5=11.75/\cos25°=11.85(\mathrm{kN})$。

20a 工字钢斜撑稳定性检算：

立柱长细比 $\lambda=uL/i_x$，$u=1$，$L_2=2.88\mathrm{m}$。$\lambda=1\times2.88/(6.58\times10^{-2})=44$，查表得 $\phi=0.932$，$N=\psi\times A\times f$，即 $f=F_5/(\psi\times A)=11.85\times103/(0.932\times26.1\times100)=4.87\mathrm{N/mm^2}<[f]=215\mathrm{N/mm^2}$，稳定性满足要求。

结论：全断面台车门架立柱及斜撑受力均满足要求。

通过上述的分析计算可知，整个全断面台架的强度及刚度是足够的。

台阶法开挖台车结构形式与全断面台车开挖台车结构及所用材料形同，台车高度及受力均小于全断面台车，故台阶法开挖车结构横梁、立柱及斜撑受力同样满足要求。

第5章 隧洞二次衬砌施工方案

5.1 隧洞二次衬砌设计

5.1.1 Ⅱ级围岩断面

Ⅱ级围岩二次支护主要以减糙为主，底板及侧墙采用C25F50钢筋混凝土衬砌，厚度为30cm。为提高侧墙混凝土的稳定性，侧墙设置有1.5m长系统砂浆锚杆（间排距2.0m)，锚杆端部弯折15cm后深入侧墙衬砌20cm。隧洞洞壁设有排水孔，排距2.5m，每排17孔，孔深3m。

5.1.2 Ⅲ级偏好围岩断面

Ⅲ级偏好围岩二次支护主要以减糙为主，底板及侧墙采用C25F50钢筋混凝土衬砌，厚度为35cm。为提高侧墙混凝土的稳定性，侧墙锚杆端部弯折15cm后深入侧墙衬砌20cm。隧洞洞壁设有排水孔，排距2.5m，每排17孔，孔深3m。

5.1.3 Ⅲ级偏差围岩断面

Ⅲ级偏差围岩二次支护主要以减糙为主，底板、侧墙及顶拱采用C25F50钢筋混凝土衬砌，厚度为35cm。为提高侧墙混凝土的稳定性，侧墙锚杆端部弯折15cm后深入侧墙衬砌20cm。隧洞洞壁设有排水孔，排距2.5m，每排17孔，孔深3m。

5.1.4 Ⅳ级围岩断面

Ⅳ级围岩二次支护底板、顶拱及侧墙采用C25F50钢筋混凝土衬砌，厚度为50cm。为提高侧墙混凝土的稳定性，侧墙锚杆端部深入侧墙衬砌30cm。隧洞洞壁设有排水孔，排距2.5m，每排17孔，孔深3m。

5.1.5 Ⅴ级围岩断面

Ⅴ级围岩二次支护底板、顶拱及侧墙采用C25F50钢筋混凝土衬砌，厚度为50cm。为提高侧墙混凝土的稳定性，侧墙锚杆端部深入侧墙衬砌30cm。隧洞洞壁设有排水孔，排距2.5m，每排17孔，孔深3m。

5.2 编制依据

（1）《施工图》。

（2）《施工组织设计》。
（3）《水工混凝土施工规范》（SL 677—2014）。
（4）《混凝土强度检验评定标准》（GB/T 50107—2010）。
（5）《工程测量规范》（GB 50026—2016）。
（6）《混凝土结构工程施工质量验收规范》（GB 50204—2015）。
（7）《水电水利工程模板施工规范》（DL/T 5110—2013）。
（8）《建筑结构荷载规范》（GB 50009—2012）。
（9）《钢结构焊接规范》（GB 50661—2011）。
（10）《钢结构设计规范》（GB 50017—2014）。
（11）《水利水电工程施工通用安全技术规程》（SL 398—2007）。
（12）《建设工程施工现场消防安全技术规范》（GB 50720—2011）。
（13）《简明施工计算手册》。
（14）《机械设计手册》。
（15）类似工程施工工法及施工经验。

5.3 施工进度计划

台车模型由专业公司进行二衬模型的专业设计及加工，运至现场后采用人工配合 25t 吊车进行拼装，上、下游无压段施工用台车在洞外拼装好后移至洞内，倒虹吸段施工用台车在洞室内拼装成型。

本工程按照进口工区、湖北村支洞工区、增光井村支洞工区及出口工区四个施工部位分区施工。进口及出口工区为南北线各两个工作面、湖北村及增光井支洞工区进洞后各有上下游四个工作面，共 12 个作业面，计划安排 10 台衬砌台车。

本方案涉及台车为：出口北线隧洞台车编为 1 号台车，出口南线隧洞台车编为 2 号台车，进口北线隧洞台车编为 3 号台车，进口南线隧洞台车编为 4 号台车，倒虹吸段（湖北村支洞上、下游）南线隧洞台车编为 5 号、6 号台车，倒虹吸段（湖北村支洞上、下游）北线隧洞编为 7 号、8 号台车。下游无压段（增光井村支洞上游）计划 2 台台车，编号分别为北线 9 号、南线 10 号，台车型号、尺寸与出口处相同。

5.4 衬砌施工工艺技术

5.4.1 衬砌施工工艺

隧洞混凝土衬砌施工工艺：台车加工、组装、调试→绑扎钢筋→安装止水带及堵头→台车就位→浇筑混凝土→台车脱模→移至下一浇筑位置。

各施工区域衬砌用混凝土由相距较近的拌和站供应，进口工区、出口工区、两支洞之间均设有拌和系统。由 $8m^3$ 混凝土搅拌车运至工作面后经混凝土泵压送入仓，振捣器振捣密实。

衬砌断面分三次施工成型，首先施工底板左右两侧混凝土浇筑（2.75m 宽），为衬砌台车提供行走路线；其次，利用衬砌台车进行边墙、顶拱混凝土浇筑；最后进行底板剩余部分浇筑。

隧洞两侧底板混凝土浇筑完成 1 个月后，衬砌台车就位，准备进行边墙、顶拱混凝土施工。边墙、顶拱混凝土施工工艺流程如图 5.1 所示。

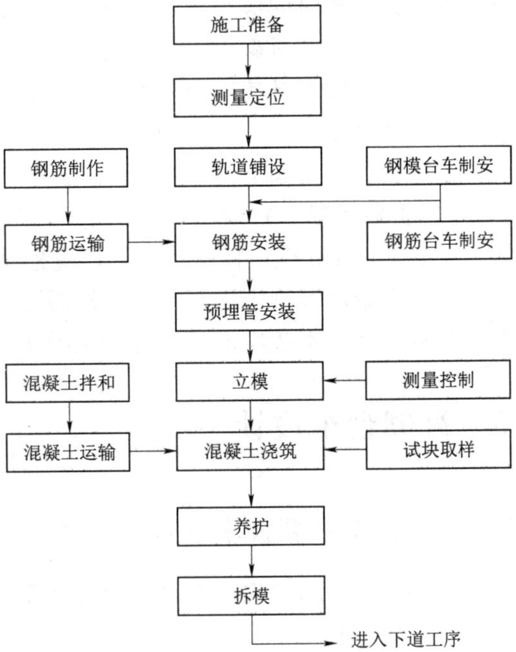

图 5.1 边墙、顶拱混凝土施工工艺流程图

5.4.2 衬砌施工流程

底板浇筑完成后，绑扎边顶拱、墙钢筋，采用液压整体式衬砌台车进行二次衬砌，拱墙一次性整体浇筑施工。

1. 中线标高测量

测量工程师进行中线高程测量放样。

2. 衬砌钢筋

严格按照设计要求安装衬砌钢筋。安装钢筋时，必须保证钢筋保护层厚度、钢筋间距符合设计要求，根据图纸及规范要求，对钢筋进行下料。安装前，测量人员应进行精确放样，安装后必须按设计要求进行保护层垫块的安装。钢筋的弯曲成型采用弯曲机进行，钢筋弯曲时应将各弯曲点位置划出，划出的尺寸应根据不同弯曲角度和钢筋直径减去钢筋弯曲调整值。划线应在工作台上进行。第一根钢筋弯曲成型后，应与配料表进行复核，符合要求后再成批加工。

3. 台车组装与就位

（1）衬砌台车长度为 10.5m，衬砌台车必须按照隧道内净空尺寸进行设计与制造，钢结构及钢模必须具有足够的强度、刚度和稳定性。衬砌台车组装完成后，经验收合格后方可投入使用。台车侧壁作业窗分层布置，层高不大于 1.5m，每层设置 4～5 个窗口，口径不小于 45cm×45cm。拱顶部位预留 2～4 个注浆孔。模板安装必须稳固牢靠，接缝严密，不得漏浆。

（2）台车就位，根据中线和标高铺设衬砌台车轨道，要求使用标准枕木和鱼尾板，轨距与台车轮距一致，左右轨面高差小于 10mm。启动电动机使衬砌台车就位，涂刷脱模剂，启动衬砌台车液压系统，根据测量资料定位衬砌台车，保证衬砌台车中线与隧洞中线一致，拱墙模板成型后固定，测量复核无误。

4. 二次衬砌混凝土浇筑

混凝土自模板窗口灌入，应由下向上，对称分层浇筑，倾落自由高度不超过 2.0m。混凝土浇筑分层厚度（指捣实后厚度）宜为振捣器作用部分长度的 1.25 倍，但最大摊铺厚度不宜大于 600mm。在混凝土浇筑过程中，观察模板、支架、钢筋、预埋件和预留孔洞的情况，当发现有变形、移位时，应及时采取加固措施。混凝土浇筑应连续进行。当因故间歇时，其间歇时间应小于前层混凝土的初凝时间或能重塑的时间。当超过允许间歇时间时，按接缝处理，衬砌混凝土接缝处必须进行凿毛处理。不同围堰类别的不同边墙厚度，混凝土浇筑的提升速度控制在 1m/h 以内。

5. 拆模及养护

二次衬砌拆模时间：在初期支护变形稳定后施工的，当二次衬砌混凝土强度达到 8.0MPa 以上时拆模；初期支护未稳定，二次衬砌提前施作时，当混凝土强度达到设计强度的 100%以上时拆模；特殊情况下，应根据试验及监控量测结果确定拆模时间。

拆模后开始对混凝土进行养护，混凝土养护的最低期限应符合设计及规范要求，且养护不得中断。浇水次数应能保持混凝土处于湿润状态，当环境气温低于 5℃时不应浇水。

5.5　衬砌台车设计

5.5.1　各台车主要技术参数

5.5.1.1　出口 1 号、2 号台车主要技术参数（含 9 号、10 号台车）

（1）主要外形尺寸。

1）模板半径：$R_1=8250$mm，边模直墙。

2）台车长度：10500mm。

3）台车高：14050mm。

4）轮中心距：(10000±5)mm。

（2）行走机构。

1）移动方式：自行式。

2）行走轮组：4 个。

3）行走速度：6m/min。

4）行走电机功率：2×5.5kW。

5）减速器型式：摆线针轮减速器。

（3）液压系统。

1）系统额定压力：18MPa。

2）额定流量：22L/min。

3）系统工作压力：16MPa。

4）油箱容积：180L。

5）油箱尺寸：900mm×500mm×400mm。

6）液压操作：八联阀组合。

5.5.1.2　进洞口 3 号、4 号台车主要技术参数

（1）主要外形尺寸。

1）模板半径：$R_1=8250$mm，边模直墙。

2）台车长度：10500mm。

3）台车高：9950mm。

4）轮中心距：(8860±5)mm。

(2) 行走机构。

1）移动方式：电机驱动自行式。

2）行走轮组：4个。

3）行走速度：3m/min。

4）行走电机功率：2×5.5kW。

5）减速机型式：双摆针轮减速机。

(3) 液压系统。

1）系统额定压力：20MPa。

2）额定流量：10L/min。

3）系统工作压力：16MPa。

4）油箱容积：200L。

5）油箱尺寸：700mm×700mm×400mm。

6）液压操作：10联JCF-15H-10(OT)。

5.5.1.3 支洞5～8号台车主要技术参数

(1) 钢结构部分。

1）台车长度：$L=10.5$m。

2）台车行走速度：8m/min。

3）单边脱模量：300mm。

4）模板平移量：200mm。

5）台车轨距：9500mm。

6）台车适用钢轨：43kg/m。

(2) 液压部分。

1）系统工作压力：16MPa。

2）泵流量：25L/s。

3）油缸行程：升降油缸为300mm，边模油缸为300mm，平移油缸为250mm。

(3) 电器部分。

1）电源电压及频率：380V，50Hz。

2）液压泵电机功率：7.5kW。

3）行走电机功率：2×11kW。

4）台车最大负荷：29.5kW。

注意：因厂家不同，其提供的参数表项目名称略有差异。

5.5.2 台车主要结构

本工程不同施工区域使用台车除细部结构有区别外，主体结构形式基本一致。不同厂家二衬台车的具体结构划分或叫法略有不同，基本组成结构如下：行走机构总成、门架总成、模板总成、电气系统、液压系统五大部分。

(1) 行走机构总成：由 4 个行走小车组成，2 个主动轮小车和 2 个被动轮小车分别安装在两侧的行走梁下，由操作员操纵电源开关，使台车（前进或后退）移动。

(2) 门架总成：由 6 榀门架组成（进洞口台车 5 榀门架）。立柱外侧有支撑单侧墙模板的丝杠和 4 组调节侧模板的油缸。门架上部是工作平台，有模板平移装置，可操纵液压阀，使模板整体左右平移。另有 4 个拱部模板起升油缸和液压操纵台。

(3) 模板总成：模板总成决定混凝土表面完好程度。在圆周上由一块拱部模板和两侧模板组成；在长度方向上由螺栓连接成需要长度的模板组成；侧模板与拱顶模板采用铰链连接，侧模板可绕铰链转动，以便调节模板的伸缩，满足断面衬砌要求。

(4) 电气系统：电气系统主要对行走电机的启、停及正、反向运行进行控制，并为液压系统提供动力，行走电机设有正反转控制及过载保护。

(5) 液压系统：由液压操纵台（电机、油泵、滤清器、八联阀等组成）、4 个起升油缸、4 组侧模板调节油缸、两个平移模板油缸、各类阀及管路组成。

5.5.3 主要材料配备及进场计划

单个台车（下游无压段）材料使用计划见表 5.1，实际使用量根据现场实际情况调整。

表 5.1 单个台车（下游无压段）材料使用计划表

序 号	材料名称	规格型号	单 位	数 量
1	钢板	12000mm×2000mm×14mm	m^2	100.00
2	H 型钢	500mm×300mm×14mm	m	600.00
3	H 型钢	300mm×300mm	m	100.00
4	II 型钢	200mm×200mm×14mm	m	120.00
5	钢板	12000mm×2000mm×14mm	m^2	200.00
6	钢板	6000mm×1500mm×12mm	m^2	350.00
7	槽钢	80mm×80mm×6mm	m	96.00
8	钢管	ϕ89mm×8mm×9000mm	m	300.00
9	电机	7.5kW	台	2.00
10	液压千斤顶	100t	个	4.00
11	液压千斤顶	30t	个	12.00
12	丝杆	80mm×260mm	根	150.00

5.5.4 机械设备配置计划

各工区台车安装机械计划见表 5.2，实际机械数量根据现场实际情况增减。

表 5.2 各工区台车安装机械计划表

序 号	设备名称	规格型号	数 量
1	柴油发电机组	250kW	1
2	钢筋调直机	GTJ4/14	2

续表

序号	设备名称	规格型号	数量
3	钢筋弯曲机	GW40	2
4	钢筋切断机	GQ-40	2
5	交流弧焊机	BX1-500	4
6	吊车	25T	2
7	型钢弯曲机	WJ40-10	2

5.5.5 台车使用效果

(1) 当隧洞开挖尺寸有偏差时，可通过模板平移调整机构达到调中，满足了设计和施工要求。

(2) 台车有足够的强度和刚度，在液压缸和支撑丝杆的联合作用下，能抵抗混凝土强大的垂直和侧向压力，台车不发生变形。由于各支点设计合理，有效地利用了台车自身的重量和混凝土的压力，保证了台车浇筑混凝土时克服混凝土的上浮作用。

(3) 工作窗口布局合理，使台车便于涂抹脱模剂方便两侧浇注混凝土和振捣作业，顶部设有注浆口，可方便注入混凝土，减轻施工人员强度。

(4) 每片钢模接缝严实。混凝土密实，无蜂窝、斑点错台现象发生，表面光滑、平整、美观。

5.5.6 衬砌台车拼装

进洞口衬砌台车选择在洞口基坑底拼装，支洞台车于洞室内安装，均采用25t吊车配合人工进行吊装。具体拼装流程如下：拼装准备→清理平整场地→铺设行走钢轨→拼装门架及行走机构→安装底纵梁→吊装门型架→安装吊梁→安装边模→安装连接液压系统→调试台车。

5.5.6.1 场地平整

台车安装场地需要碾压平整，并具有一定的承载力，有完善的排水设施。进口台车安排在洞口新浇场地上拼装，支洞台车于洞室内安装。安装场地经平整处理后进行再进行台车安装。

5.5.6.2 安装底纵梁

将底纵梁吊至已摆好的轮架之上，并用螺栓临时固定，校核对角线有无变化，如果在正确值内，加临时支撑固定，然后安装门形架。

5.5.6.3 安装门架

一般是先在地面组装门形架单片总成。然后一片一片地吊装于底纵梁相对位置，用螺栓临时固定，安装锁梁、剪刀撑。

为了尽快成为一个有机整体，安装完门形架后紧接着安装锁梁和各空间所设的剪刀撑。利用垂球、眼观的方式进行调整、找正。并及时紧固各部螺栓，使其形成一个完整的骨架。

5.5.6.4　吊装吊梁

先把台梁吊装于门架之上，调整好中心距和对角线以后，加设临时支撑使其稳定，再将吊梁吊装于台梁之上，用螺栓紧固。

安装吊梁立柱、顶模板。在安装顶模时应从中间开始，向两端延伸，这样可减少累计误差。安装好中间第一块顶模，经检查弦长和弦高符合设计标准后，再安装其他顶模，直至完成顶模安装任务。

为了台车的稳定性，此时将吊梁上的各种斜撑和剪刀撑全部校核并紧固螺栓。

5.5.6.5　安装边模

顶模经检查无误后可以安装边模，安装边模时要对称安装，以防侧倾。用 3t 手拉葫芦吊在顶模内侧适当位置吊起边模就位并固定。边模安装经调整后，表面光滑、平整，接缝处无错台，几何尺寸符合设计要求，即可安装通梁。

5.5.6.6　安装液压及电气系统

行走电气设备要先于液压系统安装，以便台车的前后移动，液压系统按台车设计要求安装。

5.5.6.7　空载试车

检查电气液压系统工作是否正常，台车各种动作是否灵活准确到位。

5.6　台车安装注意事项

(1) 作业人员进入施工现场必须戴好安全帽，遵守隧洞施工各项管理制度。

(2) 二衬台车的拼装必须使用符合要求的吊车。

(3) 现场台车构件堆放场地要平整、坚实，排水良好，构件应用垫木垫稳。

(4) 构件装车应码平稳，捆绑、支撑牢固，严防超长、超重和超高。运输时不准搭乘无关人员。

(5) 运输构件车辆应有可靠刹车或制动装置，运输时不得超速，转弯应慢速，并按规定线路行驶。

(6) 起重作业严格按照《建筑机械使用安全技术规程》(JGJ 33—2012) 和《建筑安装工人安全技术操作规程》规定的要求执行。

(7) 指挥施工机械作业人员，必须站在安全地点并应明确规定指挥联络信号。

(8) 指挥人员应以色旗、手势、哨子等进行指挥。操作前应使全体人员统一熟悉指挥信号，指挥人应站在视线良好的位置上，但不得站在吊物易碰触的位置。

(9) 操作人员高处作业应配挂安全带或搭设脚手板。工作前严禁饮酒，作业时严禁穿拖鞋、硬底鞋或易滑鞋。

(10) 台车构配件吊装就位，应经初校和临时固定或连接可靠后才可卸钩，最后固定后才能拆除临时固定工具或其他稳定装置。

(11) 台车构配件固定后不得随意撬动或移动位置，如需重新校正时，必须回钩。

(12) 禁止在高空抛掷任何物件，传递物件用绳拴牢。高处作业中的螺杆、螺帽、手动工具、焊条、切割块等必须放在完好的工具袋内，并将工具袋系好固定。施工时应尽量避免交叉作业，如无法避免时，应避开同一垂直方向作业，否则应设置安全防护层，以免物件发生坠落造成打击伤害。

(13) 凡起重区均应按规定避开输电线路，或采取防护措施，并应划出危险区域和设置警示标志，禁止无关人员停留和通行。

(14) 起重所用的材料、工具（如主拔杆、吊钩、钢丝绳、卷扬机和卡具等）使用前经检查合格后方可使用，加强维护、保养，发现不正常时，应及时修理或更换。

(15) 钢丝绳在与起吊物连接时，必须使用专用卡具，且连接牢固。

(16) 钢丝绳与起吊物的接触点不得为刚性接触，必要时可垫橡皮垫或木板。

(17) 台车构配件从堆放区运至拼装区的路途中，小型配件可用装载机运输，但必须绑扎牢固，以防止在运输途中掉落。大型配件采用货车倒运。

(18) 构配件在地面拼装过程中作业人员必须统一、协调，防止在搬运安装时碰伤或砸伤。

(19) 构配件在地面拼装完成后需起吊时，在起吊物下5m范围内严禁站人或走动。

(20) 构配件在与台车底架安装牢固前，其下方严禁行车或人员走动。

(21) 用手柄起动的机械应注意手柄倒转伤人，向机械加油时要严禁烟火。

5.7 衬砌台车操作注意事项及程序

5.7.1 衬砌台车操作注意事项

(1) 拱部模板升降油缸和侧模板调节油缸，是为调整模板尺寸所设计的，不承受混凝土浇筑时产生的垂直力和侧压力。浇筑受力是由各类机械千斤顶、支撑丝杠和模板刚性来承受的。

(2) 台车移动时安全注意事项。

1) 操作台车人员，必须由熟悉台车性能的专职人员操作。

2) 移动前，模板底部必须认真清理衬砌时的支架和残留物体，防止碰撞模板；认真检查台车各部位，是否收缩到位置；两侧边模收好后，必须将丝杠临时固定，防止模板与门架摆动而折断油缸；上纵梁与门架必须保证单侧三组以上，将千斤顶附位支护。

3) 台车移动时，台车平台前后两侧与地面前后两侧必须有直接监护人员进行移动式监护。

(3) 每一个工作循环前要校对钢轨是否平直，钢轨中心距与衬砌中心距是否对齐，检测钢轨牢固性。枕木所垫间距，一般不得超过600mm。

(4) 每进行一个作业循环后要认真检查各部位螺栓、销子的松动状态，对各种连接件重新检查紧固。

(5) 台车行走机构、丝杠千斤顶要定期打黄油，减速电机要定期保养。

(6) 液压系统应无泄漏现象，液压油应清洁，工作时应随时观察系统压力情况，注意工作环境防止影响正常运行使用。

(7) 台车支撑到位后，底纵梁支撑丝杠必须牢固可靠，以免造成扭曲变形。

(8) 台车浇筑前，检查边墙支撑丝杠，务必顶牢于地面。

5.7.2　衬砌台车模板操作程序

(1) 检查台车各部位有无损坏和变形的地方。

(2) 按要求在需要润滑的部位加润滑油。检查液压油的油表，查看是否缺油。

(3) 检查电路安全装置及液压系统。

(4) 台车行走到衬砌位置后便可立模，立模前模板台车处于脱模状态。

(5) 立模程序：

1) 合闸通电，液压系统运转。

2) 调整台车至衬砌位置后，将支撑行走梁底部丝杠支撑于钢轨上并旋紧。

3) 操纵液压控制阀，调整各部位模板升起到设计尺寸。先确定拱顶模板位置与隧道断面相符，精测各切线、腰线中心位置，这时所有支撑丝杠和千斤顶都在分开状态，在各油缸旁边支好支撑丝杠。

4) 操作换向阀手柄，使水平油缸平移，可调整模板台车中心距与衬砌中心线对齐。

5) 操作换向阀手柄，使竖向油缸上升。调整台车达到预定高度后，旋紧竖向千斤顶。

6) 操作换向阀手柄，使侧向油缸撑出。同时调整节流阀，粗调侧模板至预定位置。

7) 关闭电机，操作换向阀手柄，使侧向油缸卸压。调节测向支撑丝杠，使台车侧模达到浇筑状态。

8) 启动电机，保持油缸压力。

9) 边墙支撑丝杠和其他支撑杆件定位。检查各铰接点和主要的螺栓紧固区，检查窗口锁定等。

10) 端模板挡护与支撑，由用户自行确定挡护、支撑方法。

11) 立模完成后检查各支撑点的稳定性和整体相关尺寸，检查无误后，可进行浇筑。浇筑前台车外表需涂刷脱模剂，以减少脱模的表面黏力。

12) 浇筑时，混凝土最大下落高度不能超过 2m，混凝土坍落度掌握在 9～13cm。台车前后混凝土高度误差不能超过 0.6m，左右混凝土高度不能超过 1m。

13) 采用附着式振动器振动时，尽量采用短时间、多次数左右对称振动的方法，防止台车因振动时产生微移位或弹性变形。

(6) 脱模程序：

1) 首先拆下侧面支撑丝杠一端的销子，放下丝杠。然后再拧松拱部平台支撑千斤顶，并从纵梁下部抽出摆放好，防止台车移动时掉落伤人或摔坏。

2) 拆除端头挡墙支护杆件和紧固件。

3) 拧松行走梁下边的支撑丝杠（离轨平面 60～100mm）。

4) 拆模：操纵液压控制阀，首先收回侧模板油缸，然后再降落拱部升降油缸。注意：收模操纵油缸时应点动、再续动收位。

5) 清除模板表面的异物和检查模板表面质量（分模线、接模线、铰接线、窗口、浇筑口）。

5.7.3 衬砌台车严禁操作事项

（1）电源动力线截面不符合功率要求、电源线路缺相、线路磨损外裸时严禁合闸启动。

（2）液压油低于警示区时，严禁使用。

（3）台车移动时严禁在轨道上碾压任何物体和单侧移动。

（4）严禁单侧一次输混凝土超过 0.5m 以上，台车前、后混凝土高度差超过 0.6m 以上。

（5）台车衬砌接模时，严禁用高压力操作顶升油缸。

5.8 台车验收内容和标准

5.8.1 验收内容

（1）台车进场验收内容：施工方案、厂家资料、出厂合格证、材料检测证明文件、拼装人员操作证等。

（2）拼装后验收内容：电器仪表耐压试验、动力系统、轮廓尺寸、支撑系统、平整度、焊缝、防护栏杆、安全标语等。

（3）混凝土浇筑前验收内容：轮廓尺寸、支撑系统、插销、振捣器等。

5.8.2 验收标准

台车的验收共分为两阶段。

第一阶段（台车进场前报批）：台车进场前应做好进场准备工作，向监理单位上报主要台车参数（拟进场台车的数量、台车长度、外观几何尺寸、新旧程度、面板厚度以及每块板的宽度等）、各类材料的合格证、质保书等，详细参数见表 5.3。

表 5.3 衬砌台车技术指标

项目	参数
衬砌台车长度	10.5m
模板外观尺寸	满足设计要求
两端的结构尺寸相对偏差	≤3mm
梁体模板厚度	14mm
每块模板宽度	2m
行走机构	行动自如、制动良好，带有液压推杆制动器
台车架、液压、支撑系统	足够的刚度和强度，液压缸采用液压锁锁定，同时采用支撑丝杠进行机械锁定
工作窗口	布局合理，封闭平整

注意：本工程目前计划投入 10 台台车，其中出口 2 台沿用应急工程台车，其余 8 台均为全新台车，均已完成厂家选定。

第二阶段（台车验收）：项目部将根据现场台车进场情况及时进行报审相关程序。出口旧台车投入使用前，须对台车各部件进行加固及保养工作，并通过台车验收后方可投入使用；台车在正常施工使用过程中，做好日常的维护及保养工作。

5.9　质量要求

钢模台车的施工应符合《混凝土结构工程施工质量验收规范》（GB 50204—2015）、《建筑安装工程质量检验评定统一标准》（TJ 301—74）、《水工建筑物金属结构制造、安装及验收规范》（SLJ 201—80）中的有关规定。其中应注意：

（1）面板采用整体钢板（5mm 厚），最大变形不超过 3mm。

（2）模板表面要求平整光滑，平整度允许偏差为 2mm。

（3）支撑系统应保证顶板的最大挠度不超过 5mm。

5.10　施工安全保证措施

5.10.1　组织保障

5.10.1.1　安全生产管理组织机构

施工现场成立以项目经理为组长，由总工程师、安全科、质检科、财务科、施工科等负责人组成的施工安全管理领导小组，各施工作业队和科室负责人负责各项安全管理制度的执行及安全监管工作。项目部设专职安全员；各班组设一名兼职安全员，在安全科的监督指导下负责日常安全管理工作；各施工作业班组长为兼职安全员，在项目部专职安全员的指导下开展班组的安全工作，对本班人员在施工过程中的安全和健康全面负责，确保本班人员按照业主的规定和作业指导书及安全施工措施进行施工，不违章作业。

5.10.1.2　安全保证体系

建立健全安全保证体系，贯彻国家有关安全生产和劳动保护方面的法律法规，定期召开安全生产会议，研究项目安全生产工作，发现问题及时处理解决。逐级签定安全责任书，使各级明确自己的安全目标，制定好各自的安全规划，达到全员参与安全管理的目的，充分体现“安全生产，人人有责”。按照“安全生产，预防为主”的原则组织施工生产，做到消除事故隐患，实现安全生产的目标，安全保证体系如图 5.2 所示。

5.10.1.3　安全管理制度及办法

（1）本项目实行安全生产三级管理，即：一级管理由项目经理领导下的经理室负责，二级管理为安全部门负责，三级管理由班组负责。

（2）根据本工程的特点及条件制定《安全生产责任制》，并按照《安全生产责任制》的要求，落实各级管理人员和操作人员的安全生产责任制，人人做好本岗位的安全工作。

（3）实行逐级安全技术交底制，由项目部组织有关人员进行详细的安全技术交底，凡参加安全技术交底的人员要履行签字手续，并保存资料。安全部门专职安全员对安全技术措施的执行情况进行监督检查，并做好记录。

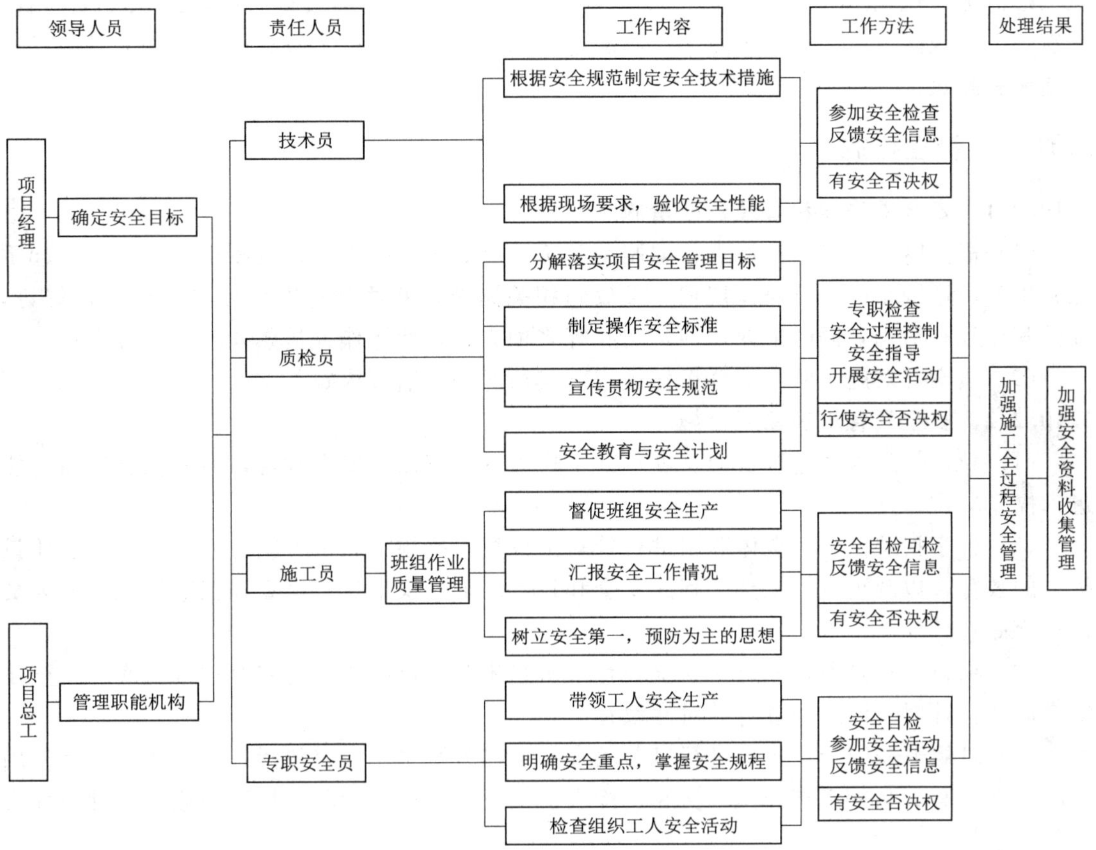

图 5.2 安全保证体系图

(4) 加强施工现场安全教育。

1) 针对工程特点，对所有从事管理和生产的人员施工前进行全面的安全教育，重点对专职安全员、班组长和从事特殊作业的操作人员进行培训教育。

2) 未经安全教育的施工管理人员和生产人员不准上岗，未进行三级教育的新工人不准上岗，变换工作或采用新技术、新工艺、新设备、新材料而没有进行培训的人员不准上岗。

3) 特殊工种的操作人员需进行安全教育、考核及复验，严格按照《特种作业人员安全技术考核管理规定》且考核合格获取操作证后方能持证上岗。对已取得上岗证的特种作业人员要进行登记，按期复审，并设专人管理。

4) 通过安全教育，增强职工安全意识，树立“安全第一、预防为主、综合治理”的思想，并提高职工遵守施工安全纪律的自觉性，认真执行安全检查操作规程，做到不违章指挥、不违章操作、不伤害自己、不伤害他人、不被他人伤害，达到提高职工整体安全防护意识和自我防护能力。

(5) 认真执行安全检查制度。项目部要保证安全检查制度的落实，规定检查日期、参加检查人员。安全部门每旬进行一次全面安全检查，安全员每天进行1～2次巡视检查。

视工程情况，在施工准备前、施工危险性大、季节性变化、节假日前后等组织专项检查。对检查中发现的安全问题，按照“三不放过”的原则立即制定整改措施，组织人员限期进行整改和验收。

5.10.2 管理措施

5.10.2.1 安全操作规程管理保证措施

（1）根据隧洞施工生产特点，编制钢筋工、电焊工、模板工、混凝土工、电工、起重工、木工、运输车的安全操作规程，发放到相关岗位，并适时对安全操作规程进行修订，确保其有效和适用，同时采取培训、交底等多种方式，使操作人员熟知并按规程操作。

（2）质安部对施工队的安全操作规程落实情况进行监督检查。

5.10.2.2 安全教育培训保证措施

（1）新进场工人须进行公司、项目部、班组的“三级”安全教育，经考核合格后才能进入操作岗位。

（2）台车拼装前，对全体职工进行针对工程技术措施、施工方案、方法、工艺、质量标准的教育，以及重点、难点工程的安全和技术培训交底工作（可委托制造厂家技术人员进行交底）。

（3）项目部每月不定期进行安全教育，班组班前由班组长进行安全技术交底，安全技术交底教育针对不同工种进行针对性教育。

（4）班组兼职安全员每日进行班前教育，班前教育主要内容包括：安全防护用品使用情况检查、有关当天工作的安全交底、检查机械设备的运行情况、特种作业人员针对性交底等。

5.10.3 技术措施

5.10.3.1 现场安全保证措施

（1）严格按设计文件、安全技术操作规范和标准、施工组织设计、安全专项方案的要求组织施工。

（2）加强施工现场安全生产的过程控制，作业人员按章操作，现场管理人员正确履行安全管理职责。

（3）动火作业实施动火许可管理，并安排专人进行现场安全防护；在有较大危险因素的作业场所和设备设施上，设置安全警示标志；在设备检修、吊装、爆破等设置警戒区域；在临边位置设置安全围栏；在施工中保护好地下管线及构造物；工程暂停施工时，做好现场防护。

（4）在施工现场配备消防设施，明确消防责任人。

（5）每一个工作循环前要校对钢轨是否平直，钢轨中心距与衬砌中心距是否对齐，检测钢轨牢固性。台车就位前，一定要把钢轨铺直，严禁门架支撑千斤顶撑于钢轨上这一现象发生。

（6）每一个工作循环后要检查各部位螺栓、销子的松紧状态，对各种连接件重新检查紧固。

(7) 台车行走机构、丝杆千斤顶要定期打黄油。

(8) 液压系统应无泄漏现象，液压油应清洁，工作时压力表开关应打开，随时观察压力的波动情况。

(9) 钢模板台车行走时，边模板下端与地面间不得有风管、水管等障碍物，严防台车行走时有拖带现象。

(10) 台车浇筑前，对地支撑丝杠千斤顶务必顶牢于地面。

(11) 台车距作业开挖面应有足够的安全距离。

(12) 台车就位后，应用卡轨器固定在轨道上，防止溜车。

(13) 加强通风，以确保洞内的氧气含量、新鲜空气达到规定的卫生标准，把粉尘浓度、有害气体含量降低到允许的标准以内。

5.10.3.2 防火安全保证措施

建立现场消防保卫机构，负责施工现场的消防保卫工作。建立各级责任制和消防检查制度，签订消防保卫协议，定期进行检查和培训；建立消防保卫档案。组建职工消防队，定期进行消防演习，对施工人员进行消防保卫知识教育，提高消防保卫意识。

严格执行《建设工程施工现场消防安全管理办法》的规定，尤其要做好节假日的安全保卫工作。建立电工、电焊工、木工、危险物品管理工、物资仓库管理工防火责任制度，明确重点防火部位，落实安全防火措施，配备足够的灭火器材。施工现场材料的堆放、保管必须符合防火要求，工地明确重点防火部位，有严格防范措施，每月定期检查一次，做到有隐患及时整改，并有书面记录。施工现场消防器材要有专人负责保养，定期检查，并记录检查日期和责任人，油库及危险物品仓库要重点配置。

5.10.3.3 临时用电安全保证措施

(1) 台车照明用电采用36V安全电压，衬砌台车工作台架上施工用照明用电线路每天要进行一次检查，确保电线绝缘良好，防止电缆破损导致漏电伤人，配电箱均须安装漏电保护器。

(2) 临时配电线路必须架设整齐。严禁直接挂设电缆在台车上，采用套管架空敷设。施工机具、车辆及人员应与内、外电线路保持安全距离，达不到规范规定的最小距离时，必须采用可靠的防护措施。

(3) 配电系统必须实行分级配电，各类配电箱、开关箱安装和内部设置必须符合有关规定，箱内电器必须可靠完好，其选型定值要符合规定，开关箱外观应完整，牢固防雨、防尘。箱体外应涂安全色标，统一编号，箱内无杂物，停止使用时应切断电源，箱门上锁。

(4) 各种电气设备和电力施工机械的金属外壳、金属支架和底座，按规定采取可靠的接零线或接地保护。

(5) 配电箱必须设两级以上漏电保护装置，实行分级保护形成完整的保护系统，漏电保护装置的选择应符合国家《漏电电流动作保护器（剩余电流动作保护器）》的要求，开关箱内的漏电保护器其额定漏电动作电流应不大于30mA，额定漏电动作时间应小于0.1s。

(6) 临时用电必须设专人管理，分片包干，责任到人，非电工人员严禁乱拉乱接电源线和动用各类电气设备。对临时用电的线路及其设备，必须由专业电工每天进行巡视检查，发现问题及时处理。

(7) 台车内所有电气设备都应接至总接地线，衬砌台车电气设备、用电线路使用前先进行耐压试验。

(8) 加强临时用电的安全管理工作，健全下列具体临时用电的管理技术资料：①临时用电技术交底资料；②临时用电工程检查验收表；③电工维修工作记录。

5.10.3.4　起重吊装安全保证措施

(1) 起重机司机应经过培训，了解起重机的构造原理、设备性能，掌握故障处理和操作方法，经过考试合格后才能独立操作。未取得合格证，不准操作。

(2) 起重机司机在工作中要集中精力，不准瞌睡，不准酒后开车。

(3) 起重机司机在起动前、运行中、接近同跨邻车及运行线上有人时，都要发出报警信号。

(4) 起重机上有两人工作时，两人都必须都在司机室内。

(5) 起重机在运行中严禁上下车。

(6) 在吊运多人挂吊的重物时，司机只能听从吊运前确定的指挥。但其他任何人发出紧急危险信号时，司机均应立即停车。

(7) 起重机在吊运物件过程中，当起升机构制动器失灵时，司机应立即发出信号，通知下面人员离开，并采取反复起落措施，把被吊物落在安全地段，不应任其自由降落，也不准在此过程中抢修。

(8) 在操作过程中，如发现不正常现象或听到不正常声音时，应将重物落地，停车检查处理。原因未查清和未处理的，不准开车。

(9) 吊运物件，要稳升稳降，不能突然升降，大、小车运行要平稳。

(10) 应合理操纵控制器手柄，操纵方向一定要准确无误。

(11) 起重机司机必须注意观察起吊物及周围情况。

(12) 起重机司机必须要做到“十不吊”：

1) 指挥信号不明或乱指挥不吊。

2) 起负荷不吊。

3) 工件捆绑不牢不吊。

4) 吊物上有人或有浮物不吊。

5) 安全装置不灵不吊。

6) 埋设物不吊。

7) 光线不好或看不清不吊。

8) 斜拉不吊。

9) 带棱角重物没有采取措施不吊。

10) 缸水过满不吊。

5.10.3.5　临边作业安全防护保证措施

(1) 模板台车设计时必须考虑净空，能保证运输车辆的顺利通行，衬砌台车上不得堆放料具，工作台上铺满木板并设安全栏杆。

(2) 工作台架下净空必须符合设计要求，两端应设不低于1m的栏杆和上下人员的梯子，并挂设安全网。

(3) 高于2m临空作业时，必须系挂安全带。

5.10.3.6 安全警示标语、标牌布置措施

为加强现场施工安全管理，规范现场作业人员按安全规程操作，严禁出现违章作业现象，以及满足施工现场标化建设要求，台车必须布置安全警示标语、标牌等措施手段。

(1) 台车上必须悬挂《隧道台车安全操作规程》及《隧道衬砌作业控制要点》。

(2) 台车操作平台防护栏杆及台车上其他显眼处应悬挂注意安全、当心落物、当心坠落、必须戴安全帽、必须戴防护手套、必须系安全带、禁止抛物等相关警示标牌。

(3) 台车底层门架用于机械设备及人员通过处须设置限速、限高及较显眼警示标语牌。

(4) 台车两侧悬挂醒目施工安全及质量管理宣传标语。

5.10.3.7 机械伤害事故预防措施

(1) 机械设备应按其技术性能的要求正确使用，缺少安全装置或安全装置已失效的机械设备不得使用。

(2) 各种机械设备的操作人员，必须经过有关部门组织的专业安全技术操作规程培训，严禁酒后操作。

(3) 机械操作人员工作前，应对所使用的机械设备进行安全检查，严禁带病使用，严禁酒后操作。

(4) 机械操作人员只要离开机械设备，必须按规定将机械放置于安全位置，并将操作室锁好，或把电气设备的控制箱拉闸上锁。

(5) 施工现场的各类机械必须设专人负责安装、维修、保养、使用、检测、自检等几项工作，并要有详细的记录。施工组织设计应有施工机械使用过程中的定期检测方案。

(6) 各类机械电气设备在停止使用或停电时，必须将电源切断，闸箱门上锁，防止发生意外事件。

5.10.3.8 电焊气割安全保证措施

1. 电焊操作保证措施

(1) 操作时应穿电焊工作服、绝缘鞋和戴电焊手套、防护面罩等安全防护用品，高处作业系安全带。

(2) 操作前应检查所有工具、电焊机、电源开关及线路是否良好，金属外壳应有安全可靠接地或接零线，进出线应有完整的防护罩，进出线端应用铜接头焊牢。二次侧加装空载降压保护装置。

(3) 每台电焊机应采用自动空气开关。开关的保险丝容量，应为该机的1.5倍，严禁用其他金属丝代替保险丝，完工后，切断电源。

(4) 电气焊的弧火花点必须与氧气瓶、乙炔瓶、木料、油类等危险物品的距离不少于10m，与易爆物品的距离不少于20m。

(5) 消除焊渣时，面部不应正对焊缝，防止焊渣溅入眼内。

(6) 注意安全用电，电线不准乱拖乱拉，电源线均应架空扎牢。

（7）焊割点周围和下方应采用防火措施，并应指定专人防火监护。

2. 气割操作保证措施

（1）点燃焊（割）炬时，应先开乙炔阀点火，然后开氧气阀调整火焰。关闭时应先关闭乙炔阀，再关氧气阀。

（2）点火时，焊炬口不得对着人，不得将正在燃烧的焊炬放在工件或地面上。焊炬带有乙炔气和氧气时，不得放在金属容器内。

（3）乙炔瓶、氧气瓶均应设有安全回火防止器，橡皮管连接处须用专用扎头固定。

（4）氧气瓶严防沾染油脂、有油脂衣服、手套等，禁止与氧气瓶、减压阀、氧气软管接触。

（5）经常检查氧气瓶与减压阀表头处的螺纹是否滑牙、橡皮管是否漏气、焊割炬嘴和炬身无阻塞现象。

（6）作业中发现气路或气阀漏气时，必须立即停止作用。

（7）作业中若氧气管着火应立即关闭氧气阀门，不得折弯胶管断气；若乙炔管着火，应先关熄炬火，可用弯折前面一段软管的办法止火。

（8）高处作业时，氧气瓶、乙炔瓶、液化气瓶不得放在作业区域正下方，应与作业点正下方保持 10m 以上的距离。必须清除作业区域下方的易燃物。

（9）不得将橡胶软管背在背上操作。

（10）作业后应卸下减压器，拧上气瓶安全帽，将软管盘起捆好，挂在室内干燥处；检查操作场地确认无着火危险后方可离开。

（11）使用氧气瓶应遵守下列规定：

1）氧气瓶与其他易燃气瓶、油脂易燃、易爆物品分别存放。

2）存储高压气瓶时应旋紧瓶帽，放置整齐，留有通道，加以固定。

3）气瓶库房应与高温、明火地点保持 10m 以上的距离。检查瓶口是否漏气时，应使用肥皂水涂在瓶口上观察，不得用明火试。冬季阀门被冻结时，可用温水或蒸汽加热，严禁用火烤。

4）氧气瓶在运输时应平放，并加以固定，其高度不得超过车厢板。

5）严禁用自行车、叉车或起重设备吊运高压钢瓶。

6）氧气瓶应设有防震圈和安全帽，搬运和使用时严禁撞击。安装减压器时，应首先检查氧气瓶阀门，接头不得有油脂，并略开阀门清除油垢，然后安装减压器。作业人员不得正对氧气瓶阀门出气口。关闭氧气阀门时，必须先松开减压器的活门螺丝。

7）氧气瓶阀不得沾有油脂、灰土。不得用带油脂的工具、手套或工作服接触氧气瓶阀。

8）氧气阀不得在强烈日光下曝晒，夏季露天工作时，应搭设防晒罩、棚。严禁使用无减压器的氧气瓶作业。作业中，如发现氧气瓶阀门失灵或损坏不能关闭时，应待瓶内的氧气自动逸尽后，再进行拆卸修理。

9）氧气瓶与焊炬、割炬、炉子和其他明火的距离应不小于 10m，与乙炔瓶的距离不得小于 5m。

10）开启氧气瓶阀门时，操作人员不得面对减压器，应用专用工具。开启动作要缓慢，压力表指针应灵敏、正常。氧气瓶中的氧气不得全部用尽，必须保持不小于0.1MPa的压力。

5.11 危险源辨识

项目部根据《水利水电工程施工危险源辨识与风险评价导则（试行）》（办监督函〔2018〕1693号）为依据进行辨识评价。

5.12 应急预案

5.12.1 应急救援领导小组

项目部应成立应急领导小组，落实职能组职责。

5.12.2 工作小组的主要职责

（1）组织指挥和协调处理安全事故，负责应急救援重大事项的决策，统一指挥对重特大事故现场的应急救援，控制事故的蔓延和扩大。

（2）检查督促施工队做好抢险救援、信息上报、善后处理以及恢复生活、生产秩序的工作。

（3）负责对重大安全事故应急处理工作进行指挥。

（4）及时向当地政府和公司负责人报告事故及处置情况，在超出本单位处置能力时建议向政府部门求援。

5.12.3 工作小组人员职责

（1）组长。负责召集工作小组成员研究，制定事故抢险救援对策，及时向总承包单位及上级有关部门报告；负责整个事故的处置指挥。

（2）副组长。在组长的领导下，负责组织有关人员迅速开展事故现场的抢险救援；参加事故的调查处理和事故善后工作。

（3）小组成员。在安全应急工作小组的统一部署下，负责事故现场的各项抢险救援工作，协调好各专业组，各司其职，互相配合，参加事故应急救援工作。

5.12.4 应急工作小组下设机构及职责

工作小组下设综合协调组、安全保卫组、救援组、技术组、后勤保障组、事故调查组、善后处理组，具体承担事故救援和处置工作。

专业处置组的职责如下：

（1）综合协调组由办公室、安全科为主负责。承担重特大生产安全事故的报告，通知各单位立即赶赴事故现场，保持与各处置组及上级部门的通信联络，有效协调各专业处置组的抢险救援工作，及时向当地政府、公司报告事故抢险救援进展情况。

(2) 安全保卫警戒组由安全科为主负责，施工队协助。负责组织人员对事故现场及周边地区和道路进行警戒，确定应急状态下人员疏散、转移和安置的方式、范围、路线、程序。

(3) 抢险救援组由安全科为主负责，抢救伤员、机器设备及物料。组织协调施工队以及工程抢险等抢险队伍，进行抢险救援，负责事故现场的处置与抢险。

(4) 技术组根据事故性质，由安全事故应急工作小组指定技术部门牵头负责，为抢险救援等工作提供技术支持和决策建议。

(5) 后勤保障组由办公室为主负责。负责组织协调施工队伍，落实应急救援所需的交通工具、器材、急救药品等物资的筹措、调配、运输和供应工作。

财务人员负责与医院联系，保证资金到位及时，防止因资金问题耽误治疗。

(6) 事故调查组由公司事故调查组为主负责，配合有关部门进行现场初步勘察、取证，项目部配合上级调查组开展调查处理工作。

(7) 善后处理组由公司事故调查组牵头，相关单位、人员配合，做好伤亡人员的善后工作以及遇险家属的联络、接待和安抚工作，帮助解决其衣食住行等基本生活问题。

(8) 职能组包括通信联络组、抢险抢修组、救护组、安全保卫组、事故调查组、后勤保障组、义务救援队等。

5.12.5　应急事故处理流程

应急事故发生处理流程如图 5.3 所示。

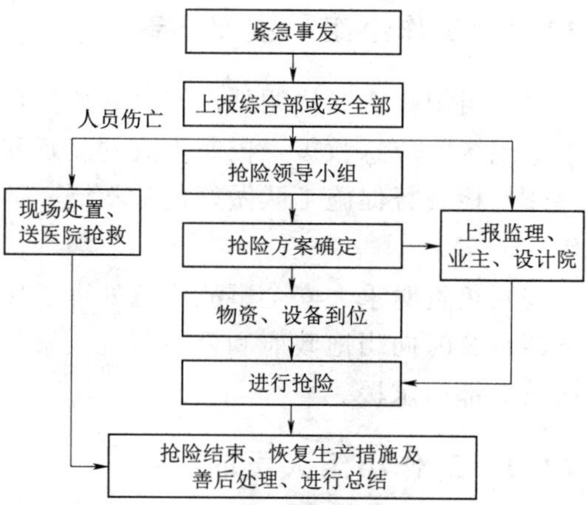

图 5.3　应急事故发生处理流程

5.12.6　突发事件应急救援措施

5.12.6.1　高空坠落应急措施

1. 应急措施

(1) 迅速将伤员脱离危险场地，移至安全地带。

(2) 保持呼吸道通畅，若发现窒息者，应及时解除其呼吸道梗阻和呼吸机能障碍，解开伤员衣领，消除伤员口鼻、咽、喉部的异物、血块、分泌物、呕吐物等。

(3) 有效止血，包扎伤口。

(4) 若伤员有骨折、关节伤、肢体挤压伤、大块软组织伤，都要固定。

(5) 若伤员有断肢等，应尽量用干净的干布（灭菌敷料）包裹装入塑料袋内，随伤员一起转送。

(6) 预防感染和止痛，可以给伤员用抗生素和止痛剂。

(7) 记录伤情，现场救护人员应边抢救边记录伤员的受伤机制、受伤部位、受伤程度等第一手资料。

(8) 立即拨打 120 救护中心与医院取得联系，并详细说明事故地点、严重程度、本部门的联系电话，并派人到路口接应。

2. 注意事项

重伤员运送应用担架。有腹部创伤及背柱损伤者，应取卧位运送；胸部伤者一般取半卧位；颅脑损伤者一般取仰卧偏头或侧卧位，以免呕吐误吸。

5.12.6.2 触电应急措施

（1）如果触电地点附近有电源开关或插销，可立即拉开电源开关或拔下电源插头，以切断电源。

（2）可用有绝缘手柄的电工钳、干燥木柄的斧头、干燥木把的铁锹等切断电源线。也可采用干燥木板等绝缘物插入触电者身下，以隔离电源。

（3）当电线搭在触电者身上或被压在身下时，也可用干燥的衣服、手套、绳索、木板、木棒等绝缘物为工具，拉开或挑开电线，使触电者脱离电源。

（4）如果是在潮湿的地方，必须切断电源后方可实施急救。

5.12.6.3 隧洞炮烟中毒应急措施

（1）发现有人炮烟中毒时：

1）先进行通风。可利用现场高压风管供给高压风，同时启动局部通风机。

2）迅速帮助中毒人员脱离中毒现场，至通风良好处。当有人中毒较深不能自主撤离时，其他人员应尽力帮助撤离。

3）松开中毒者的衣领，注意保暖，密切观察其意识状态。

（2）进入现场的救援人员应判断炮烟情况、通风效果。最好是佩戴氧气呼吸器、防毒面罩后再进入现场救人。不可盲目进入，以免抢救人员也发生中毒，造成二次、三次中毒。

（3）现场具备条件的利用氧气袋给予中毒者吸氧。呼吸停止的应立即就地进行人工呼吸。

（4）对中毒严重的、神志不清的病员应置侧卧位，防止气道梗阻。有条件的对缺氧者给予氧气吸入，并迅速送往医院抢救。

（5）中、重度中毒病人在进行其他措施的急救后，及早送到有条件的医院做高压氧舱治疗，以挽救生命，防止严重并发症和后遗症的发生。

（6）呼吸停止者立即实施人工呼吸抢救；心跳停止者立即施行胸外心脏按压。在现场或送往医院过程中，不能停止急救（供氧和人工呼吸）。

5.12.6.4 脚手架整体倒塌应急措施

1. 应急措施

（1）挖掘被掩埋人员，并转移到安全地方。

（2）保持呼吸道畅通，消除伤员口、鼻、咽、喉部的异物、血块、呕吐物等。

（3）若伤员出现呼吸、心跳骤停，应立即进行心肺复苏、人工胸外心脏按压、人工呼吸等。

（4）简易的包扎止血预防感染。

（5）立即拨打120急救中心与医院取得联系，或拨打110、119，求救帮助。上报时必须讲明事故地点、严重程度及本部门的电话号码，并派人到路口接应。

2. 注意事项

人工胸外心脏按压、人工呼吸不能轻易地放弃，必须坚持到底。

5.13　监测方案

5.13.1　监测的主要目的

钢模台车在混凝土浇筑过程中和浇筑后一段时间内，由于受压可能发生一定的沉降和位移，如变化过大可能发生垮塌事故。为及时反映钢模台车的变化情况，预防事故的发生，需要对钢模台车进行沉降和位移监测。

5.13.2　采用的规范和依据

(1)《工程测量规范》(GB 50026—2020)。

(2)《建筑变形测量规范》(JGJ 8—2007)。

5.13.3　监测项目及其预警值、允许值

(1) 支架沉降量（顶部）：架高 6m 以下为 5mm。

(2) 支架垂直度：每步架高为 $h/1000$ 及 2mm，总高为 $H/600$ 及 20mm。

(3) 支架位移（顶部）：架高 6m 以下为 5mm。

(4) 若发现异常情况，应立即停止浇筑混凝土施工作业，并报告项目部以便尽快做出处理，情况较严重时应立即撤离人员和设备。

5.13.4　监测仪器和精度

工作仪器设备的精度、稳定性直接关系到测量数据的准确性、可靠性，是测量项目能否成功的关键因素之一。本监测使用仪器设备见表 5.4。

表 5.4　　监测仪器使用表

序号	监测项目	仪器名称	仪器型号	监测精度
1	支架沉降观测	水准仪	苏光 DSZ1	1.0mm
2	支架水平位移观测	全站仪	徕卡 TZO8	1.0mm

5.13.5　监测频率

浇筑前观测 1 次；浇筑时，每隔 2h 观测一次；拆模前观测 2 次，监测浇筑段观测次数约 8 次。

5.13.6　监测技术和方法

5.13.6.1　基准点的布置

1. 水平位移监测基准点的布置

基准点的位置，对水平位移监测起到决定性的作用，应布设监测区域以外便于观测、不易破坏的地方。根据现场实际情况，选取远离监测区域约 30m 以外的测量控制点作为

基准点。基准点要周期性复核。

2. 沉降监测基准点的布置

根据现场实际情况，选取远离监测区域 20～50m 以外结构施工的标高控制点作为基准点。基准点要周期性复核。

5.13.6.2 监测点的布设

根据评审的隧洞衬砌台车方案，每个监测剖面布设 3 个支架水平位移监测点和 3 个支架沉降观测点。支架监测点布置在支架顶部，监测点一旦确定后，一般情况下不得任意改变，以免造成混乱和增大误差。

5.13.7 数据收集处理与信息反馈

施工班组负责钢模台车监测数据的收集处理。

当次完成的测量内容，要及时对数据进行处理，第二个工作日向项目部技术部门提交上一工作日的观测结果。

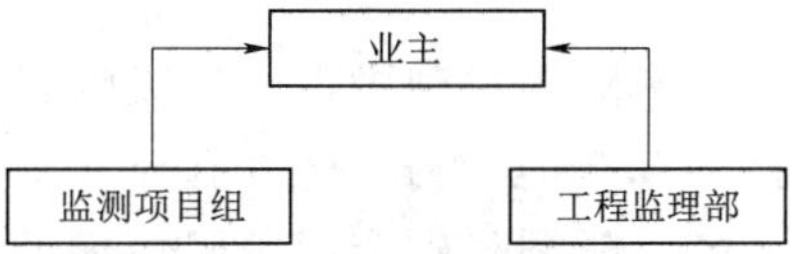

图 5.4 监测结果反馈流程图

观测结果异常时，立即口头向项目部总工办汇报，随后提交书面报告，做好交接手续。

监测结果反馈流程如图 5.4 所示。

5.14 劳动力计划

劳动力计划见表 5.5。

表 5.5 **劳动力计划表**

序号	工种	单位	数量	序号	工种	单位	数量
1	技术员	人	6	6	电焊工	人	16
2	安全员	人	6	7	电工	人	8
3	质量员	人	4	8	普工	人	16
4	安装工	人	32	合计			96
5	起重工	人	8				

第6章　隧洞灌浆施工措施

6.1　水泥注浆孔布置

（1）隧洞衬砌段Ⅲ～Ⅴ级围岩需进行固结灌浆，固结灌浆孔距约3.0m，Ⅲ级围岩偏差排距3.0m，每排9/10孔。Ⅳ级、Ⅴ级围岩排距2.5m，每排15孔。

（2）隧洞衬砌全洞段回填灌浆在拱顶中心线上和拱顶中心角90°～120°范围内进行，孔距3.0m，Ⅲ级围岩偏差排距3.0m，Ⅳ级、Ⅴ级围岩排距2.5m。固结灌浆孔顶部6孔或7孔兼作回填灌浆孔。灌浆孔布置形式如图6.1所示。

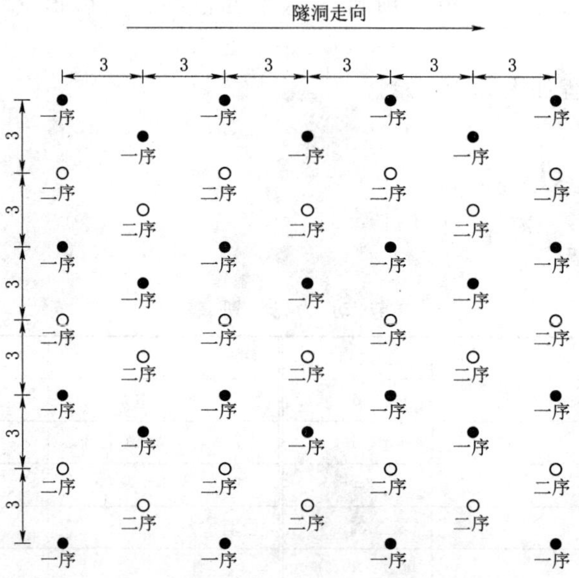

图6.1　灌浆孔布置图（单位：m）

6.2　编制依据

（1）施工组织设计。

（2）设计图纸。

（3）《水工建筑物水泥灌浆施工技术规范》（SL 62—2014）。

（4）《水利水电工程施工通用安全技术规程》（SL 398—2007）。

（5）《水利水电工程土建施工安全技术规程》（SL 399—2007）等。

6.3 施工计划

6.3.1 施工进度计划

根据平阳县南湖分洪工程施工工期紧的特点，合理组织设备，有效提高灌浆效率，是保证灌浆施工按计划完成的一个重要因素。依据总体施工进度计划安排及灌浆施工强度，2021 年 3 月 15 日至 6 月 10 日进口部分隧洞灌浆施工完成，2021 年 6 月 1 日至 8 月 20 日湖北村部分隧洞灌浆施工完成，2021 年 7 月 20 日至 11 月 10 日增光井村部分隧洞灌浆施工完成，2021 年 5 月 1 日至 7 月 15 日出口部分隧洞灌浆施工完成。

6.3.2 主要施工设备计划

拟投入主要施工设备见表 6.1。

表 6.1　拟投入主要施工设备表

序号	设备名称	型号规格	单位	数量
1	手风钻		台	12
2	空压机	VHP750E（21 m^3）	台	6
3	灌浆机	3SNS	台	12
4	高速制浆机	ZJ－400A	台	12
5	贮浆机	JJS－10	台	12
6	灌浆自动记录仪		台	12
7	电子计量称		台	6
8	水泵		台	12

6.4 施工工艺技术

6.4.1 施工具备条件

分洪隧洞灌浆施工按先回填灌浆后固结灌浆的顺序进行。在衬砌混凝土浇筑达到 70％设计强度后方可开始回填灌浆施工，固结灌浆在该部位的回填灌浆结束 7d 后进行，为了避免在钻孔时打断钢筋或预埋件，根据仪器测量确定设计图纸灌浆位置。

6.4.2 施工前准备

钻灌施工前，对施工人员进行详细的技术交底和技术培训。

做好人员组织和机械设备配备、材料准备等工作，做到分工明确，职责分明，人员稳定，保证施工顺利有序进行。

施工前，将施工面清理干净，排水系统形成及施工辅助设施完成并经检查验收合格后方可钻灌施工。

6.4.3　灌浆方法和水泥注浆试验

6.4.3.1　灌浆方法

分洪隧洞灌浆施工应按先回填灌浆后固结灌浆的顺序进行。回填灌浆在混凝土强度达到 70%设计强度后进行，固结灌浆在该部位的回填灌浆结束 7d 后进行。均采用分序加密的原则进行，具体分为Ⅰ序孔、Ⅱ 序孔，均采用孔口阻塞纯压式全孔一次灌浆法进行施工。

6.4.3.2　布孔型式

分洪隧洞灌浆施工固结灌浆Ⅲ级偏差围岩孔深为入岩 3.0m，Ⅳ级、Ⅴ级围岩孔深为入岩 4.0m。灌浆按分序加密的原则进行，为防止后续灌浆孔施工时浆液外漏。

6.4.4　施工工艺

6.4.4.1　施工工艺流程

（1）固结灌浆工艺流程：施工准备→灌浆钻孔（按先Ⅰ序后Ⅱ序顺序）→钻孔冲洗→简易压水试验→灌浆施工（按先Ⅰ序后Ⅱ序顺序）→封孔→灌浆施工质量检查。

（2）回填灌浆工艺流程：施工准备→灌浆钻孔（按先Ⅰ序后Ⅱ序顺序）→清理灌浆孔→灌浆施工（按先Ⅰ序后Ⅱ序顺序）→封孔→灌浆施工质量检查。

6.4.4.2　施工方法

1. 施工准备

施工前测量人员根据施工图纸对灌浆孔进行编号并放样，并在混凝土上标记清楚序号及孔号。

风、水、电、施工材料、施工机械等一切准备就绪后进行后续施工。

2. 钻孔灌浆设备

采用合适的钻机钻头进行钻孔，钻头采用硬质合金钻头，搅拌机拌制灰浆，多缸活塞式灌浆机灌浆。

所有钻孔按设计图纸统一编号、放点，开孔孔位偏差不大于 10cm，孔径、孔深不小于设计及规范要求。

3. 钻孔冲洗和裂隙冲洗

钻孔冲洗：钻孔完成并经验收合格后，采用大水流或压缩空气冲洗钻孔，清除孔内岩粉、渣屑，冲洗后孔底残留物厚度不大于 20cm。

裂隙冲洗：灌浆前采用压力水进行裂隙冲洗，冲洗压力采用灌浆压力的 80%，压力超过 1MPa，则采用 1MPa，冲洗时间为 20min。

当邻近有正在灌浆的孔或邻近灌浆孔结束不足 24h 时，不得进行裂隙冲洗。

钻孔冲洗方法根据不同的地质条件，通过现场灌浆试验确定。

灌浆孔（段）裂隙冲洗后，该孔（段）立即进行灌浆作业，因故中断时间间隔超过 24h 的，在灌浆前重新进行裂隙冲洗。

4. 简易压水实验

每个分洪隧洞段在Ⅰ序孔、Ⅱ 序孔中分别选5%的灌浆孔在灌浆前进行简易压水试验。

压水可结合裂隙冲洗进行。压水压力为灌浆压力的80%，该值若大于0.2MPa时，则采用0.2MPa。压水20min，每5min测读一次压入流量，取最后的流量值作为计算流量，其成果以透水率表示。

5. 灌浆施工

灌浆施工前安设抬动检测装置，在灌浆过程中连续进行观测并记录，抬动值必须在设计允许范围内。

(1) 灌浆采用纯压法，全孔一次灌浆；灌浆孔采用单孔灌注，对相互串通的灌浆孔采取并联灌注，并联孔数不多于3个（不适用于软弱地质结构面和结构敏感部位）。

灌浆段在洗孔压水结束后应及时进行灌浆作业，因故中断时间间隔超过24h，灌浆前应重新进行裂隙冲洗、压水试验。

灌浆结束后一般不待凝，可直接进行下一段钻灌作业。当遇断层破碎带等特殊情况时，灌浆结束后应进行待凝处理，待凝时间为12～24h，具体依据实际情况确定。

回填灌浆分为二序进行，二序孔包括顶孔，一序孔灌注水灰比为0.5∶1的水泥浆，二序孔根据吸浆量灌注1∶1和0.5∶1两个比级的水泥浆，空隙较大部位应灌注水泥砂浆，掺砂量不大于水泥重量的200%。回填灌浆在规定的压力下，灌浆孔停止灌浆，延续灌注10min即可结束。

(2) 浆液水灰比。灌浆施工采用42.5R级普通硅酸盐水泥，水灰比3∶1、2∶1、1∶1、0.5∶1四个比级，开灌水灰比为3∶1，并遵照浆液由稀到浓逐级变换的原则。

(3) 变浆标准。

1) 当灌浆压力保持不变，注入率持续减少，或当注入率保持不变而灌浆压力持续升高时，不能改变水灰比。

2) 当某一比级浆液注入量已达300L以上、或灌注时间已达30min，而灌浆压力和注入率均无显著改变时，换浓一级水灰比浆液灌注。

3) 当注入率大于30L/min时，可视具体情况越级变浓水灰比。

灌浆过程中，浆液变换及灌浆结束时必须测记浆液密度，其测值应反映在灌浆原始记录中。

(4) 灌浆压力。回填灌浆压力为0.2～0.3MPa，固结灌浆压力为0.5MPa。

灌浆压力尽快达到设计压力，但对断裂构造发育、注入率较大的孔段采用分级升压方式逐级升压至达设计压力，具体操作时可以压水试验压力为基础，按每0.05MPa为一级，逐级升压至设计压力，分级升压时，每级压力的纯灌时间不应少于15min。

(5) 灌浆结束标准。回填灌浆在规定的条件下，灌浆孔停止吸浆，延续灌注10min即可结束。

固结灌浆孔结束灌浆后，排除钻孔内的积水和污物，采用“全孔灌浆法”封孔，孔口空余部分用干硬性砂浆填实抹平。

6. 封孔

水泥注浆结束后，封孔采用机械封孔，应排除孔内的积水和污物，压力采用该孔段最大灌浆压力，水灰比采用 0.5∶1 的比级，在设计规定压力下，停止吸浆持续灌浆 30min，该孔封孔即可结束，再采取孔口闭浆待浆达到初凝，最后采用人工封孔，用砂浆进行人工封孔，保证孔口抹平、光滑并与混凝土表面齐平。

6.4.4.3　灌浆检查

（1）固结灌浆及回填灌浆检查孔的数量不少于灌浆孔总数的 5%。固结灌浆质量检查在该部位灌浆结束 3d 后进行，采用压水试验法，检查孔控制标准为透水率 $q \leqslant 10$lu，85%以上试段的透水率不大于设计规定值（10lu），其余试段的透水率值不超过设计规定值的 150%，且分布不集中，灌浆质量认定为合格。

（2）回填灌浆质量检查在该部位灌浆结束 7d 后进行，采用转孔注浆法，检查孔布置在顶拱中心线、脱空较大、串浆孔集中以及灌浆情况异常的部位，孔深应穿透衬砌深入围岩 10cm，压力隧洞每 10～15m 布置 1 个或 1 对检查孔，无压隧洞的检查孔布置根据实际情况可适当减少。向检查孔内注入水灰比为 2∶1 的浆液，注浆压力为 0.2～0.3MPa，初始 10min 内注入量不超过 10L，为合格。

6.4.4.4　资料整理

灌浆资料要及时、准确、详细、清楚的整理好，以便监理工程师抽查灌浆质量。原始资料整理的内容有：钻孔资料（反应钻孔过程中岩性变化、塌孔、回水颜色及岩石软硬情况等）、测斜资料、钻孔冲洗资料、压水试验资料、灌浆资料、抬动变形观测资料、钻孔取芯资料等。

6.5　施工安全保证措施

6.5.1　质量保证措施

6.5.1.1　材料、设备控制措施

1. 材料控制措施

（1）施工现场设置专用的灌浆水泥仓库，水泥的标号、细度、有机物含量等指标满足技术要求和规范要求，水泥的储存距出厂日期不超过 3 个月；严禁使用受潮结块等不符合质量要求的水泥。同一部位的灌浆水泥尽量使用同一品种、同一类型、同一强度等级的水泥。砂的细度模数、含泥量等指标满足规范要求。

（2）建立各类材料的采购、验收、搬运、储存、保管、领用制度；并附有生产厂家的质量证明书和产品使用说明书，杜绝不合格材料用于工程。

（3）浆液使用前过筛，从开始制备至用完的时间不超过 3h；超细水泥浆（湿磨浆液）超过 2h 废弃；浆液温度保持在 5～40℃。

2. 设备控制措施

（1）钻孔机械各施工参数，满足其相应的技术要求，能方便定位，保证孔位和孔向。取芯孔能达到芯样获得率要求，钻机的深度满足孔深的要求，气动钻机具备消音、除尘装

置。制浆设备采用高速制浆机，配置相应的过滤装置。测斜仪器的型号和精度满足国家有关规定的要求，并在使用前均进行校验或率定。灌浆记录仪器设备采用由监理工程师批准的、经过国家有关部门鉴定的、可测记灌浆压力、注入率和水灰比等施工参数的灌浆自动记录仪，并能反映灌浆压力和流量过程曲线。施工前准备足够的流量计、压力表、压力软管、供水管及阀门等备品。

（2）钻孔灌浆设备数量满足高峰期施工强度要求和质量、进度控制的要求，杜绝采用超压钻进、不符合要求的多孔并联灌注现象。

（3）制浆机的制浆能力满足灌浆高峰期所有机组的用浆需要，并且配备相应的其他设备。

（4）所有灌浆设备、仪器、仪表等均要经常维护保养，使其保持正常的工作状态，另外还根据需要配备一定的备用量，保证施工顺利进行。

6.5.1.2　施工人员控制措施

（1）进场培训。对所有进入本项目工地的职工进行进场培训，并进行安全交底。培训内容包括项目的质量目标、质量体系和质量管理制度，从而全面加强作业人员的质量意识。

（2）作业前培训。开工前，由总工程师负责，对开工项目进行全面技术交底；讲解图纸、项目特点、作业程序及质量要求，使作业人员熟知作业内容及质量要求；提高职工的质量意识和保证施工质量的能力。

（3）特殊作业人员培训。特殊作业人员持证上岗，上岗前在现场进行培训考核，并向监理单位报送人员进场报验。

6.5.1.3　技术控制措施

（1）开工前制订的施工措施计划报批。措施中包括施工布置、设备和材料、工艺和程序、质量保证措施、作业人员配置、施工进度计划等内容。按照批准的措施计划组织技术交底，明确质量控制点和控制办法、标准。

（2）及时整理施工记录，编制中间成果，分析施工质量及效果。

（3）对于施工过程中发现的问题，按照“三不放过”原则进行处理，对于经检查发现的问题按照“返修、再验收”程序处理。

6.5.2　安全保证措施

（1）在从事项目施工过程中，将建立健全安全检查监督机构，负责施工现场的安全管理工作，成立以项目部经理为第一责任人，专职安全员主抓和落实安全管理体系，形成安全、质量、生产三套体系，相对独立，互相制约，共同促进生产。

（2）贯彻“以人为本，安全第一”的思想，做好施工过程中的施工安全保障工作；加强员工安全生产意识教育，组织员工进行安全演练；一旦出现安全事故，及时采取有效措施进行处理。

（3）各级施工人员必须严格按安全操作规程施工，杜绝违反安全操作规程的现象发生。

（4）按照国家劳动法规定，从事现场施工人员配备相应的劳动保护用品，要求施工人员进入施工现场，必须穿戴相应的防护用品。进入施工区的人员必须佩戴安全帽。

(5) 施工现场设置专职安全员，随时在现场巡视，对发现不符合安全操作规程的作业及安全隐患，及时进行处理。

(6) 加强电源及线路的专职管理，电器开关板上必须安装漏电保护装置。加强供电线路的检查工作，避免爬地线情况的出现；加强施工照明管理，为廊道内施工创造良好的施工环境，保证工作面有充足的照明，并对照明线路定期进行检查，对漏电破损的部位及时进行检修。

(7) 做好施工通道的维护工作，保证交通安全。

(8) 确保设备的清洁美观，各种材料进入现场按指定位置堆放整齐，不影响现场正常施工，不堵塞施工通道和安全通道，材料规格标识清楚，材料堆放场要有专人看管。

(9) 铺设各种管路、线路要安全、合理、规范、有序，做到整齐美观；对风、水和供浆管路经常检查，防止风、水和供浆管“跑、冒、滴、漏”的现象。

(10) 施工现场管理要规范、干净整洁，做到无积水、无淤泥、无杂物；各种设备运转正常，做到“工完、料净、场地清”；对施工、生活垃圾入箱集中堆放，并及时清理，防止出现乱弃渣、乱搭建现象。

(11) 加强施工现场管理，严禁非施工人员进入施工现场。

6.5.3　工程资料的记录与整理

水泥注浆为隐蔽工程，施工过程记录是施工过程的真实反映，因此对施工过程的记录要真实可靠，准确反映施工过程的实际情况。

对于施工过程中的钻探记录均采用手工记录，对洗孔、压水试验、灌浆过程记录采用自动记录仪进行记录并辅以人工记录，以保证灌浆记录的真实性。

钻灌原始资料在现场完成，不得随意涂改，保证原始记录的真实性。

钻灌结束后，钻灌资料由现场记录员、班（机）长、技术员、监理人员签字认可。

施工记录包括：钻孔、测斜、洗孔、压水试验、灌浆、抬动变形观测记录、施工过程特殊情况记录等。

在每一单元的钻灌施工结束，检查孔施工完毕，应及时进行资料整理并上报监理单位，完成报验资料。

第7章　工　程　案　例

7.1　工程概况

平阳县南湖分洪工程建设内容由进口分洪闸、分洪隧洞、施工支洞及补偿工程组成。分洪隧洞包括2条，南线分洪隧洞长6.538km，北线分洪隧洞长6.563km，由上游无压段、倒虹吸段、下游无压段组成，衬后洞宽14m，设计最大分洪流量各410m^3/s。施工支洞2条，湖北村施工支洞长490m，增光井村施工支洞长302m。

本工程位于浙江西南山区，隧洞进口山体较陡。隧洞沿线的山体外（山脚下）均有县道、乡道通过，增光井村施工支洞附近场地较开阔，居民居住区较远。湖北村施工支洞附近民房较多，隧洞出口附近山体较为平缓。隧洞段经过地区山多地少，隧洞沿线的山体外（山脚下）靠57复线侧均有民房分布。

倒虹吸衔接段隧洞北线上游段桩号：ND1＋524.707～ND1＋614.707（围岩类别为Ⅳ类）计90m，北线下游段桩号：ND3＋519.697～ND3＋609.697（围岩类别为Ⅱ～Ⅲ类）计90m；南线上游段桩号：SD1＋570.974～SD1＋660.974（围岩类别为Ⅳ类，实际地质情况以现场地质编录为准）计90m；南线下游段桩号：SD3＋465.976～SD3＋555.976（围岩类别为Ⅱ～Ⅲ类，实际地质情况以现场地质编录为准）计90m。本施工方案以下游倒虹吸衔接段开挖宽度15.5m，开挖总高度为24.39m为例。

7.2　自然条件

7.2.1　地形地貌

水头镇区地处低山丘陵与沿海冲洪积、冲海积平原交互地带。低山丘陵区内山峰海拔高程大多在500m以下，溪谷发育，峭壁陡直，覆盖层较薄，表现出以下切为主的低山峡谷地貌形态。沿海平原地势较低，覆盖层厚度较大，为冲洪积、冲海积地貌，地形较平缓，地面高程一般为5.5～9.5m。

7.2.2　工程地质条件

隧洞沿线穿过的基岩为不透水的白垩系上统朝川组第一岩性段第二亚段英安质晶屑岩屑熔结凝灰岩、侏罗系上统西山头组流纹质玻屑晶屑熔结凝灰岩，以及燕山晚期第一阶段第三次侵入岩花岗岩，新鲜围岩完整。未见区域性断裂通过。

工程区内分布的地层岩性由老至新主要如下：

（1）侏罗系上统西山头组第一岩性段：区内均为酸性熔结凝灰岩、凝灰岩，以局部含次棱角状角砾为特征。岩性为流纹质玻屑晶屑熔结凝灰岩，局部过渡为流纹质玻屑晶屑熔结凝灰岩，并见含角砾。

（2）侏罗系上统西山头组第二岩性段：区内以中酸性的熔结凝灰岩、凝灰岩为主。夹中性、中酸性熔岩及沉积岩。岩性主要为英安质晶屑玻屑凝灰岩、含角砾晶屑玻屑熔结凝灰岩。中部夹1～3层粉砂岩或沉凝灰岩。顶部有时见凝灰质砂岩夹层。

（3）白垩系上统朝川组第一岩性段第二亚段晶屑熔结凝灰岩，浅红色，新鲜岩石致密坚硬。全风化带厚为0.5～1m，强风化带厚为4.5～10.1m，弱风化带厚为4～8m。

（4）第四系残坡积层含泥碎石、含碎石粉质黏土属中等透水性；强风化基岩渗透系数为$1.6\times10^{-4}\sim2.0\times10^{-2}$cm/s，以中等透水为主，弱风化基岩透水率为1.4～4.5Lu，一般属弱透水性。

7.2.3　自然气候、水文地质条件

工程区属亚热带季风气候，四季分明，气候温和湿润，雨量充沛，冬暖夏凉，冬夏季风交替明显，夏季盛行东南风，冬季盛行西北风。4月16日至7月15日为梅雨期，阴雨绵绵；7月16日至10月15日为台汛期，天气炎热，往往会发生干旱，同时热带风暴和台风活动频繁，易造成风暴灾害；10月16日至次年4月15日为非汛期，一般天气晴好。

测区内地下水类型有松散岩类孔隙潜水和基岩裂隙水，孔隙潜水受大气降水补给，并以泉水、分散水流等形式排泄、补给地表水。基岩裂隙水主要分布在侏罗纪火山碎屑岩地层的裂隙和断裂带中，表层裂隙发育，形成层状的基岩裂隙透水层，而断裂带则形成脉状含水带。

7.3　编制依据

7.3.1　编制目的

为了保证《中华人民共和国安全生产法》《中华人民共和国建筑法》及有关建设工程质量、安全技术标准、规范的切实落实，加强建筑工程项目的安全生产监督管理，保障施工人员的生命财产安全，依据《建设工程安全生产管理条例》和《危险性较大的分部分项工程安全管理规定》要求编制本方案。

7.3.2　编制依据

（1）平阳县水利发展投资有限公司正式发售的招标文件、施工图纸、《工程量清单》及合同补遗书、答疑书。

（2）浙江省水利水电勘测设计院正式发售的《平阳县南湖分洪工程施工标》招标文件、施工图纸、设计更改通知单/技术联系单编号：FH1093S—SG02—03、《工程量清单》及合同补遗书、答疑书。

(3) 现行的国家有关技术标准和施工验收规范，及有关建筑工程管理、市政管理、环境保护等地方性法规及规定。

1)《工程测量标准》(GB 50026—2020)。

2)《水利水电工程施工组织设计规范》(SL 303—2017)。

3)《水工建筑物地下开挖工程施工规范》(SL 378—2007)。

4)《水工混凝土施工规范》(SL 677—2014)。

5)《水工建筑物水泥灌浆施工技术规范》(SL 62—2014)。

6)《钢筋焊接及验收规程》(JGJ 18—2012)。

7)《普通混凝土用砂、石质量及检验方法标准》(JGJ 52—2006)。

8)《水电水利工程模板施工规范》(DL/T 5110—2013)。

9)《混凝土泵送施工技术规程》(JGJ/T 10—2011)。

10)《岩土锚杆与喷射混凝土支护工程技术规范》(GB 50086—2018)。

11)《水利水电工程锚喷支护技术规范》(SL 377—2007)。

12)《爆破安全规程》(GB 6722—2014)。

13)《职业健康安全管理体系 要求》(GB/T 28001—2011)。

14)《中华人民共和国民爆物品管理条例》。

15)《水利水电工程施工通用安全技术规程》(SL 398—2007)。

16)《水利水电工程施工作业人员安全操作规程》(SL 401—2007)。

17)《危险性较大的分部分项工程安全管理规定》(住建部令〔2018〕37 号)。

18) 本工程的设计文件（施工图）及实施性施工组织设计等技术文件。

19)《公路隧道施工技术规范》(JTG/T 3660—2020)。

20)《公路隧道设计规范 第一册 土建工程》(JTG 3370.1—2018)。

21) 其他与工程有关的国家或行业现行标准、规范、规定等。

7.3.3 编制范围

南线上游倒虹吸段桩号：SD1＋570.974～SD1＋660.974，长度 90m。

北线上游倒虹吸段桩号：ND1＋524.707～ND1＋614.707，长度 90m。

南线下游倒虹吸段桩号：SD3＋465.976～SD3＋555.976，长度 90m。

北线下游倒虹吸段桩号：ND3＋519.697～ND3＋609.697，长度 90m。

7.4 施工计划

7.4.1 施工进度计划

南、北线倒虹吸上下游连接段采用台阶开挖，计划施工开始时间为 2021 年 1 月 25 日，结束时间为 2021 年 6 月 12 日，具体进度计划见表 7.1。

表 7.1　　南、北线倒虹吸上下游连接段进度计划

序号	部　位	桩　　号	施 工 时 段	持续时间/d
1	南线上游倒虹吸衔接段	SD1＋570.974～SD1＋660.974	2021-01-25—2021-04-25	90
2	北线上游倒虹吸衔接段	ND1＋524.707～ND1＋614.707	2021-01-27—2021-05-01	94
3	南线下游倒虹吸衔接段	SD3＋465.976～SD3＋555.976	2021-03-25—2021-06-26	93
4	北线下游倒虹吸衔接段	ND3＋519.697～ND3＋609.697	2021-03-12—2021-06-12	92

7.4.2　施工设备计划

主要机械设备配置计划详见表 7.2（以单洞工作面为例）。

表 7.2　　主要机械设备配置计划表

序号	名　　称	型号/规格	数量/台
1	挖掘机	235/365	1
2	铲车	ZL50CN/1.5	2
3	运输车	25t/8t	8
4	多功能凿岩台架	自制	1
5	钢筋台车	自制	1
6	二衬台车	自制	1
7	锚杆钻机	TZ13	1
8	气腿式凿岩机	YT28	10
9	发电机	300kW	1
10	空压机	OFLS132-23.8	6
11	电焊机	BX1-500	4
12	钢筋切断机	GQ40/45	1
13	工字钢冷弯机	HD-20	1
14	水泵	22kW	1
15	鼓风机	2×110kW	1
16	湿喷机	GHP3015D	1

7.5　施工工艺技术

7.5.1　倒虹吸衔接段开挖施工基本情况

南北线倒虹吸衔接段按照新奥法原理组织施工，北线上游设计围岩级别为Ⅵ级，施工部位 ND1＋524.707～ND1＋614.707，南线上游衔接段设计围岩级别为Ⅵ级，施工部位 SD1＋570.974～SD1＋660.974（根据地质超前预判以上区域围岩级别以Ⅲ级偏差为主，

实际地质情况以现场地质编录为准）。

北线下游衔接段围岩级别为Ⅱ～Ⅲ级，施工部位 ND3＋519.697～ND3＋609.697，南线下游衔接段围岩级别为Ⅱ～Ⅲ级，施工部位 SD3＋465.976～SD3＋555.976（根据地质超前预判以上区域围岩级别以Ⅲ级偏差为主，实际地质情况以现场地质编录为准）。

在施工过程中，为保证施工及结构安全，根据量测监控的各类围岩物理力学指标、支护的受力状态、监测的位移数据的反馈，对隧洞施工方法、开挖步骤及顺序、支护参数等进行合理调整，以保证施工安全及支护结构的经济性。

倒虹吸衔接段采用机械化配套施工，无轨运输出渣，实施钻爆（钻孔、爆破）或机械开挖、装运（装渣、运输）、支护（拌和、运输、锚喷）、衬砌（运输、泵送混凝土、灌注、捣固）四条主要机械化作业线。合理的配备开挖、衬砌、运输配套设备，以及具有丰富隧洞施工经验的队伍承担该段施工任务，并制订切实可行的施工方法和可靠的保证措施严格实施。

7.5.2 施工工艺流程

7.5.2.1 测量放样

隧洞工程平面控制测量的主要任务是测定各洞口控制点的平面位置，以便根据洞口控制点将设计方向导向地下，指引隧洞开挖，并能按规定的精度进行贯通。因此，平面控制网中包括隧洞的洞口控制点，拟采用 GPS 法进行平面控制测量。

高程控制测量的任务是按规定的精度施测隧洞洞口附近水准点的高程，作为高程引测进洞的依据，高程控制采用四等水准测量的方法施测。

水准测量应选择连接洞口最平坦和最短的线路，以期达到设站少、观测快、精度高的要求。每一洞口埋设的水准点不少于两个，且以安置一次水准仪即可联测为宜。

测设隧洞中线时，通常每掘进 100m 埋设一个中线桩。由于定线误差，所有中线桩不可能严格位于设计位置上。所以，隧洞每掘进至一定长度（直线隧洞约每隔 150～200m，曲线隧洞按通视条件尽可能放长）左右侧各布设一个导线点。导线的水平角采用莱卡 1s 级全站仪至少观测两个测回。距离采用莱卡全站仪测定。洞内施工导线只能布置成支导线的形式，并随着隧洞的掘进逐渐延伸。支导线缺少检核条件，左右侧交叉布置两条支导线，一条用于碎部测量，一条用于检核，观测应特别注意，水平角应观测左角和右角，边长应往返测量。随着隧洞的掘进，导线测量必须及时跟上，以确保贯通精度。

用洞内水准测量控制隧洞施工的高程，隧洞向前掘进，每隔 100m 设置一个洞内水准点，并据此测设腰线。通常情况下水准点埋设在洞顶或洞壁上，应力求稳固和便于观测，洞内水准线路也是支水准线路，除应往返观测外，还须经常进行复测。

7.5.2.2 洞身段开挖

开挖遵循新奥法原理施工，光面爆破，上台阶采用非电毫秒雷管起爆，二、三、四台阶采用新型电子雷管逐孔起爆乳化炸药进行爆破；出渣采用反铲挖掘机配合装载机装渣，自卸汽车运输。

7.5.2.3 初期支护

在隧洞开挖的同时，根据设计更改通知单进行初期支护，以确保施工安全，支护作业紧跟掌子面。针对本施工段的地质条件，初期支护措施采用柔性支护和刚性支护两种方案。柔性支护主要指锚喷支护，包括喷混凝土、锚杆及挂钢筋网，刚性支护主要指钢拱架支护。

1. 中空锚杆施工

倒虹吸连接段，1—1 至 2—2 剖面长度 90m，施工部位南线上游倒虹吸衔接段桩号 SD1＋570.974～SD1＋600.974，设置 SD27 自进式中空注浆锚杆超前支护（@0.4m×2.0m，L＝4.5m），径向锚杆采用 A25×7 普通中空注浆锚杆（长度由 4.5m 与 6.0m 普通中空注浆锚杆组成，间距 1m）；SD1＋600.974～SD1＋630.974，设置 SD27 自进式中空注浆锚杆超前支护（@0.4m×2.0m，L＝4.5m），径向锚杆采用 A25×7 普通中空注浆锚杆（L＝6.0m，间距 1m）；SD1＋630.974～SD1＋660.974，设置 SD27 自进式中空注浆锚杆超前支护（@0.4m×2.0m，L＝4.5m），径向锚杆采用 A25×7 普通中空注浆锚杆（L＝9.0m，间距 1m）。

北线上游倒虹吸衔接段桩号 ND1＋524.707～ND1＋554.707，设置 SD27 自进式中空注浆锚杆超前支护（@0.4m×2.0m，L＝4.5m），径向锚杆采用 A25×7 普通中空注浆锚杆（L＝4.5m/6.0m，间距 1m）；ND1＋554.707～ND1＋584.707，设置 SD27 自进式中空注浆锚杆超前支护（@0.4m×2.0m，L＝4.5m），径向锚杆采用 A25×7 普通中空注浆锚杆（L＝6.0m，间距 1m）；ND1＋584.707～ND1＋614.707，设置 SD27 自进式中空注浆锚杆超前支护（@0.4m×2.0m，L＝4.5m），径向锚杆采用 A25×7 普通中空注浆锚杆（L＝9.0m，间距 1m）。

南线下游倒虹吸衔段桩号 SD3＋465.976～SD3＋495.976，设置 SD27 自进式中空注浆锚杆超前支护（@0.4m×2.0m，L＝4.5m），径向锚杆采用 A25×7 普通中空注浆锚杆（L＝4.5m/6.0m，间距 1m）；SD3＋495.976～SD3＋525.976，设置 SD27 自进式中空注浆锚杆超前支护（@0.4m×2.0m，L＝4.5m），径向锚杆采用 A25×7 普通中空注浆锚杆（L＝6.0m，间距 1m）；SD3＋525.976～SD3＋555.976，设置 SD27 自进式中空注浆锚杆超前支护（@0.4m×2.0m，L＝4.5m），径向锚杆采用 A25×7 普通中空注浆锚杆（L＝9.0m，间距 1m）。

北线下游倒虹吸衔接段桩号 ND3＋519.697～ND3＋549.697，设置 SD27 自进式中空注浆锚杆超前支护（@0.4m×2.0m，L＝4.5m），径向锚杆采用 A25×7 普通中空注浆锚杆（L＝4.5m/6.0m，间距 1m）；ND3＋549.697～ND3＋579.697，设置 SD27 自进式中空注浆锚杆超前支护（@0.4m×2.0m，L＝4.5m），径向锚杆采用 A25×7 普通中空注浆锚杆（L＝6.0m，间距 1m）；ND3＋579.697～ND3＋609.697，设置 SD27 自进式中空注浆锚杆超前支护（@0.4m×2.0m，L＝4.5m），径向锚杆采用 A25×7 普通中空注浆锚杆（L＝9.0m，间距 1m）。

普通中空锚杆注浆锚杆，杆体材料采用符号 BG/T8162，牌号为 Q345 的结构用无缝钢管；杆体公称直径为 25mm，壁厚为 7mm，设计抗拔力为 190kN。SD27N 自进中空注浆锚杆杆体材料采用高强钢，杆体公称直径为 27mm，壁厚为 6mm，设计抗拔力为 25kN。注浆材料采用 M20 以上的无收缩早强水泥浆，水灰比（W/C）为 0.3～0.5，浆液配置以及添加剂选用通过配合比试验确定。待注浆体强度达到设计强度的 50%左右时，通过拧紧杆体端部螺母垫片对锚杆施加 10kN 预拉力。

砂浆锚杆注浆材料采用 M20 水泥砂浆，C25 砂浆锚杆设计抗拔力为 120kN，要求锚杆密实度不低于 75%，为保证施工安全及应急加固的锚杆宜采用速凝锚固剂。

4.5m 长中空锚杆采用普通凿岩机施钻，6m、9m 长中空锚杆采用 TZ13 锚杆钻机施工。

2. 系统中空注浆锚杆施工工艺流程

系统中空注浆锚杆施工工艺流程为钻孔→清孔→插入锚杆→安装锚杆垫板→注浆。锚杆预先在洞外按设计要求加工，长度及外观质量符合要求。钻孔采用凿岩机按设计环向间距 100cm，纵向间距 100cm，达到设计要求后用高压风清孔，然后将加工成型并除油污、铁锈和杂质的锚杆插入孔内，杆体插入孔内的长度不得短于设计长度的 95%，实际黏结长度亦不应短于设计长度的 75%。为提高锚杆的抗剪和抗拉以及钢筋防腐蚀能力，并将孔内水泥砂浆注射饱满，从而使锚杆达到长期的设计锚固能力。

锚杆杆体采用 Q345 材料，垫板采用 150mm×150mm×10mm 的 HPB335 钢板。螺母采用与锚杆配套产品。中空锚杆注浆采用 425 号水泥浆液。锚杆杆体技术指标：中空注浆锚杆单根母体抗拉力不小于 270kN。

3. 锚杆的注浆

（1）准备好注浆机及其他设备，保证注浆机安全正常运转。

（2）检查水泥和砂的粒径、比例、温度等是否符合规定，通常用筛子控制它们的粒径，推荐砂的粒径为 1.0mm，水泥浆水灰比为 1∶1，采用 425 号水泥浆液。

（3）用水或风检查锚孔是否畅通，孔口返水或风即可。

（4）调节水流量计使砂浆水灰比至设计值为止，并记下流量计刻度，从泵出口出来的砂浆，必须要均匀，不能有断续不均现象。

（5）迅速将锚杆和注浆管及泵用快速接头连接好。

（6）开动泵注浆，整个过程应连续灌注，不停顿，必须一次完成，观察到浆液从止浆塞边缘流出或压力表达到设计值，即可停泵。若注浆过程中，出现堵管现象，应及时清理锚杆、注浆软管及泵，此时若泵的压力表显示有压，应反转电机 1～2s 卸压，方可卸下各接头，电机反转时间必须短暂，灌浆密实度不低于 75%。

（7）当完成一根锚杆的注浆后，应迅速卸下注浆软管与锚杆的接头，清洗并安装至另一根锚杆，然后注浆；若停泵时间较长，在对下根锚杆注浆前应放掉前段不均匀的灰浆，以免堵孔。注意：整个注浆过程中，操作人员应密切配合，动作迅速。

（8）注浆过程中，应及时清洗接头，保证注浆过程的连续性。

（9）完成整个注浆后，应及时清洗及保养泵。

（10）在灰浆达到初始设计强度后，方可上紧垫板及螺母。

7.5.2.4 钢筋网

钢筋网片在洞外加工成型，再利用支护台架沿洞壁铺设，网格间距满足设计要求。钢筋网成型后与洞壁系统锚杆焊接固定，搭接长度满足规范要求。

7.5.2.5 型钢拱架

倒虹吸衔接段型钢拱架按照Ⅳ类围岩支护，工字钢型号为 I20，在加工厂加工，自卸汽车运输。

依据变更联系单 003 号，倒虹吸衔接段拱部取消 C25F50 模筑二衬混凝土，变更为 I14＋C25F50 喷射混凝土厚 20cm。

型钢拱架施工顺序：初喷 C25F50 混凝土→初期支护 I20 型钢安装→喷射 C25F50 混凝土→I14 号拱部拱架安装→喷射 C25F50 混凝土。

钢架安装前分批按设计图检查验收，不合格禁用。型钢拱架在初喷后架立，清除底脚处浮渣，超挖处加设垫块。按设计安装纵向连接筋，段间连接安设垫片拧紧螺栓，确保安装质量。拱架安装后必须保证垂直度，不能发生扭曲变形。

7.5.2.6 注浆锚杆超前支护

超前支护采用 SD27 自进式中空锚杆（@0.4m×2.0m，$L=4.5$m）、垫板采用 150mm×150mm×10mm 的 HPB335 钢板。螺母采用与锚杆配套产品。

SD27 自进式中空锚杆采用风动凿岩机，利用自带钻头钻进至设计部位。

注浆由两侧对称向中间进行，自下而上逐孔注浆，如有窜浆或跑浆时，间隔注浆，最后全部完成注浆。注浆密实度不低于 75%。

7.5.3 开挖施工方法

施工方法 1（二衬采用自上而下，适用Ⅳ级、Ⅴ级围岩）和施工方法 2（二衬采用自下而上，适用Ⅱ级、Ⅲ级围岩）。南北线上下游倒虹吸衔接段施工按设计要求依 1—1、2—2、3—3、4—4 剖面及变更联系单 003 号进行初期支护，其开挖施工方法分台阶开挖。

分二、三、四台阶开挖是为保护上台阶二衬混凝土，采用新型电子雷管逐孔爆破，以控制爆破振动速度。

台阶开挖法施工注意事项如下：

（1）隧洞施工坚持“弱爆破、短进尺、强支护、早封闭、勤量测”的原则，每循环进尺约为 2m；期间根据实际围岩地质情况适当调整，开挖后及时施作初期支护。

（2）开挖方式采用弱爆破，爆破时采用小炮开挖，严格控制炮眼深度及装药量。

（3）上台阶按隧洞标准断面开挖，上台阶开挖完成后，即进行二衬混凝土浇筑。下部分为二、三、四共三个台阶，下台阶开挖采用先开挖左侧，初期支护及二衬完成后，再开挖右侧，右侧初期支护及二衬完成后，再开挖左侧，循环推进。

（4）施工中，应按有关规范及标准图的要求，进行监控量测，及时反馈结果，分析洞身结构的稳定，为支护参数的调整提供依据。

7.5.4 爆破技术参数

南北线上下游倒虹吸衔接段开挖采用钻爆法施工，根据不同的地质结构、岩石性质，采用台阶分层法（二三四台阶）开挖方法施工，以新奥法理论指导施工（隧洞新奥法施工工艺流程如图 7.1 所示）。在施工作业中应注意事项及爆破参数的选择。

1. 二至四台阶分层开挖法

二至四台阶分层法施工顺序见表 7.3。

2. 二至四台阶分层法施工注意事项

1）隧洞施工应坚持“弱爆破、短进尺、强支护、早封闭、勤量测”的原则。

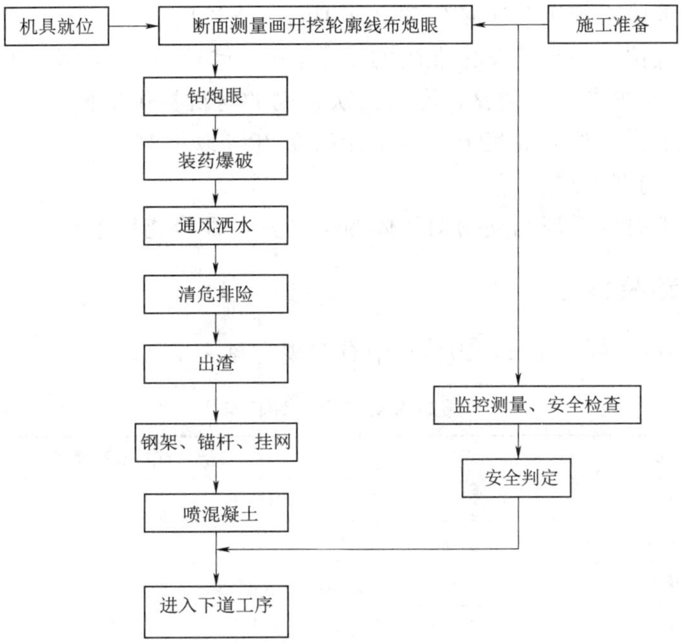

图 7.1 钻爆法开挖施工工艺流程图

2）开挖方式采用弱爆破，爆破时严格控制炮眼深度及装药量。

3）上台阶开挖支护完成后（90m 全部完成）再行开挖下台阶。

表 7.3　　二至四台阶分层法施工顺序表

序号	图　示	施工步骤说明
1	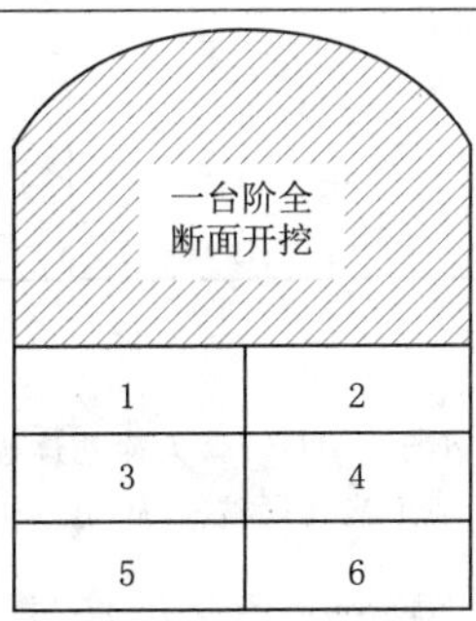	1. 开挖上台阶岩体。 2. 根据现场围岩情况施作上台阶钢架喷锚挂网等初期支护
2		1. 上台阶开挖支护全部完成后（90m）再开挖下部台阶岩体。 2. 施作下部台阶钢架喷锚挂网等初期支护。 注：其他台阶开挖支护同此

4）施工中下部围岩施工时应减少对上部围岩、支护的扰动。

5）施工中，应按有关规范及标准图的要求，进行监控量测，及时反馈结果，分析洞身结构的稳定，为支护参数的调整、灌筑二次衬砌的时机提供依据。

6）下台阶在上台阶喷射混凝土达到设计强度70%以上时开挖，当岩体不稳定时需缩短进尺，及时施作初期支护。

7）下台阶施工时要保证初支钢架整体顺接平直，螺栓连接牢靠。

7.5.5 爆破振动校核

《爆破安全规程》（GB 6722—2014）中有关规定见表7.4。

表7.4 爆破振动安全允许标准

序号	保护对象类别	安全允许质点振动速度 V/(cm/s)		
		$f \leqslant 10$Hz	10Hz$<f\leqslant 50$Hz	$f>50$Hz
1	土窑洞、土坯房、毛石房屋	0.15～0.45	0.45～0.9	0.9～1.5
2	一般民用建筑物	1.5～2.0	2.0～2.5	2.5～3.0
3	工业和商业建筑物	2.5～3.5	3.5～4.5	4.2～5.0
4	一般古建筑与古迹	0.1～0.2	0.2～0.3	0.3～0.5
5	运行中的水电站及发电厂中心控制室设备	0.5～0.6	0.6～0.7	0.7～0.9
6	水工隧洞	7～8	8～10	10～15
7	交通隧道	10～12	12～15	15～20
8	矿山巷道	15～18	18～25	20～30
9	永久性岩石高边坡	5～9	8～12	10～15
10	新浇大体积混凝土（C20）： 龄期：初凝～3d 龄期：3～7d 龄期：7～28d	 1.5～2.0 3.0～4.0 7.0～8.0	 2.0～2.5 4.0～5.0 8.0～10.0	 2.5～3.0 5.0～7.0 10.0～12.0

注 1. 爆破振动监测应同时测定质点振动相互垂直的三个分量。
2. 表中质点振动速度为三个分量中的最大值，振动频率为主振频率。
3. 频率范围根据现场实测波形确定或按如下数据选取：硐室爆破 f 小于20Hz，露天深孔爆破 f 为10～60Hz，露天浅孔爆破 f 为40～100Hz；地下深孔爆破 f 为30～100Hz，地下浅孔爆破 f 为60～300Hz。

本工程隧洞爆破 $f>50$Hz，新浇混凝土（C25F50），爆破安全允许振速 V 取12cm/s。据《爆破安全规程》（GB 6722—2014）规定采用萨氏公式来计算爆破安全允许距离。

$$R=(K/V)1/\alpha Q1/3 \tag{7.1}$$

式中 K、α——与地质地形条件有关的衰减系数，根据《平阳县南湖分洪工程初设勘察报告》，中硬岩石取 $K=150\sim250$、$\alpha=1.5\sim1.8$，K 值取200，α 值取1.8；

Q——一次齐爆的最大药量。

上、下游倒虹吸衔接段，R 取5m，Q 值取0.9kg。

（1）二衬混凝土自上而下施工，浅孔爆破针对爆区周边一般建（构）筑物的核算。

根据《爆破安全规程》（GB 6722—2014）中有关规定，本工程爆破安全允许振速：一般建筑物取为2.0cm/s。

$$V=K(Q1/3/R)\alpha \tag{7.2}$$

式中 K、α——与地质地形条件有关的系数和衰减指数，查表知，本工程取 $K=200$、$\alpha=1.8$；

R——爆破振动允许安全距离，m。

本设计按上述验算结果进行毫秒微差爆破设计、控制同段起爆药量符合爆破振动安全要求；将有关数据代入式（7.2）得出爆破振动控制表。

爆区周边环境：主要保护上台阶已施工完成的。

$$V_1=k[51/31R(\text{取 }0.9)]\alpha=200\times(51/3/0.9)\times1.8=10.35\text{cm/s} \tag{7.3}$$

$V_1=10.35\text{cm/s}<$爆破安全允许振速（$V=12\text{cm/s}$），符合爆破振动监测要求，对上台阶二衬混凝土无影响。

（2）二衬混凝土自下而上施工，浅孔爆破针对爆区周边一般建（构）筑物的核算（无保护对象）。

7.5.6 降低爆破振动的操作要求

（1）控制单响最大用药量。

（2）控制一次爆破最大用药量。

（3）采用毫秒延期及光面爆破，下台阶采用新型电子雷管逐孔爆破。

（4）减小最小抵抗线。

（5）选择合理的装药结构。

（6）加强爆破振动监测。

7.5.7 安全检查

建立定期的安全检查制度，定时间、定要求，明确重点部位、重点设备、危险岗位。项目部半个月、工区每周、工程队每天一次进行检查和总结，提出整改意见，落实整改措施，并进行复检。

7.5.8 爆破控制级别

按经评审后的《南湖分洪工程爆破设计方案》评定，本工程控制爆破级别为隧洞控制爆破C级。

7.5.9 爆破警戒方案

因隧洞掘进已有较大距离，衔接段掘进的爆破安全警戒只需要在掘进方向相反方向300m处设立警戒点，拉好警戒带，警戒区域内人员设备撤至警戒线外即可。由当班爆破员、安全员负责警戒。当相邻或相向的爆破掘进掌子面相邻小于50m大于15m时，必须由工区长协调指挥错时爆破。即一个掌子面实施爆破作业时，相邻或相向的掌子面作业人员和设备必须撤至300m外的安全地带，待爆破作业掌子面爆后检查确认安全后，才可恢复作业。当相向掌子面距离不大于 15m 时，必须单头掘进，停止相向掌子面的爆破作业施工，并且在相向 300m 外设立警戒线，在实施爆破作业期间，现场施工值班人员应服从工区长的指派，在警戒线外警戒，严禁人员和设备入内施工作业，直至爆破作业结束。

7.6　衔接段二衬施工方案

7.6.1　衔接段混凝土二衬概况

南湖分洪工程项目分南北两条隧洞，共设置四个倒虹吸衔接段，施工部位南线上游倒虹吸段桩号 SD1＋570.974～SD1＋660.974，长度 90m，北线上游倒虹吸段桩号 ND1＋524.707～ND1＋614.707，长度 90m，南线下游倒虹吸段桩号 SD3＋465.976～SD3＋555.976，长度 90m，北线下游倒虹吸段桩号 ND3＋519.697～ND3＋609.697，长度 90m。混凝土强度等级 C25F50，边墙厚 35cm，底板厚 50cm，拱底采用喷射混凝土支护。

Ⅳ级、Ⅴ级围岩采用自上而下浇筑，Ⅱ级、Ⅲ级围岩采用自下而上浇筑。其中南线、北线上游连接段上部采用钢模台车浇筑，下部采用胶合板分段分层浇筑；下游连接段受工期影响，二衬台车距离倒虹吸衔接段较远，全部采用胶合板分段分层浇筑。

7.6.2　模板选材

南北线隧洞上游倒虹吸衔接段上部采用钢模台车，上游倒虹吸衔接段下部及下游倒虹吸衔接段全部采用 18mm 厚木胶合板（1830mm×915mm），木方和钢管作楞，配套穿墙螺栓使用 ϕ14 高强螺栓。竖向内楞采用 50mm×100mm 木方，水平外楞采用双钢管 ϕ48×3.5。加固通过在双钢管处打孔拉结穿墙螺栓。斜撑采用钢管 ϕ48×3.5。

7.6.3　主要材料

主要材料见表 7.5。

表 7.5　　主　要　材　料

序号	名称	规　　格	备　注
1	面板	1830mm×915mm×18mm	
2	方木	50mm×100mm	
3	钢管	ϕ48×3.5mm×6mm	
4	扣件	十字扣	
		旋转扣	
5	对拉螺栓	ϕ14	

7.6.4　浇筑及模板安装

（1）浇筑方式：Ⅳ级、Ⅴ级围岩自上而下浇筑进行二衬混凝土浇筑。南北线上游倒虹吸衔接段上部采用钢模台车。南北线上游倒虹吸衔接段下部及下游倒虹吸采用胶合板进行二衬混凝土浇筑，其模板安装：经监理验收完毕、轴线及模板定位线和施工缝处理完毕后准备模板安装。安装模板前，要清除墙杂物，焊接或修整模板的定位预埋件，做好测量放线工作，抹好模板下的找平砂浆。

施工顺序：上部全断面开挖→初支→上部钢模台车二衬→下部左侧分层开挖→左侧二衬混凝土浇筑→下部右侧分层开挖→右侧二衬混凝土浇筑。

模板安装顺序：模板定位→模板安装→垂直度调整→模板加固→验收。

(2) 浇筑方式：Ⅱ、Ⅲ类围岩自下而上进行二衬混凝土浇筑。

施工顺序：上部全断面开挖→初期支护→下部分层分台阶开挖→初期支护→下部二衬混凝土浇筑→回填洞渣→钢模台车浇筑上部二衬混凝土→回填石渣挖除。

模板安装顺序：模板定位→模板安装→垂直度调整→模板加固→验收。

(3) 技术要点。

1) 模板支设前将基底面清理干净，不得有积水、杂物，并将施工缝表面冲净。为防止墙体模板根部接缝处出现漏浆“烂根”现象，墙模安装前，必须贴海绵条，做到平整、准确、黏结牢固保证在浇筑时不漏浆。穿墙螺栓的安装必须严格按要求进行加固，在墙体下部 1/3 范围必须使用双螺帽。

2) 模板定位。

当底板混凝土浇筑完毕并具有一定强度（≥1.2MPa），即用手按不松软、无痕迹，方可上人开始进行轴线投测。根据轴线位置放出墙截面位置尺寸线、模板 50cm 控制线，以便于墙模板的安装和校正。

首先引测结构尺寸控制线，并以该控制线为起点，引出墙控制线，用墨线弹出模板的内线、边线以及外侧控制线，施工前三线必须到位，以便于模板的安装和校正。

3) 模板安装加固。四周竖向内背楞采用 50mm×100mm 木方，间距 150mm，每个侧面两端的方木与模板用圆钉固定，水平外楞采用钢管 ϕ48×3.5，间距 600mm。加固通过模板上打孔拉结穿墙螺栓，水平间距为 300mm、竖向间距为 600mm，端头带圆塑料块限位片，以便拉杆端头处理。斜向支撑用钢管上中下三道进行间距 600mm 加固，以保证其稳定。

模板组装前要进行组装设计，板缝留设要一致，拉杆间距要在满足设计要求的同时达到美观要求，严禁乱设。组装时严格按照模板配板设计图的尺寸，并拼装成整体。模板在现场拼装时，要控制好相邻板面之间的拼缝，两板接头处要加设卡子，以防漏浆，拼装的精度要求如下：

a. 两块模板之间拼缝 ≤1cm。

b. 相邻模板之间高低差 ≤2cm。

c. 模板平整度 ≤3cm。

d. 模板平面尺寸偏差 ±3cm。

模板搭设必须搭设双排钢管脚手架，脚手架立柱必须落在有足够承载力的地基上，立柱底端必须放置垫板或混凝土垫块，立杆纵横间距不得大于 1200mm，步距不得大于 1500mm，并严格按规范要求设置剪刀撑、顶杆、扫地杆、斜撑等，保证架体安全、稳固。

7.6.5　质量要求

（1）模板安装应满足下列要求：①模板的接缝不应漏浆；②在浇筑混凝土前，木模板应浇水湿润，但模板内不应有积水；③模板与混凝土的接触面应清理干净并涂刷隔离剂；④浇筑混凝土前，模板内的杂物应清理干净。

（2）模板垂直度控制。

1）对模板垂直度严格控制，在模板安装就位前，必须对每一块模板线进行复测，无误后，方可安装模板。

2）模板拼装配合，施工员及质检员逐一检查模板垂直度，确保垂直度不超过 5mm，平整度不超过 2mm。

（3）模板的变形控制。

1）浇筑混凝土时配好照明设备，分层浇筑，层高控制在 500mm 以内，严防振捣不实或过振，使模板变形。

2）模板支立后，拉水平、竖向通线，保证混凝土浇筑时易观察模板变形、跑位。

3）浇筑前认真检查螺栓、顶撑及斜撑是否松动。

（4）模板的拼缝、接头。模板拼缝、接头不密实时，用塑料密封条、海绵等堵塞。

（5）混凝土浇筑时，所有墙板全长、全高拉通线，边浇筑边校正墙板垂直度，每次浇筑时，均派专人专职检查模板，发现问题及时解决。

（6）为提高模板周转、安装效率，事先按工程桩号位置、尺寸将模板编号，以便定位使用。拆除后的模板按编号整理、堆放。安装操作人员应采取定段、定编号负责制。

7.6.6　其他注意事项

在模板工程施工过程中，严格按照模板工程质量控制程序施工。同时严格执行“交底”制度、“三检”制度，操作前施工员对施工队伍进行书面形式的技术交底。

（1）胶合板选统一规格，面板平整光洁、防水性能好的。

（2）进场木方先压刨平直统一尺寸，并码放整齐，木方下口要垫平。

（3）模板配板后四边弹线刨平，以保证墙体阳角顺直。

（4）模板安装基层找平，并粘贴海绵条，模板下端与事先做好的定位基准靠紧，以保证模板位置正确和防止模板底部漏浆。

（5）模板的对拉螺栓孔平直相对，穿插螺栓不得斜拉硬顶。

（6）支柱所设的水平撑与剪刀撑，按构造与整体稳定性布置。

7.6.7　模板拆除

墙模板在混凝土强度达到 2.5MPa，能保证其表面及棱角不因拆除而损坏时方能拆除。模板拆除顺序与安装模板顺序相反，先拆除外侧模板，再拆除内侧模板。拆墙模板时，首先拆下穿墙螺栓，再松开地脚螺栓，使模板向后倾斜与墙体脱开。不得在墙上撬模板，或用大锤砸模板，保证拆模时不晃动混凝土墙体。

7.7 施工安全控制措施

7.7.1 安全施工组织与管理

安全为了生产，生产必须安全。全体施工人员必须贯彻“安全第一，预防为主，综合治理”的方针。各级领导必须坚持“管生产必须管安全”的原则，严格履行岗位安全职责，正确处理安全与生产、安全与效益的关系，积极改善职工作业环境。依靠科学管理和技术进步，推动安全生产工作的开展，控制人身伤亡事故的发生。

(1) 主要负责人为安全生产的第一责任者，对本工程施工安全生产负全面责任，各生产班组长对本班组的安全生产负直接领导责任，各生产工人对本岗位的安全生产负责。

(2) 成立以主要负责人为组长，有技术员、爆破员、安全员、班组长等参加的安全生产管理小组，并组成安全管理网络。

(3) 建立由工地领导、技术员、爆破员、安全员在内的轮流值班制度，检查监督施工现场及班组安全制度的贯彻执行，并做好安全值日记录。

(4) 项目部建立健全各类人员的安全责任制、安全技术交底、安全宣传教育、安全设施验收和事故报告等管理制度。

(5) 所有施工人员上岗前必须经过安全教育，接受安全技术交底方能上岗。

(6) 从事特种作业的人员，须按国家有关规定经有关部门进行专门的安全知识和操作技能培训，并经考核合格，取得作业资格证后方能上岗工作。

(7) 所有施工人员进入施工现场，必须正确穿戴好个人劳动防护用品，严禁酒后上班。

(8) 施工现场必须设置明显的标志牌、规程牌、警示牌。

7.7.2 隧洞掘进安全技术措施

(1) 各种凿岩机械必须保持工况良好、安全、灵活、可靠，操作人员须按操作规程作业。作业前应检查压气胶管接头，机械连接螺帽等是否安全牢固。

(2) 凿岩前必须进行“四检查”和“四清除”。即检查和清除炮烟和残炮；检查和清除盲炮（由爆破员处理）；检查和清除顶、帮、掌子面浮石；检查和清除支护的不安全因素。

(3) 凿岩时应做到“四严禁”。即严禁打残孔；严禁打干孔；严禁戴手套扶钎杆；严禁站在凿岩机钎杆下。

(4) 退出凿岩机或更换钎杆时，应减速慢退，切实注意钎杆位置，避免钎杆脱落伤人。

(5) 凿岩时若遇流沙层或突然涌水地段，应停止作业，并迅速报告有关部门。

(6) 作业完毕，应将一切设备和工具移至安全地点。

如遇断层或软弱围岩，要及时采取以下措施：①因岩石很松散，易掉块，开挖时应采用少装药、弱爆破、短进尺的方法，减少围岩受爆破影响程度，使岩层暴露的空间小，不至于出现大量的掉块、塌方；②在碰到断层前 1～2m，即开始打设超前锚杆进行超前支护，对围岩进行超前加固；③每一循环爆破完后，立即进行喷混凝土，喷层厚为 5cm，以封闭岩石软弱面，使其形成一层柔性薄壁支护，暂时稳固围岩。待混凝土喷完后安装系统锚杆，挂上一层钢筋网，最后再按设计喷混凝土，彻底封闭围岩。

7.7.3　超前地质预报

7.7.3.1　超前地质预报内容

（1）地层岩性预测预报，特别是对软弱夹层、破碎地层及特殊岩土的预测预报。

（2）地质构造预测预报，特别是对断层、节理密集带、褶皱轴等影响岩体完整性的构造发育情况的预测预报。

7.7.3.2　超前地质预报方法

1. 地质调查法

根据隧道已有勘察资料、地表补充地质调查资料和隧道内地质素描，通过地层层序对比、地层分界线及构造线地下和地表相关性分析、断层要素与隧道几何参数的相关性分析、临近隧道内不良地质体的前兆分析等，利用常规地质理论、地质作图和趋势分析等推测开挖工作面前方可能出现的地质情况。

2. 地质雷达法

地质雷达探测是利用电磁波在隧道开挖工作面前方岩体中的传播和反射，根据传播速度和反射脉冲波进行超前地质预报的一种物探方法。本方案地质雷达预报距离为 30m。连续预报时前后两次重叠长度为 5m。

（1）测线布置。在掌子面隧道底面上方 1.5m 处，布置了一条水平测线（图 7.2），探测掌子面 30m 进深范围内的地质状况。

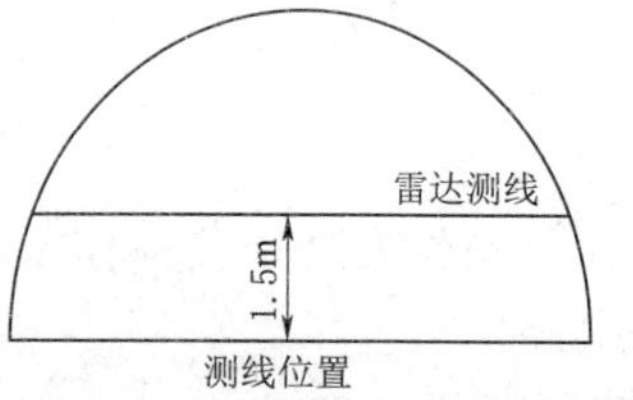

图 7.2　地质雷达测线布置图

（2）预报仪器。本次地质雷达超前预报采用美国劳雷公司的 GSSI 地质雷达 Sir4000。探测时，使用 100MHz 屏蔽天线，记录长度 800ns，采样点数 1024、叠加次数 64 次、0.1m 道间距。

3. TSP 预报

本次地质 TSP 超前预报采用瑞士安伯格测量技术公司的 TSP303 超前地质预报系统。该系统主要采用回声测量原理，即地震波在指定的震源点（一般在隧洞的左边墙或右边墙布置约 24 个炮孔）用小量炸药激发产生地震波，地震波在岩石中以球面波的形式向前传播，当地震波遇到波阻抗差异界面（如断层、岩体破碎带、软弱结构面等不良地质体）时，一部分地震波信号反射回来，一部分地震波信号透射进入前方介质。反射的地震波信号被布置在左右边墙的两个三维高灵敏度的地震检波器接收，通过对接收信号的运动学和动力学特征进行分析，便可推测断层、岩体破碎带、软弱结构面等不良地质体的位置、规模及性状等。TSP303 观测、接收系统平面示意图如图 7.3 所示。

（1）测试工作。

1）钻孔。在隧洞左、右壁各布置 1 个接收孔，在左或右壁布置 24 个爆破孔，采用风

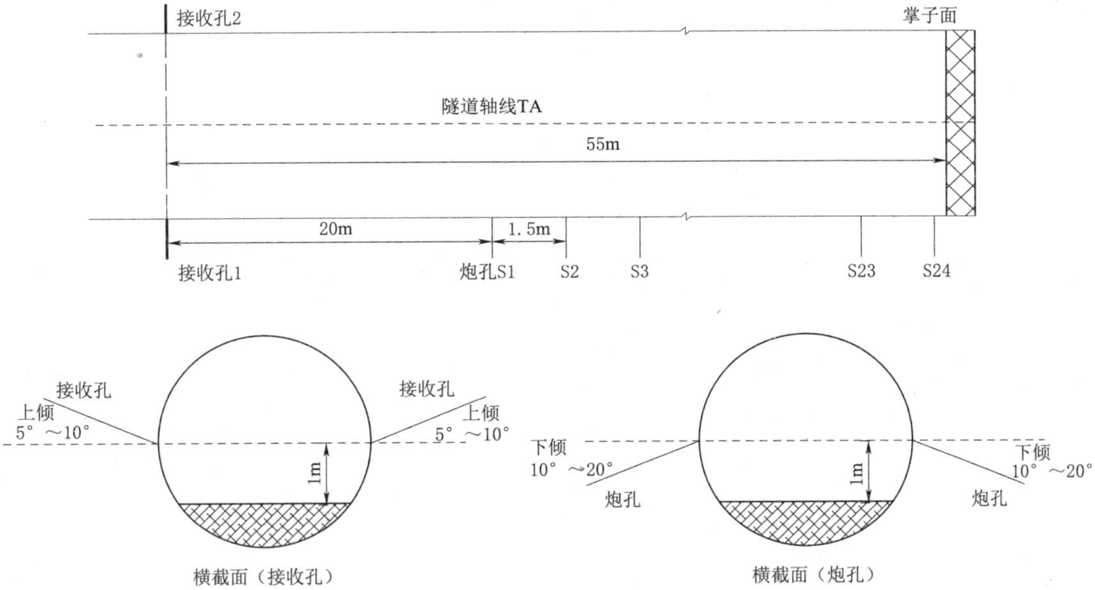

图 7.3 TSP303 观测、接收系统平面示意图

钻钻孔。接收孔：距掌子面 55m，距第一个爆破孔 20m，接收孔直径为 ϕ50mm，孔深为 2.0m，向上倾斜 5°～10°，孔口距洞底面约 1.0m。爆破孔：第一个爆破孔距接收孔 20m，其余爆破孔间距为 1.5m 呈直线分布，孔直径为 ϕ38～45mm，孔深为 1.5m，垂直于隧洞轴向，向下倾斜 10°～20°，孔口距洞底面约 1.0m。

当接收孔和爆破孔造孔完成后，立即插入孔径略小、长度稍长的 PVC 管或钢筋等，以保护钻孔防止堵孔，在埋设接收器或炸药时，再将 PVC 管取出。

2）接收器埋设。在现场测试前，将特制的接收器套管插入孔内，并采用不收缩水泥或锚固剂进行孔内灌注使其与周围岩体黏合在一起，保持接收器套管与周围岩体良好耦合。在现场测试时，将接收传感器安装在特制套管内，连接电缆至 TSP 主机。

3）炸药埋设。将瞬发电雷管与炸药连接牢固，塞入爆破孔孔底，然后灌水封闭炮眼。电雷管的两根引线接出孔外与起爆线相连。每个炮眼根据围岩软硬、完整程度及距接收传感器位置的远近装入不同分量的一级岩石乳化炸药（50～200g）。

4）试验数据的采集。在放炮采集信号时，应停止周围 300m 范围内一切施工干扰，自第一炮眼（近接收传感器）激发地震波，记录仪将同时启动并记录地震波信号，分别记录左、右壁传感器的 3 个分量信号。自动存盘记录后，依此在其他炮眼激发地震波，直到最后一炮记录结束，完成野外试验数据的采集。有效激发孔数不少于 20 孔。

（2）预报仪器。本次地质 TSP 超前预报采用瑞士安伯格测量技术公司的 TSP303 超前地质预报系统。

7.7.4 洞内净空收敛监测

收敛变形观测采用 Leica 全站仪、瑞士徕卡 TS02PLUS 全站仪，监控隧洞掘进过程中平面内尺寸的变化情况，本工程设计隧洞内收敛变形（收敛测点）监测断面间距：Ⅴ级围岩为30m；断层破碎带为10m。某监测断面的测点布设示意图如图7.4所示。

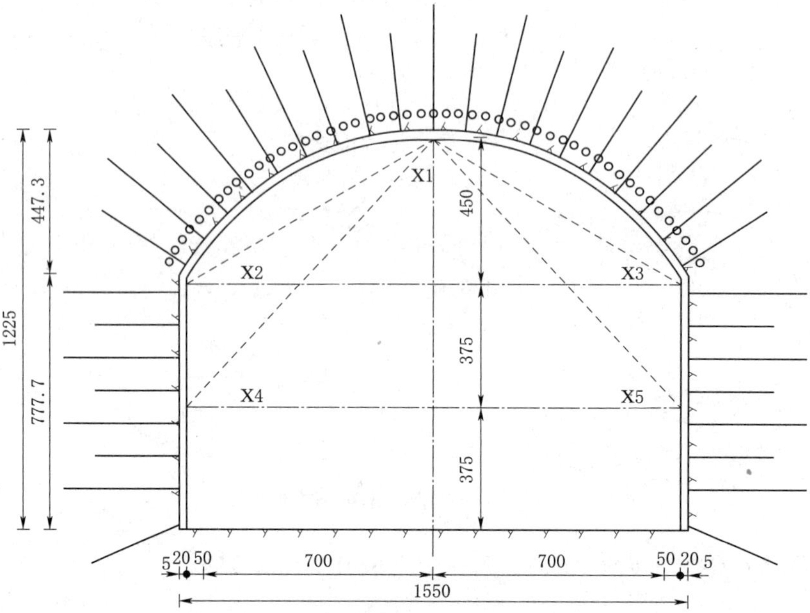

图7.4　某监测断面的测点布设示意图

7.7.5　拱顶下沉监测

拱顶沉降观测采用Leica全站仪、瑞士徕卡TS02PLUS全站仪，量测隧道拱顶测点的沉降位移值，主要监控隧洞掘进过程中竖向尺寸的变化情况，指导施工期的支护。拱顶下沉监测断面间距：Ⅴ级围岩为30m；断层破碎带为10m。

7.7.6　支护结构受力监测

采用振弦式仪器检测仪进行测量，测量完毕记录仪器的输出值、温度值、仪器编号、测量时间等相关信息。根据支护情况，选择在钢拱架的拱顶和拱腰位置安装应变计，监测支护结构受力变化情况，选择锚杆和钢拱架布置锚杆应力计和钢拱架应力计。支护结构受力监测仪器埋设示意图如图7.5所示。

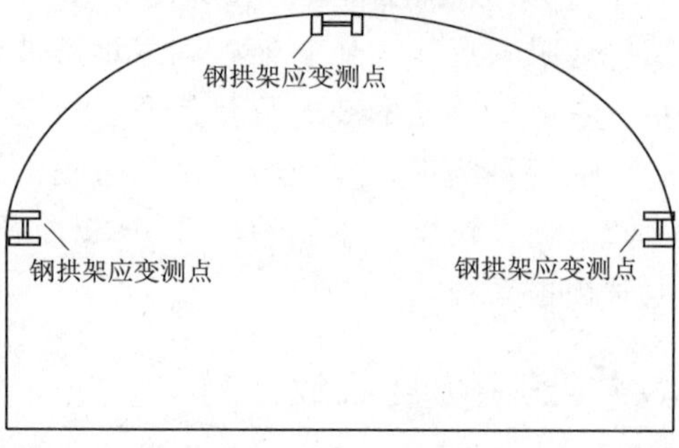

图7.5　支护结构受力监测仪器埋设示意图

7.7.7　洞内巡视检查

对开挖之后尚未支护的围岩进行巡视，及时绘制开挖工作面地质素描图、数码成像，填写开挖工作面地质状况记录表，并与勘查资料进行对比。掌握开挖面的工程地质和水文地质条件。主要包括：岩质种类和分布状态、岩性特征、地层的时代归属和产状、节理裂隙的发育程度、断层的性质、地下水类型、开挖工作面的稳定状态。已施工地段观察，应记录喷射混凝土、锚杆、钢架变形和初次衬砌等的工作状态。

洞内巡视检查主要针对以下两点：①既有裂缝；②表面渗漏水。

观察中，如果发现异常情况，要详细记录发现时间、距离开挖工作面的距离以及附近各测点的各项监测数据。

7.7.8 钻孔波速测试

钻孔波速测试（围岩松动圈测试）是弹性波测试方法中的一种，其理论基础建立在固体介质中弹性波的传播理论上。该方法是以人工激振的方法向介质（岩石、岩体、混凝土构筑物）发射声波，在一定的空间距离上接收介质物理特性调制的声波，通过观测和分析声波在不同介质中的传播速度、振幅、频率等声学参数，解决一系列岩土工程中的有关问题，用于检测岩体松动范围。

7.7.9 爆破振动监测

1. 监测内容

主要监控在南北线倒虹吸段隧洞爆破开挖过程中，爆破振动对已开挖隧洞支护结构的影响。

2. 监测方法

针对爆破振动衰减规律的观测。以爆破中心为震源，沿同一方向在已开挖隧洞支护结构左侧或右侧布置一个测点，在距爆破 25m 处进行质点振动速度监测。

3. 监测仪器

中国科学院 TC－4850 爆破测振仪，精度（1mm/s）。

7.7.10 爆破噪声监测

1. 监测内容

主要监控在南北线倒虹吸段隧洞爆破开挖过程中，爆破噪声对该段施工范围内周围村庄昼夜的噪声量。

2. 监测方法

（1）针对爆破振动范围。以爆破中心为声源，以中心垂直延伸至村庄最近房屋距离为范围进行噪声监测。根据《工业企业厂界环境噪声排放标准》（GB 12348—2008），2 类环境昼间噪声上限为 60dB、夜间为 50dB。

（2）监测仪器。采用 AWA5688 多功能声级计，灵敏度级：－40dB，测量区间：30～133dB。

（3）测量条件。

1）气温条件：在无雨雪、无雷电天气，风速为 5m/s 以下时进行。

2）测量工况：在被测声源正常工作时间进行，同时注明当时的工况。

3）测点布设：一般情况下，在距声源最近村庄房屋处布设多个测点。

4）测量时段：分别在昼间、夜间两个时段测量。夜间同时测量最大声级。

7.7.11　监控量测频率

依据《铁路隧道监控量测技术规程》（TB 10121—2007），监控量测频率按表 7.6 确定，当出现异常情况或不良地质时，增大监控量测频率。

表 7.6　监控量测频率表

监控量测断面距开挖面距离/m	监控量测频率	监控量测断面距开挖面距离/m	监控量测频率
（0～1）B	2 次/d	（2～5）B	1 次/（2～3）d
（1～2）B	1 次/d	＞5B	1 次/7d

注　B 为隧道开挖宽度。

7.7.12　测点布设

南北线上下游倒虹吸衔接段监测情况如下：

（1）超前地质预报。超前地质预报为 25m 一循环，下穿段 ND1＋524.707～ND1＋614.707、SD1＋570.974～SD1＋660.974，每 25m 进行一次超前地质预报，共开展 4 次地质超前预报 2 次 TSP 超前预报。

（2）洞内净空收敛监测。共布置 4 个收敛监测断面，对应桩号分别为 ND1＋550、ND1＋590、SD1＋605、SD1＋645（具体断面位置和数量可根据现场地质情况进行调整）。

（3）拱顶下沉监测。与洞内净空收敛监测为同一断面。

（4）支护结构受力监测。共布置 4 个支护结构受力监测断面，对应桩号分别为 ND1＋550、ND1＋590、SD1＋605、SD1＋645（具体断面位置和数量可根据现场地质情况进行调整）。

（5）钻孔波速测试。共布置 2 个钻孔波速测试断面，对应桩号分别为 ND1＋550、SD1＋605（具体断面位置和数量可根据现场地质情况进行调整）。

（6）爆破测振监测。南北线上下游倒虹吸段各布置一个爆破测振点，爆破振动监测根据施工情况每天两次。

7.7.13　监控量测工作注意事项

（1）量测点的安设应能保证初读数在爆破 24h 内和下一循环爆破前完成，并测取初读数。

（2）测点安设在距开挖面 2m 范围内，且不大于一个循环进尺，并应细心保护，不受破坏。

（3）各项位移的测点，布置在同一断面内，测设结果可互相印证，协同分析及应用。

（4）围岩压力量测除应与锚杆轴力量测孔对应布置外，还要在有代表性的部位设测点，以便了解支护体系在整个断面上的受力状态与支护效果。

（5）监测设施的保护措施。

1）现场保证：布设点位时，保障点的合理性的同时还要保证其有不容易被破坏的强度，必要时加护筒和盖子给予保护。加强现场管理人员和技术员的巡查力度，高度重视监测点的保护工作。监测队伍对各项监测项目的测点应有状态给予技术交底，必要时有照片资料，便于现场工人理解和实施。

2）测量基点保护措施：加盖护筒在点周围围护，必要时加盖盖子。对现场做清扫作业的工人要交代清楚，防止被土灰或泥土覆盖掩埋。

3）水平收敛监测点保护措施：安装时注意棱镜的稳固结实，露出的部分不对其他施工工序作业产生影响。

7.7.14 监测控制标准

隧洞周边实测位移相对值或用回归分析推算的最终位移值均应小于表7.7所列数值。当位移速度无明显下降，而此时实测位移相对值已接近表中的规定值，同时支护混凝土表面已出现明显裂缝；或者实测位移速度出现急剧增长时，必须立即采取补强措施，并改变施工程序或设计参数，必要时应立即停止开挖，进行施工处理。

具体控制指标如下：

表7.7 隧洞周边允许位移相对值单位：m

围岩级别	埋深/m		
	<50	50～300	>300
Ⅱ、Ⅲ	0.10～0.30	0.20～0.50	0.40～1.20
Ⅳ	0.15～0.50	0.40～1.20	0.80～2.00
Ⅴ	0.20～0.80	0.60～1.60	1.00～3.00

（1）对爆破实施风险管理，当振速达到预警值12cm/s时实行报警。

（2）当收敛位移变形日变化量超过3mm/d，或累计变形量超过25mm进行报警。

（3）当拱顶沉降日变化量超过3mm/d或累计变形量超过20mm进行报警。

（4）支护结构应力超过80%f（f为设计值）进行报警。

（5）控制段隧洞钢拱架支护结构出现新增裂缝，直接报警。

监测结果超过报警值时应加密观测，当有危险事故征兆时应连续观测，并及时通知有关人员立即采取应急措施。为确保施工安全，加强隧道监测，及时将监测数据及时反馈给有关人员，实行信息化施工，对各监测项目按规范要求设置预警值，超出报警值时迅速报有关部门处理。

7.7.15 监测反馈及信息化施工管理

（1）监测工作进行一段时间或施工某一阶段结束后都要对量测结果进行总结和分析，把原始数据通过一定的方法，如按大小的排序，用频率分布的形式把一组数据分布情况显示出来，进行数据的数字特征值计算、离群数据的取舍。寻找一种能够较好反映数据变化规律和趋势的函数关系式，对下一阶段的监测数据进行预测，以预测该测点可能出现的最大位移值和应力值，预测结构的安全状况，评价施工方法，确定工程措施。

（2）绘制主要监测项目历时曲线图，对时态曲线应进行回归分析，预测可能出现的最大值和变化速度。

（3）根据量测成果对围岩稳定性进行综合判别。

1）当隧道水平位移收敛速度为0.1～0.2mm/d，拱顶下沉位移速度为0.1mm/d时，可以认为围岩已基本稳定。

2）当位移在时间曲线出现反弯点，即位移出现反常的急骤增加现象，表面围岩和支护已呈不稳定状态，应及时加强支护必要时应停止掘进，采取必要的安全措施。

7.8　通风防尘安全措施

（1）按同时工作的人数计算，排尘最小平均风速，在工作面不得低于 0.15m/s，隧洞不得低于 0.25m/s。

（2）放炮后要将风筒及时接至工作面，风筒末端与工作面距离，压入式通风不超过 10m，抽出式通风不超过 5m，混合式通风不超过 10m。

（3）为降低风阻要做到：风筒吊挂平直，拉紧吊线，逢环必吊，缺环必补，拐弯缓慢，放出积水，有破损要及时补好。同时避免在洞内正面任意停放设备，堆积木材或器材。

（4）坚持以风、水为主的综合防尘措施，做到湿式凿岩标准化，通风排尘、喷雾洒水制度化，个人防护经常化。

（5）凿岩用水尽量保持清洁，禁止使用污水，要求固体悬浮物不大于 150ng/e，pH 值为 6.5～8.5。给水量（重量）应达到排粉量的 10～20 倍，一般不小于 5～8kg/min。

（6）喷雾水要常开，降低空气中粉尘含量。

（7）装岩前，应向工作面 10～15m 内的顶、帮和岩渣上洒水，岩渣要分层洒水，洒湿洒透。

7.9　拆模安全文明施工措施

（1）拆模时操作人员必须挂好、系好安全带。

（2）支模前必须搭好相关脚手架（见相关安全操作规程等）。

（3）在拆墙模前不准将脚手架拆除，拆除模板前划定安全区域和安全通道，将非安全通道用钢管、安全网封闭，挂“禁止通行”安全标志，非操作人员不得在此区域，必须在铺好跳板的操作架上操作。

（4）浇筑混凝土前必须检查支撑是否可靠、扣件是否松动。浇筑混凝土时必须由模板支设班组设专人看模，随时检查支撑是否变形、松动，并组织及时恢复。经常检查支设模板吊钩、斜支撑及平台连接处螺栓是否松动，发现问题及时组织处理。

（5）木工机械必须严格使用倒顺开关和专用开关箱，一次线不得超过 3m，外壳接保护零线，且绝缘良好。电锯和电刨必须接用漏电保护器，锯片不得有裂纹（使用前检查，使用中随时检查）；且电锯必须具备皮带防护罩、锯片防护罩、分料器和护手装置。使用木工多用机械时严禁电锯和电刨同时使用；使用木工机械严禁戴手套；长度小于 50cm 或厚度大于锯片半径的木料严禁使用电锯；两人操作时相互配合，不得硬拉硬拽；机械停用时断电加锁。

7.10 应急预案

7.10.1 危险源辨识

项目部成立由项目经理任组长的危险源辨识评价小组，在此项工程开工前由危险源辨识评价小组对施工现场的主要和关键工序中的危险因素进行辨识。经分析、评价，最后确定倒虹吸现阶段隧洞施工重大危险源见表 7.8。

7.10.2 应急策划

根据工程的特点及施工工艺的实际情况，认真组织对危险源和环境因素的识别和评价，制定本项目发生紧急情况或事故的应急措施，开展应急知识教育和应急演练，提高现场操作人员应急能力，减少突发事件造成的损害和不良环境影响。

表 7.8　倒虹吸现阶段隧洞施工重大危险源

序号	类别	项目	重大危险源	可能导致的事故类型	控制措施
1	施工作业类	洞挖施工	大于 $20m^2$ 或单洞长度大于 50m 以及地质缺陷部位开挖；地应力大于 20MPa 或大于岩石强度的 1/5 或埋深大于 500m 部位的作业；洞室临近相互贯通的作业；当某一作业面爆破作业时，相邻洞室的施工作业	冒顶片帮、物体打击、机械伤害	制定方案，爆破员持证上岗
2			不能及时支护的部位	冒顶片帮、物体打击、机械伤害	制定支护方案，专人负责
3			地下水活动强烈地段开挖	透水、物体打击、机械伤害	制定支护方案，专人负责
4		降排水	降排水工程	淹溺	抢险物资准备，加强巡查
5	设施场所类	材料设备仓库	炸药、木料存放	爆炸	设专人分类存放，控制存量
6		供电系统	临时用电工程	触电	制定方案、专业电工定期巡检
7	作业环境类	超标准洪水、粉尘	超标准洪水	淹溺、火药爆炸	关注外江水位，提早撤离人员设备、加强通风
8		有毒有害气体及有毒化学品泄漏环境	二氧化氮、硫化氢等有毒有害气体	中毒或其他伤害	通风排烟、尘、气

应急准备和响应工作程序如图 7.6 所示。

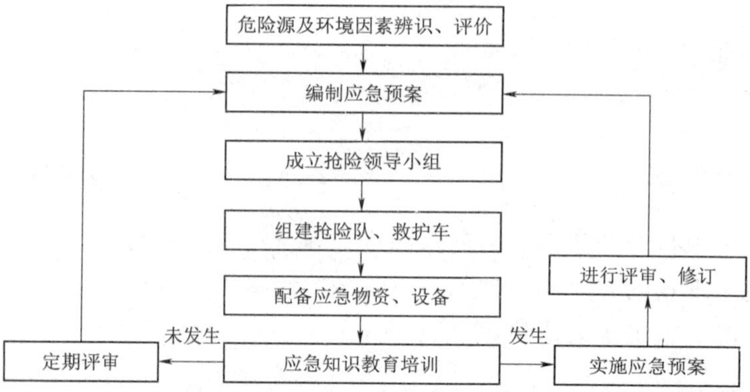

图 7.6　应急准备和响应工作程序图

7.10.3　组织机构及职责

（1）应急救援指挥机构为项目应急救援小组，其成员和联系方式：

项目部应成立应急领导小组，落实职能组（指挥组、通信联络组、抢险抢修组、救护组、安全保卫组、事故调查组、后勤保障组等）职责。

（2）项目应急救援小组职责：

1）指挥组职责。项目部值班人员接到事故信息后第一时间上报事故应急救援组组长。由救援组组长立即发出启动应急救援预案指令，同时立即赶往事故现场。项目部调度负责传达指令，通知救援组副组长和各专业组长接到指令后以第一时间内并及时到达事故现场，亲自指挥。迅速制定抢险措施，对伤员积极进行抢救。同时组织协调好应急救援人员、应急车辆以及应急所需物资设备开展救援工作，把事故损失降低到最小。

2）通信联络组职责。接信息报告后，应获取事故的简要概况及性质，通信组组长立即向指挥组组长报告并接受指令，起用各种通信工具，向 120 和其他需求助的单位和部门发出信息。同时做好收、发记录。

3）抢险抢修组职责。收到信息或指令后，迅速到达出事现场，在指挥组组长的统一指挥下，根据事故地点、危险程度、事故性质，有效地开展抢修工作，调集人员清理危险品，排除危险源，做好防护。

4）救护组职责。对救出的伤员进行应急处理，并负责送往就近医院抢救，对及时救护伤员，送往医院的全过程负责。

制定其可操作性的施工应急响应方案，为事故现场提供有效的技术储备、图纸。应急预案启动后，根据事故现场的特点，及时向应急总指挥提供科学的工程技术方案和技术支持文件。

5）安全保卫组职责。负责损失控制，人员、物资抢救，对事故现场划定警戒区，阻止与工程无关人员进入现场，保护事故现场不遭破坏。负责现场车辆疏导，为救援工作创造第一时间抢救的条件。

6）事故调查组。根据事故报告程序逐级上报，保护好事故现场，对出事地点设专人看管，不许任何人移动和破坏事故现场，并及时获取事故发生的第一手资料，根据事故性质（死亡）通知业主、监理部门和当地公安部门。

7）后勤保障组。按照指挥组组长指令或出事现场实际需求，对抢修抢救组所需物资设备，必须迅速组织人力及时送到事故地点，不得延误时间。

7.10.4 应急事故发生处理流程

应急事故发生处理流程如图 7.7 所示。

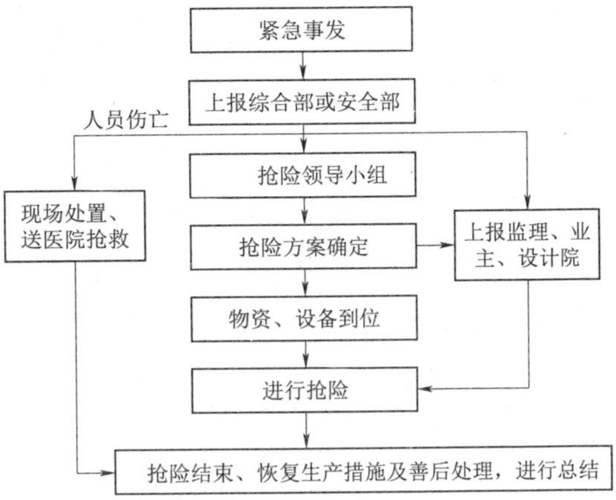

图 7.7 应急事故发生处理流程图

7.10.5 隧洞涌水应急措施

（1）发生围堰渗漏引起隧洞涌水时，应立即切断电源，撤离洞内施工人员。

（2）迅速组织大功率污水泵、泥浆泵等抽水设备进行抽水，同时组织潜水员进入深水区进行搜救，发现遇难人员及时救出。

（3）联系交通部门，阻断改道道路通行，进行交通疏导，调配挖机对渗漏水处进行封堵。

（4）待渗水量减少或消退，根据现场实际情况进行注浆处理。

7.10.6 高空坠落应急措施

1. 应急措施

（1）迅速将伤员脱离危险场地，移至安全地带。

（2）保持呼吸道通畅，若发现窒息者，应及时解除其呼吸道梗阻和呼吸机能障碍，解开伤员衣领，消除伤员口鼻、咽、喉部的异物、血块、分泌物、呕吐物等。

（3）有效止血，包扎伤口。

（4）若伤员有骨折，关节伤、肢体挤压伤，大块软组织伤都要固定。

（5）若伤员有断肢等应尽量用干净的干布（灭菌敷料）包裹装入塑料袋内，随伤员一起转送。

（6）预防感染、止痛，可以给伤员用抗生素和止痛剂。

（7）记录伤情，现场救护人员应边抢救边记录伤员的受伤机制，受伤部位，受伤程度等第一手资料。

（8）立即拨打 120 救护中心与医院取得联系，并详细说明事故地点、严重程度、本部门的联系电话，并派人到路口接应。

2. 注意事项

重伤员运送地用担架，有腹部创伤及背柱损伤者，应用卧位运送；胸部伤者一般取半卧位，颅脑损伤者一般取仰卧偏头或侧卧位，以免呕吐误吸。

7.10.7　超标准洪水应急措施

隧洞出洞口采用土石围堰挡水，汛期暴雨较多，且在上游水库开闸放水时，外侧鳌江水流湍急，冲刷较为严重，对围堰边坡构成严峻考验。若发生超标准洪水，将直接危害施工现场人身财产安全。为确保施工安全，防止上述情况发生，应采用如下应急措施：

（1）按照汛方案要求，安排专门人员对边坡进行 24 小时巡视检查，对险情及时准确进行通报。

（2）发现有大面积渗漏或者滑坡等现象，应立即撤离施工人员及机械设备。

（3）增加排水设施，对渗漏水处进行封堵，封堵方案根据现场实际情况确定，尽量减少基坑及隧洞积水量。

（4）当洪水水位将超过度汛标准或温州市发布台风影响三级以上，项目部应启动应急响应，立即将人员转移至安全场所，尽可能撤离机械设备，待汛情过后再予以返回。

7.10.8　触电事故应急措施

触电伤害突发事件发生后，工区长应立即向应急救援指挥部汇报，并采取临时处置措施。

（1）截断电源，关上插座上的开关，或拔除插头。如果够不着插座开关，就关上总开关。切勿试图关上事故电器用具的开关，因为可能正是该开关漏电。

（2）若无法关上开关，可站在绝缘物上，如一叠厚报纸、塑料布、木板之类，用扫帚或木椅等将伤者拨离电源，或用绳子、裤子或任何干布条绕过伤者腋下或腿部，把伤者拖离电源。切勿用手触及伤者，也不要用潮湿的工具或金属物质把伤者拨开，也不要使用潮湿的物件拖动伤者。

（3）如果患者心跳停止，开始人工呼吸和胸外心脏按压。若伤者昏迷，则将其身体放置成卧式。

（4）若伤者曾经昏迷、身体遭烧伤，或感到不适，必须打电话叫救护车，或立即送伤者到医院急救。

（5）高空出现触电事故时，应立即截断电源，把伤人抬到附近平坦的地方，立即对伤人进行急救。

（6）现场抢救触电者的原则：迅速、就地、准确、坚持。

1）迅速：争分夺秒让触电者脱离电源。

2）就地：必须在现场附近就地抢救，病人有意识后再就近送医院抢救。

3）准确：人工呼吸的动作必须准确。

4）坚持：只要有百分之一的希望就要尽百分之百的努力。

7.10.9　物体打击应急措施

物体打击事故发生后，现场人员立即采取应急处置并向工区长报告，工区长迅速向应急救援指挥部汇报，救援指挥部宣布启动处置方案，应急处置组成员接到通知后，立即赶赴现场进行应急处理。事故处理流程如图 7.8 所示。

事故处理措施如下：

（1）当发生物体打击事故后，现场人员应立即向周围人员呼救并将受伤人员脱离危险区域，根据现场实际情况对受伤者进行现场急救。

（2）对于较浅的伤口，可用干净衣物或纱布包扎止血，动脉创伤出血，还应在出血位置的上方动脉搏动处用手指压迫或用止血胶管（或布带）在伤口近心端进行绑扎。

（3）较深创伤大出血，在现场做好应急止血加压包扎后，应立即准备救护车，送往医院进行救治，在止血的同时，还应密切注视伤员的神志、脉搏、呼吸等体征情况。

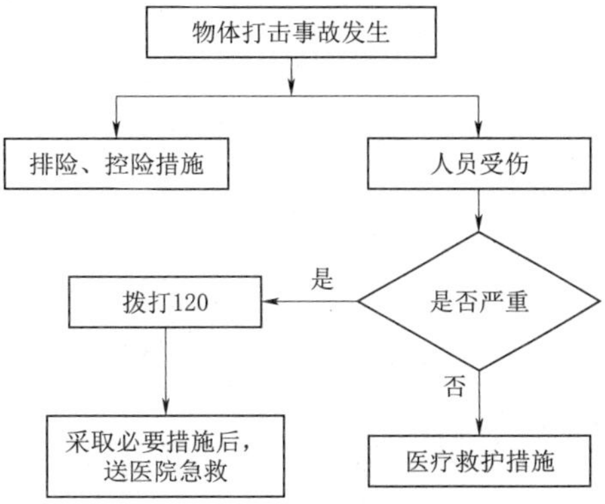

图 7.8 事故处理流程

（4）对怀疑或确认有骨折的人员应询问其自我感觉情况及疼痛部位，对于昏迷者要注意观察其体位有无改变，切勿随意搬动伤员，应先在骨折部位用木板条或竹板片于骨折位置的上、下关节处做临时固定，使断端不再移位或刺伤肌肉、神经或血管，然后呼叫 120 等待救援。如有骨折断端外露在皮肤外的，用干净的砂布复盖好伤口，固定好骨折上下关节部位，然后呼叫 120 等待救援。

（5）对于怀疑有脊椎骨折的伤员搬运时应用夹板或硬纸皮垫在伤员的身下，以免受伤的脊椎移位、断裂造成截瘫，如伤员不在危险区域，暂无生命危险的，最好待 120 医疗急救人员进行搬运。

（6）如怀疑有颅脑损伤的，首先必须维持呼吸道通畅，然后将昏迷伤员侧卧位或仰卧偏头，以防舌根下坠或分泌物、呕吐物吸入气管，发生气道阻塞；对烦躁不安者可因地制宜地予以手足约束，以防止伤及开放伤口，积极组织送往医院救治。

（7）如受伤人员呼吸和心跳均停止时，应立即按心肺复苏法支持生命的三项基本措施，进行就地抢救。步骤为：通畅气道→口对口（鼻）人工呼吸→胸外接压；在抢救过程中，要每隔数分钟判定一次，每次判定时间均不得超过 5～7s；在医务人员未接替抢救前，现场抢救人员不得放弃现场抢救。

7.10.10 溺水事故应急措施

发生溺水事故时，迅速有序地开展事故的应急救援工作，抢救伤员，减少事故损失，防止事故扩大，提高救援效率。

1. 有条不紊将坠落溺水者从水中救起

（1）营救人员向坠落溺水者抛投救生物品（如救生衣、救生圈等）。

（2）如溺水者距离作业点不远，营救人员可向坠落溺水者抛投结实的绳索将其拉起。

（3）为水性较好的人员携带救生物品（营救人员必须确认自身处在安全状态下）下水营救，营救时营救人员必须注意从溺水者背后靠近，抱住溺水者将其头部托出水面游至岸边。

2. 溺水者上岸后的应急处理

(1) 求助于附近的医生、护士或打 120 电话，通知救护车尽快送医院治疗。

(2) 注意受伤者全身受伤情况，有无休克及其他颅脑、内脏等合并伤。急救时应根据伤情抓住主要矛盾，首先抢救生命，着重预防和治疗休克。

(3) 等待医护人员时，应对不能自主呼吸、出血或休克的伤者先进行急救，如在将溺水吸入的水空出后及时进行人工呼吸同时进行止血包扎等。

(4) 当怀疑有骨折时，不要轻易移动伤者。骨折部位可以用夹板或方便器材做临时包扎固定。

(5) 搬运伤员时如果搬运不当，可使伤情加重，方法视伤情而定。

1) 如果伤员伤势不重，可采用揹、背、抱扶的方法将伤员运走。

2) 如果伤员有大出血或休克等情况，一定要把伤员小心地放在担架上抬送。

3) 如果伤员有骨折情况，一定要用木板做的硬担架抬运。让其平卧，腰部垫一衣服垫，再用四根皮带将其固定在木板做的硬担架上，以免在搬运中滚动或跌落。

7.10.11 应急物资

1. 应急材料

应急材料表见表 7.9。

表 7.9　　应急材料表

序号	名称	数量	存放地点	序号	名称	数量	存放地点
1	应急灯	5 盏	洞内台车	10	水玻璃	300kg	施工现场
2	铁锹	10 把	隧洞洞口	11	水泥	5t	施工现场
3	大锤	4 把	隧洞洞口	12	担架	1 副	仓库
4	撬棍	4 把	隧洞洞口	13	急救药品	若干	施工现场
5	方木	30 条	隧洞洞口	14	防尘口罩	若干	仓库
6	编织袋	500 条	隧洞洞口	15	氧气袋	2 个	施工现场
7	钢拱架	10 榀	施工现场	16	防毒面具	若干	仓库
8	锚杆	若干	施工现场	17	救生衣	6 件	仓库
9	钢筋网	若干	施工现场	18	干粉灭火器	6 个	施工现场

2. 应急机械设备

应急机械设备表见表 7.10。

表 7.10　　应急机械设备表

序号	名称	数量	存放地点	序号	名称	数量	存放地点
1	水泵	若干	施工现场	7	活塞式压浆机	1 台	施工现场
2	发电机	1 台	施工现场	8	切割机	1 台	施工现场
3	挖掘机	2 台	施工现场	9	皮卡车	1 辆	施工现场
4	铲车	2 台	施工现场	10	空压机	1 台	施工现场
5	电焊机	4 台	施工现场	11	自卸汽车	2 辆	施工现场
6	湿喷机	1 台	施工现场				

7.10.12 外部报警联络电话

公安局：110

消防部门：119

急救中心：120

平阳县水利局项目负责人电话：13587954672

平阳县人民医院电话：0577－63722354

安全生产监督管理站电话：0577－88968109